EDUARD VON HARTMANN

DIE WELTANSCHAUUNG DER MODERNEN PHYSIK

Elibron Classics
www.elibron.com

Elibron Classics series.

ISBN 1-4212-4652-X (paperback)
ISBN 1-4212-4651-1 (hardcover)

This Elibron Classics Replica Edition is an unabridged facsimile of the edition published in 1902 by Hermann Haacke, Leipzig.

DIE WELTANSCHAUUNG DER MODERNEN PHYSIK

VON

EDUARD VON HARTMANN

LEIPZIG 1902
HERMANN HAACKE
VERLAGSBUCHHANDLUNG.

C. G. Röder, Leipzig. 17928 02

Vorwort.

Wie die Natur in die organische und unorganische eingeteilt wird, so die Wissenschaft der Natur in Biologie und Physik. Die Grundbegriffe und Hauptsätze der Physik hat man in derjenigen Behandlungsweise der Physik zu suchen, die man in Deutschland „theoretische Physik“ im Gegensatz zur „Experimentalphysik“, in England „natural philosophy“ nennt. Die Experimentalphysik ist im Laufe des letzten Jahrhunderts mehr und mehr zu einem Vorhofe in dem Tempel der physikalischen Wissenschaft geworden, als deren Allerheiligstes sich nun die theoretische Physik darstellt. Die theoretische Physik bedient sich aber fast ausschliesslich einer mathematischen Behandlungsweise, die der Gemeinverständlichkeit für Leser ohne Vorbildung in der höheren Mathematik entbehrt. Ich habe deshalb den Versuch gemacht, die Grundgedanken der theoretischen Physik aus ihrer mathematischen Einkleidung abgelöst kurz und gemeinfasslich darzustellen.

Die mathematischen Ableitungen der Fachmänner pflegen keine formellen Fehler zu enthalten; wenn gleichwohl die theoretische Physik gleich allen anderen Wissenschaften nur durch Irrtum zur Wahrheit schreitet, und öfters in der Lage war, Rechnungen als nicht brauchbar zu verwerfen, so lag das wesentlich an den Rechnungs*ansätzen*, d. h. an den *begrifflichen* Voraussetzungen, auf denen sie erbaut waren. Diese Voraussetzungen konnten zu weit oder zu eng, oder sonstwie irrtümlich gefasst sein, und es konnten Widersprüche zeitweilig unbemerkt bleiben, in die man sich durch Folgerungen aus solchen unhaltbaren Voraussetzungen verwickelte. Die Voraussetzungen zu prüfen und richtig zu stellen, ist Sache eines nicht mathematischen Denkens, und die Hauptsätze lassen sich meist auch abgelöst von ihrer mathematischen Form verstehen, wenngleich sie durch diese für die an die mathematische Zwischensprache Gewöhnten übersichtlicher gemacht werden. Ich habe deshalb an einigen Stellen Formeln in Anmerkungen beigefügt, die der Leser ohne mathematische Interessen unberücksichtigt lassen kann.

Soweit die Physiker über ihre Definitionen und Lehrsätze einig sind, bedurfte es nur ihrer Wiedergabe, wo dagegen noch der Streit der Meinungen herrscht, mussten nicht nur die verschiedenen Ansichten vorgeführt werden, sondern es musste zu ihnen auch bis zu einem gewissen Masse kritisch Stellung genommen werden. Manches konnte ich flüchtiger andeuten oder ganz beiseite lassen, weil es durch zahlreiche populäre Darstellungen schon hinlänglich in das Zeitbewusstsein eingedrungen ist, so z. B. die Energiekonstanz und die Einrichtung des Weltgebäudes.*)

Massgebend für die Auswahl des behandelten Stoffes war das philosophische Interesse, das es gewährt. Als Ziel schwebte mir eine „Naturphilosophie des Unorganischen“ vor, die sich auf den heutigen Stand der Physik stützt. Unter allen Zweigen der Philosophie war in den letzten Menschenaltern die Naturphilosophie wohl am meisten missachtet; schon ihr Name wirkte wie ein Zeichen für die schlimmste Ausgeburt menschlicher Geistesverirrung. In den letzten Jahren bereitet sich darin aber sichtlich eine Wandelung vor. Sowohl die Biologie als auch die Physik scheint das Bedürfnis nach naturphilosophischer Abrundung und Vertiefung ihrer exakten Forschungsergebnisse zu empfinden und sucht die verlorene Fühlung mit den Geisteswissenschaften wieder zu gewinnen. Das Publikum bringt solchen Bestrebungen ein lebhafteres Interesse als seit langer Zeit entgegen, wie sich denn überall ein leises Wiedererwachen des anscheinend ganz abgestorbenen metaphysischen Bedürfnisses zeigt. Die Teilnahme, die Haeckels Welträtsel und die Werke Reinkes gefunden haben, sind beachtenswerte Symptome; noch auffälliger ist es, dass ein exakter Chemiker wie Ostwald „Vorlesungen über Naturphilosophie“ hält, im Druck veröffentlicht und sogar „Annalen der Naturphilosophie“ herausgiebt.

Man will also wieder Naturphilosophie treiben, freilich eine zeitgemässe, auf den heutigen Stand der exakten Naturwissen-

---

*) Vgl. meinen Aufsatz: „Die Unermesslichkeit der Welt“ in den Preussischen Jahrbüchern 1900, Bd. 101, S. 226—242.

schaften gestützte. Unter diesem Gesichtspunkt dürfte es nicht unzeitgemäss sein, wenn auch ein Philosoph es wagt, einen Beitrag zu diesen Zeitbestrebungen beizusteuern und Umschau zu halten, was aus der modernen Physik für die Naturphilosophie folgt. Es kommt hinzu, dass in meinem System die Naturphilosophie des Unorganischen noch nicht ausführlich behandelt ist, während ich der des Organischen mehrere Bände gewidmet habe*), und dass ich deshalb die Verpflichtung fühle, eine relative Lücke in meinem System auszufüllen. Zwar habe ich die Kategorien, die in der Naturphilosophie des Unorganischen in Betracht kommen, in meiner Kategorienlehre behandelt, insbesondere Qualität, Intensität, Zeitlichkeit, Räumlichkeit, Kausalität und Substantialität; aber die dynamische Theorie der Materie habe ich doch bisher nur mehr angedeutet als ausgeführt und mit der modernen Physik in genauere Beziehung gesetzt.**)

In den 34 Jahren seit Erscheinen der „Philosophie des Unbewussten" hat die Physik sehr grosse Fortschritte gemacht, und manche Neuerungen, die damals noch unausgesprochen waren oder als persönliche Seltsamkeiten galten, haben allgemeine Anerkennung erlangt. Namentlich durch den zweiten Hauptsatz der Thermodynamik und durch die elektromagnetische Theorie des Lichtes ist ein vollständiger Umschwung herbeigeführt worden, dessen Bedeutung noch heute fern davon ist, im Zeitbewusstsein recht gewürdigt zu werden. Die Einfachheit der Aetheratome, die ich als die nächstliegende Annahme zu der meinigen gemacht hatte, ist angesichts der elektromagnetischen Theorie des Lichtes

---

*) „Phil. d. Unb.", 10. Aufl., Bd. I, S. 36—173, 363—463, 475—478, Bd. II, S. 16—28, 65—82, 96—154, 202—251, 468, 473—481, 510—514, Bd. III ganz; „Gesammelte Studien und Aufsätze", 3. Aufl., S. 460—503; „Kategorienlehre", S. 431—495; „Die moderne Psychologie", S. 317—422; „Kants Erkenntnistheorie und Metaphysik", S. 228—256; „Schellings phil. System", S. 137—168; „Neukantianismus, Schopenhauerianismus und Hegelianismus", S. 137—145, 155—157; „Wundts Teleologie" (in den „Preuss. Jahrbüchern", Bd. 66, S. 123—132); „Ein Umschwung in der modernen Biologie" (in der „Gegenwart", 1902, No. 1).

**) „Phil. d. Unb.", 10. Aufl., Bd. II, S. 96—123, 473—478; „Ges. Studien und Aufsätze", 3. Aufl., S. 526—545; „Kategorienlehre", S. 143—172; vgl. über andere Fragen der Naturphilosophie des Unorganischen „Kants Erkenntnistheorie und Metaphysik", S. 197—215; „Schellings Naturphilosophie", S. 168—190; „Neukantianismus etc.", S. 60—65.

nicht mehr aufrecht zu erhalten. Die unendliche Dauer des Weltprozesses, durch welche sich die bisherige populärnaturwissenschaftliche Weltanschauung am schärfsten von der meinigen unterschied, wird durch den zweiten Hauptsatz hinfällig.

Gegen die von mir vertretene dynamische Weltanschauung hat sich einerseits die erneuerte hylokinetische des Huyghens noch einmal in voller Macht erhoben, und andererseits ist ihr in der energetischen Weltanschauung ein Konkurrent entgegengetreten, dessen Ansprüche wohl zu beachten sind. Die erstere kämpft gegen alle Fernkräfte, mit denen der Dynamismus steht und fällt, als gegen leere Phantasiegebilde; die letztere setzt die Energie an die Stelle der Kraft, ist aber in der Beseitigung des Stoffes ein Bundesgenosse des reinen Dynamismus. Das neuerdings aufgetretene Bestreben, die Physik auf Beschreibung und Rechnung einzuschränken und nur eine hypothesenfreie Naturwissenschaft als wahrhaft wissenschaftlich gelten zu lassen, bedroht mit ihrer Aechtung der Hypothesen dasjenige, was ich für die alleinige Grundlage nicht nur der Physik, sondern aller Realwissenschaften überhaupt im Unterschied von den blossen Formalwissenschaften (Logik und Mathematik) halten muss.

Mit allen diesen relativen Gegnern schien eine genauere Auseinandersetzung angezeigt. Ich habe mich bemüht, die Darstellung möglichst positiv zu gestalten und die nicht ganz vermeidliche Polemik auf ein Mindestmass einzuschränken.

Berlin-Lichterfelde im Februar 1902.

Eduard von Hartmann.

Inhalt.

I. Die konstante Energie und ihr Umsatz.

Physik ist die Lehre von den Wanderungen und Wandlungen der Energie und von ihrer Zerlegung in Faktoren und Summanden. Die Gültigkeit dieser Definition ist unabhängig davon, ob man die Energie als ein selbständiges Letztes auffasst, das nur von uns gedanklich zerlegt wird, oder ob man sie als ein aus anderweitigen Faktoren wirklich entstandenes Produkt ansieht, und unabhängig auch davon, ob man dieser oder jener Ansicht über die Konstitution der Materie huldigt. Sie setzt nur voraus, dass alle Wahrnehmung und Empfindung auf Energie zurückweist, dass die Energie Ort und Gestalt ändern kann, und dass sie ihrem Begriff nach zerlegbar ist.

Die Wanderungen oder Ortsveränderungen der Energie vollziehen sich durch Mitführung, Leitung und Strahlung. Bei den beiden ersten Arten haftet die Energie an bestimmten materiellen Teilen, bei der letzteren nicht. Bei der Mitführung (Konvektion) bleibt die Energie an den Teilen der Materie haften, welche ihren Ort verändern; bei der Leitung wird sie von den materiellen Teilen, an denen sie zuerst haftet, teilweise auf benachbarte übertragen und von diesen weiter. Bei der Strahlung haftet sie gar nicht an den materiellen Teilen, sondern wechselt gänzlich durch fortschreitende Wellenbewegung ihren Ort.

Die Wandelungen der Energie sind Veränderungen entweder ihrer Erscheinungsform oder ihrer Modalität (potentielle und aktuelle Energie). Die Erscheinungsformen der Energie sind mechanische, akustische, chemische, magnetische, elektrische, optische und thermische Energie. Ausserdem giebt es zwei Arten oder Formen der Energie, die man weder qualitativ verschieden, noch Erscheinungsformen nennen kann, weil sie als solche nicht wahrnehmbar sind. Es sind dies die innere oder Eigenenergie und die strahlende Energie. Sie werden erst wahrnehmbar, wenn sie sich in eine der vorgenannten Erscheinungsformen umsetzen.

Die beiden Faktoren der Energie sind der Intensitäts- und der Extensitätsfaktor; ausserdem ist noch eine Zerlegung der Energie möglich in zwei Faktoren, deren einer nur ein Teil des Intensitätsfaktors, deren anderer ein Produkt aus dem anderen Teil des Intensitätsfaktors und dem Extensitätsfaktor ist. So ist z. B. der reine Extensitätsfaktor der mechanischen Energie die Masse, ihr vollständiger Intensitätsfaktor das halbe Geschwindigkeitsquadrat; unter Umständen ist es aber zweckdienlicher, die mechanische Energie in die Bewegungsgrösse und die halbe Geschwindigkeit zu zerlegen, wobei erstere selbst noch ein Produkt aus Masse und Geschwindigkeit ist.

Summanden der Gesamtenergie eines geschlossenen Gebildes sind zunächst die in ihr vertretenen Erscheinungsformen der Energie. Jede Erscheinungsform hat wieder zwei Summanden, die beiden Modalitäten. Man kann daher auch sagen: Summanden der Gesamtenergie sind zunächst die potentielle und die aktuelle Energie, deren jede wieder in so viele Summanden zerfällt, wie Erscheinungsformen in ihr vertreten sind. Für gewisse Zwecke ist es vorteilhaft, die sämtlichen Erscheinungsformen in zwei grosse Gruppen zu sondern, in deren jede verschiedene Teile der verschiedenen Erscheinungsformen eingehen können. Diese Gruppen sind entweder die zeitweilig freie und die zeitweilig gebundene, latente Energie, oder aber die noch wirkungsfähige und die bereits entwertete Energie. Diese beiden letzten Arten der Energiezerlegung in Summanden gelangen erst in den drei folgenden Abschnitten zur Erörterung. —

Die Energie tritt verschieden in die Erscheinung je nach den Sinnen, die durch sie zunächst affiziert werden. Die mechanische Energie wendet sich unmittelbar an den Tastsinn (mittelbar auch an den Gesichtssinn), die akustische an das Gehör, die chemische an Geschmack und Geruch, die optische an das Gesicht, die thermische an den Wärmesinn des Gefühls; die elektrische und magnetische Energie kann nicht unmittelbar durch einen unserer Sinne wahrgenommen, sondern nur mittelbar aus ihren eigenartigen Wirkungen erschlossen werden. Manche Tiere und sensitive Menschen scheinen jedoch ein gewisses Gefühl für elektrische Potentialdifferenzen zu haben, ohne dass diese Empfindungsfähigkeit sich zu einem bestimmten Sinnesorgan oder sensorischen Nerven für die Wahrnehmung solcher Erregungen differenziert hätte. Dadurch unterscheiden sich diese beiden letzten Energieformen von der inneren oder Eigenenergie und von der strahlenden Energie, die als solche auch nicht einmal in unbestimmter Weise wahrnehmbar sind, sondern es erst durch Umsetzung in eine der anderen Energieformen werden. Die meisten Physiker nehmen an, dass alle scheinbaren Qualitätsunterschiede der Energie sich auf Unterschiede in der räumlichen Anordnung molekularer mechanischer Energie zurückführen lassen werden, also als qualitative Unterschiede nur subjektiv sind; andere halten an objektiven Qualitätsunterschieden der Energie fest, die aber doch insofern der Energie unwesentlich sind, als sie einander vertreten und sich ineinander umwandeln können (mechanistische und qualitative Energetik). Diejenigen Physiker, welche die Ableitung der Energieformen aus Molekularmechanik verwerfen und eine qualitative Verschiedenheit derselben behaupten, sind genötigt, neben der linearen mechanischen Energie noch eine Oberflächenenergie (bei Flüssigkeiten), eine Volumenenergie (bei Gasen) und eine Formenergie (bei festen Körpern) anzunehmen. Die mechanistische Energetik sieht dagegen in diesen zwei- und dreidimensionalen mechanischen Energieformen nur Gesamtergebnisse aus der potentiellen und kinetischen Energie der Moleküle, die sich nach den verschiedensten Richtungen hin entfaltet.

Die Energie haftet entweder an wägbarer Materie oder an einem unwägbaren Medium, dem Aether; sie kann nicht nur von einem Träger auf den anderen übergehen, sondern sie zeigt auch vielfach Erscheinungsformen, in denen beide Träger zusammen vorkommen. In diesem Sinne zerfällt die Physik in eine Physik der Materie, eine Physik des Aethers und eine Physik der mit Aether verbundenen Materie. Physik der Materie ist die Mechanik und Akustik; Physik des Aethers ist die Lehre von der strahlenden Energie; Physik des Uebergangebietes ist die sogenannte Molekularphysik (die Lehre von den Aggregatzuständen, der Elastizität, Oberflächenspannung der Flüssigkeiten u. s. w.), die Chemie und die Lehre von Licht, Wärme, Elektrizität und Magnetismus. Die strahlende Energie beruht auf fortschreitender Wellenbewegung des Aethers wie die akustische Energie auf fortschreitender Wellenbewegung wägbarer Materie. Aber während man die fortschreitenden Schwingungen wägbarer Materie durch den Tastsinn oder das Gesicht wahrnehmen kann, auch ohne dass sie sich im Ohr in stehende Schwingungen umsetzen, ist dies bei den fortschreitenden Schwingungen des Aethers nicht möglich; sie werden erst dann wahrnehmbar, wenn sie sich beim Auftreffen auf wägbare Materie in stehende Schwingungen umsetzen, und erscheinen dann je nach ihrer Form und Geschwindigkeit als optische, thermische, elektrische oder magnetische Energie. Unter Umständen kann auch durch wägbare Materie, z. B. einen Metalldraht, der strahlenden Energie die Richtung angewiesen werden, in welcher ausserhalb des Drahtes, aber längs desselben, ihre Wellenbewegung fortschreiten muss; man nennt sie dann galvanischen Strom und nimmt sie indirekt durch physiologische, thermische, chemische, magnetische und mechanische Wirkungen wahr, die sie in solcher Gestalt ausübt. —

Von den beiden Faktoren der Energie drückt der eine die Intensität oder den Spannungsgrad der Energie aus, der andere ihre Menge, abgesehen von der Intensität. Der Unterschied wird verständlich, wenn man die Wucht eines grossen Körpers von kleiner Geschwindigkeit mit der eines kleinen Körpers von grosser Geschwindigkeit, oder den Wärmegehalt einer grossen kühlen Flüssigkeitsmenge mit dem einer kleinen, heissen vergleicht, oder an die Umwandlung mässig gespannter elektrischer Ströme in hochgespannte zum Zweck der Transmission auf grössere Entfernungen und an ihre Rückverwandlung in mässig gespannte an der Arbeitsstätte denkt.

Der Ausdruck Intensitätsfaktor macht den Begriff, den er bezeichnen soll, deutlich, aber der Ausdruck Kapazitäts-, Quantitäts- oder Extensitätsfaktor nicht. „Kapazitätsfaktor" ist der Wärmekapazität entlehnt, die das Produkt aus Masse und spezifischer Wärme ist; die Masse, und zwar die wägbare Masse, ist hier das Entscheidende, während die spezifische Wärme die Wärmekapazität der Masseneinheit bedeutet und auf feste Beziehungen zwischen bestimmter Materie und Aether zurückweist. Sonst kommt der Begriff Kapazität nur noch bei der Elektrizitätslehre vor, bedeutet hier aber gerade nicht den Extensitätsfaktor, sondern sein Verhältnis zum Intensitätsfaktor. Die Verallgemeinerung des Ausdrucks Kapazität erscheint deshalb nicht ratsam. „Quantitätsfaktor“ ist ein sprachlich unrichtiger Gegensatz zu Intensitätsfaktor, weil Intensität selbst eine Spezies der Quantität ist und nicht das genus der species entgegengesetzt werden kann. Quantität oder Quantum sollte vielmehr auf die Energie als Ganzes als Produkt des Intensitätsfaktors und des Extensitätsfaktors bezogen werden (z. B. Wärmequantum gleich thermische Energiegrösse).

Der Ausdruck „Extensitätsfaktor“ ist jedenfalls besser als jene beiden, aber er rückt die Extensität ohne Rücksicht auf die Dichtigkeit in den Vordergrund, während doch erst das Produkt aus Extensität und Dichtigkeit dasjenige ist, was der Intensität gegenüber steht. Bei der mechanischen Energie drückt die „Masse“ dieses Produkt richtig aus; das Wort passt aber nicht auf andere Energieformen, bei denen der Aether entweder alleiniger Träger ist oder doch als Träger der Intensität mitspielt. — Den Nebensinn der Wägbarkeit, der der Masse anhaftet, vermeidet der Ausdruck „Menge“, indem er auf die numerische Quantität gleichwertiger Elemente zurückgeht.

Die Menge der wägbaren Materie versteht jeder als ihre Masse, die Menge der Elektrizität jeder als den der Spannung gegenüberstehenden Faktor, ebenso die Lichtmenge als den Gegensatz zu der Lichtstärke. Nur bei der Wärme bedürfte es einer Berichtigung des Sprachgebrauchs, die schon von mehreren hervorragenden Physikern empfohlen ist. Denn bis jetzt versteht man unter Wärmemenge die ganze thermische Energiegrösse anstatt der Wärmekapazität der gegebenen Masse. Da aber diese Aenderung des Sprachgebrauchs bis jetzt nicht hat durchdringen können, so würde auch die Bezeichnung Menge zu Missdeutungen Anlass geben, weshalb ich hier an dem Ausdruck Extensitätsfaktor festhalten will; die Dichtigkeit ist dann aber schon in ihn eingeschlossen zu denken.

Der Intensitätsfaktor heisst bei der mechanischen Energie im Zustand der potentiellen Energie: „Beschleunigungspotential“ (das gewöhnlich dem Einheitspotential der Kraft gleichgesetzt wird); im Zustand der aktuellen kinetischen Energie ist er das halbe Quadrat der Geschwindigkeit; bei der thermischen Energie heisst er: Temperatur, bei der elektrischen, magnetischen und chemischen Energie: elektrisches, magnetisches und chemisches Potential, deren letzteres in naher Beziehung zur chemischen Verwandtschaft steht, bei der optischen Energie: Luminal oder Leuchtpotential. Der andere Faktor, die Menge oder der Extensitätsfaktor der Energie, haftet an einem Gebilde (Materie oder Aether oder einer bestimmten Zusammensetzung beider) und ist nicht auf ein anderes übertragbar ohne Uebertragung von Teilen des Gebildes; der Intensitätsfaktor dagegen kann von einem Gebilde zu einem anderen übergehen, und auf diesen Uebergängen beruht alles Geschehen in der Welt.

Der Extensitätsfaktor fällt bei der mechanischen Energie mit der Masse der wägbaren Materie zusammen, bei der thermischen und chemischen Energie nicht; er ist bei den beiden letzteren zwar der Masse proportional, d. h. er wächst und nimmt ab, ebenso wie die Masse vermehrt oder vermindert wird, jedoch mit dem Unterschied, dass die Kapazität für mechanische Energie von der chemischen Beschaffenheit der sie besitzenden Masse unabhängig, die für thermische und chemische aber von ihr abhängig ist. Dies deutet darauf hin, dass bei der mechanischen Energie der Aether, der in die Konstitution der Materie aufgenommen ist, noch keine Rolle spielt, wohl aber bei der thermischen und chemischen Energie. Bei der thermischen Energie desselben chemischen Stoffes ist übrigens der Extensitätsfaktor nicht bloss von der wägbaren Masse, sondern auch von der Temperatur abhängig; dies deutet darauf hin, dass hier neben der wägbaren Masse bereits wechselnde Aethermengen als Träger der Energie in Betracht kommen. Bei der elektrischen und magnetischen Energie hört sogar die Proportionalität des Extensitätsfaktors mit der Masse der wägbaren Materie auf, ein Zeichen, dass hier die wägbare Materie nicht mehr eigentlich Träger der Energie, sondern nur noch Bedingung für die Konfiguration des Aethers ist, der als der eigentliche Energieträger anzusehen ist. Bei der strahlenden Energie ist die Materie gar nicht mehr als Träger mitbeteiligt, sondern der Aether allein ist Träger der Energie, während ihr Intensitätsfaktor in dem halben Quadrat der mittleren Geschwindigkeit der schwingenden Aetherteilchen liegt. Eine Konstanz des Extensitätsfaktors findet einerseits bei der Gesamtenergie eines in sich geschlossenen Gebildes und andererseits bei seiner mechanischen Energie statt, insofern die materielle körperliche Masse konstant bleibt. Dagegen lässt sich eine Konstanz des Extensitätsfaktors bei keiner der übrigen Energieformen behaupten, weil der einer Energieform auf Kosten des einer anderen wachsen kann. Insbesondere kann Aether aus einer Verbindung oder Gruppierung in eine andere übergehen, wodurch er den Extensitätsfaktor der ersteren verkleinert, den der letzteren vergrössert. Der Extensitätsfaktor der chemischen Energieform erscheint nur bei isoliert bestehenden Elementen konstant, so lange keine Dissociation ihrer Moleküle eintritt; bei chemischen Verbindungen kann man den Extensitätsfaktor ihrer chemischen Energie nicht mehr einfach als eine Summe der Extensitätsfaktoren der chemischen Energie in den verbundenen Elementen auffassen, offenbar, weil die chemische Energie und ihr Extensitätsfaktor bei Verbindungen nicht bloss durch direkt verbundene Elementarmoleküle bestimmt, sondern auch durch zwischengelagerte Aetheratome mitbedingt ist.

Unsere Sinneswahrnehmung übermittelt uns Unterschiede entweder der Energiegrössen oder ihrer Intensitätsfaktoren, dagegen sind wir in Bezug auf den Extensitätsfaktor fast durchweg auf indirekte Schlüsse angewiesen. Eine Ausnahme scheint die Masse zu machen; aber was wir wahrnehmen, ist doch zunächst nur ihre Ausdehnung, während wir auf ihre Dichtigkeit schliessen müssen. Wir bestimmen die Masse genau, indem wir ihr Gewicht durch die Beschleunigung der Schwere oder ihre Bewegungsgrösse durch ihre Geschwindigkeit oder ihre kinetische Energie durch das halbe Quadrat ihrer Geschwindigkeit dividieren. In analoger Weise erhält man den Extensitätsfaktor anderer Energieformen, indem man die betreffende Energiegrösse durch den zugehörigen Intensitätsfaktor dividiert. —

Extensitätsfaktoren gleicher Energieform addieren sich; Intensitätsfaktoren gleicher Energieform gleichen sich aus. Zwei gekoppelte Massen von gleicher Geschwindigkeit addieren sich, zwei von ungleicher Geschwindigkeit gleichen im Augenblick der Koppelung ihre Geschwindigkeiten zu einer gemeinsamen Geschwindigkeit aus, mit der sie sich als verbundene Gesamtmasse weiter bewegen. Man kann deshalb den Intensitätsfaktor auch als dasjenige bestimmen, was an zwei gleichartigen Gebilden (z. B. zwei warmen Körpern, zwei rotierenden Kreiseln, zwei elektrischen Strömen) gleich sein muss, damit beide sich ohne Störung koppeln lassen, und dessen Differenz im Falle seiner Ungleichheit bei vorgenommener Koppelung die Richtung und Grösse der in jedem Gebilde eintretenden Störung bestimmt. Daraus, dass nur Intensitätsfaktoren sich ausgleichen, Extensitätsfaktoren aber sich addieren, ergiebt sich bereits, dass es nur die ersteren, nicht die letzteren sein können, von denen es abhängt, ob etwas geschieht und in welcher Richtung. Gleichartige Energien können sich nur unter bestimmten Umständen einfach addieren, nämlich wenn ihre Intensitätsfaktoren gleich sind; sind diese ungleich, so können sich die Energien nur addieren, wenn die Bedingungen derart sind, dass die Träger der Energien sich koppeln und dadurch den Intensitätsfaktoren den Ausgleich ermöglichen. Ungleichartige Energien können sich nur addieren, wenn die Maschinenbedingungen derart sind, dass die eine von ihnen sich ganz in die andere, oder beide ganz in eine dritte Energieform umsetzen.

Bei physikalischen Vorgängen erscheint der Ausgleich der Intensitätsfaktoren als ein stetiger Vorgang, wenn er so langsam verläuft, dass wir seine verschiedenen Stufen verfolgen können, und wenn wir im stande sind, den Ausgleich auf jeder Stufe zu unterbrechen (z. B. bei der Wärmeleitung). Unstetig dagegen erscheint der Ausgleich, wenn er sich sprunghaft, d. h. mit stürmischer Raschheit vollzieht (z. B. der elektrische Potentialausgleich durch den Funken), insbesondere dann, wenn nur gewisse, genau bestimmte Ausgleichstufen stabile Gleichgewichtszustände darstellen und physikalisch existenzfähig sind, alle zwischen ihnen liegenden Stufen aber labile, existenzunfähige Gleichgewichtszustände sind, die sofort in eine der diskreten Gleichgewichtsstufen umschlagen müssen. Letzteres ist beispielsweise bei dem Ausgleich chemischer Potentialunterschiede der Fall, deren diskrete Gleichgewichtsstufen in den festen Massverhältnissen der chemischen Verbindungen ihren Ausdruck finden. Wie beim Wechsel des Aggregatzustandes durch Temperaturausgleich, so ändert sich auch beim Ausgleich chemischer Potentialunterschiede sogleich der ganze Komplex physikalischer Eigenschaften, die die Körper besitzen, scheinbar sprunghaft, d. h. mit raschem Uebergang aus einem stabilen Gleichgewichtszustand zum anderen im Durchgang durch eine Reihe unverfolgbarer labiler Gleichgewichtszustände. Dass durch blossen Ausgleich eines einzigen Intensitätsunterschiedes doch der ganze Komplex physikalischer Eigenschaften geändert erscheint, deutet auf eine veränderte Gruppierung der materiellen und Aethermoleküle in der ersten und zweiten Gleichgewichtslage hin. Diese findet einen weiten Spielraum in der dreifachen Mannigfaltigkeit der Moleküle in Bezug auf die drei Axen des Raumes, wie sie in den Kristallisationsaxen und in den einfachen oder mehrfachen Valenzen der chemischen Elemente zu Tage tritt. —

Die Energie eines Körpers lässt sich in ä u s s e r e und i n n e r e sondern. Die äussere Energie desselben umspannt seine aktuelle und potentielle Energie, soweit sie auf andere Körper einwirkt, also sich nach aussen hin offenbart oder wahrnehmbar macht. Denkt man sich den Körper in Ruhe, unelektrisch, dunkel (weder selbst leuchtend noch beleuchtet) und unter gleichem Druck und gleicher Temperatur stehend wie seine Umgebung, so wird seine äussere Energie auf diese Umgebung gleich Null. Was ihm dann noch an Energie übrig bleibt, ist seine innere Energie oder Eigenenergie. Neben der freien Wärme, die er mit seiner Umgebung gemein hat, enthält er noch mehr oder weniger latente oder gebundene Wärme, neben der freien Elektrizität, die ihn wegen des gleichen Potentials mit dem der Umgebung als unelektrisch erscheinen lässt, gebundene (wahre minus freie) Elektrizität. Die inneren Verbindungen seiner Teile, durch die er Festigkeit oder Zähigkeit erhält, stellen ein Quantum von Energie dar, welches sich erst bemerklich macht, wenn Kräfte diesen Zusammenhang zu lösen suchen und durch die innere Energie im Gleichgewicht gehalten werden, so dass sie nichts ausrichten und als „verlorene Kräfte“ erscheinen. Ein grosser Teil der inneren Energie ist gebundene chemische Energie, gesättigte chemische Verwandtschaft zu nennen; denn ungesättigte chemische Verwandtschaften müssten sich als äussere Energie bemerklich machen. Diese innere Energie eines Körpers setzt sich aus der äusseren und inneren Energie seiner Moleküle zusammen, wie die innere Energie seiner Moleküle aus der äusseren und inneren Energie der chemischen Elementaratome und diese wieder aus der äusseren Energie der Uratome. Genaueres über die Verteilung und die Art der Energie in der inneren Energie wissen wir nicht; nur soviel können wir sagen, dass jede Erscheinungsform der Energie beim Latentwerden, oder bei ihrer Bindung und Aufhebung in innere Energie, aufhört das zu sein, was sie vor der Bindung war, weil sie nicht mehr auf die Messinstrumente der betreffenden Energieform wirkt (z. B.

latente Wärme nicht mehr auf das Thermometer). In welcher Erscheinungsform die gebundene Energie bei ihrem wieder Freiwerden auftritt, ist durch die äusseren Umstände mitbedingt. Gleichwohl darf man daraus nicht den Schluss ziehen, dass alle innere Energie unterschiedslos dieselbe Form hat, gleichviel welche Erscheinungsform der Energie in sie umgewandelt ist. Denn verschiedene Arten der gebundenen Energie könnten doch, obwohl sie in ihrer Unwahrnehmbarkeit übereinstimmen, sich darin unterscheiden, dass die eine leichter in dieser, die andere leichter in jener Erscheinungsform wieder frei wird, und diese Unterschiede könnten durch verschiedene Formen der inneren Atomgruppierung und ihrer verborgenen Bewegungen bedingt sein.

Bei den Uratomen, chemischen Elementaratomen und Molekülen kann, wie bei ganzen Körpern die äussere Energie potentielle wie aktuelle Energie sein, d. h. mechanisch betrachtet ebensowohl auf ihrer Lage wie auf ihrer Bewegung beruhen. Man darf deshalb innere und potentielle, äussere und aktuelle Energie nicht verwechseln. Wenn also die äussere Energie eines Körpers sich in innere, z. B. seine mechanische Bewegungsenergie beim unelastischen Stoss sich in Wärme umgewandelt hat, so ist es falsch zu sagen, die aktuelle Energie sei in potentielle umgewandelt. Denn die freie Wärme beruht ja auf Bewegung der Moleküle, also auf aktueller kinetischer Energie, wenngleich beim festen und flüssigen Aggregatzustand jedes Molekül während jeder ganzen Schwingung zwischen kinetischer und potentieller Energie zweimal wechselt. Dagegen ist es möglich, dass die latente Wärme, die chemische Energie und die inneren Bindungen zur Festigkeit ganz oder teilweise auf potentieller Energie der Moleküle und Atome beruhen, obschon wir darüber noch nichts Genaueres wissen. Die notwendige Zurückführung der inneren Körperenergie auf äussere Atomenergie eröffnet die Möglichkeit, alle anderen qualitativen Erscheinungsformen auf mechanische Energie der Körper- und Aetheratome zu reduzieren und dadurch die Aequivalenz der verschiedenen Energieformen begreiflich zu machen.

Die potentielle Energie zeigt die Energie in einem wirklichen oder fingierten Zustande der Ruhe, der Hemmung oder des Gleichgewichts; die aktuelle Energie zeigt sie im Ausgleichsvollzug oder in Bewegung. Die Flächen gleicher Intensität zeigen potentielle Energie gleichen Potentials, z. B. Isothermen, Isobaren, Niveauflächen in Flüssigkeiten, Flächen gleicher elektrischer oder magnetischer Spannung. Wo Intensitäten sich ausgleichen, da entsteht ein Potentialgefälle zugleich mit einer Verschiebung und Dichtigkeitsveränderung des Extensitätsfaktors, und das ist aktuelle Energie. Andererseits können Potentialunterschiede der potentiellen Energie durch aktuelle Energie eines dünneren Mediums bewirkt werden, z. B. ein bestimmter Gasdruck auf die Gefässwände durch die Summation aller Stösse der Gasmoleküle auf dieselben, oder elektrische und magnetische Anziehung durch die Wellenbewegung der strahlenden Energie. Wie dort die aktuelle Energie nur das Potentialgefälle beim Ausgleich potentieller Energie von verschiedener Intensität ist, so ist hier die molare potentielle Energie bloss ein Summationsprodukt vieler molekularen aktuellen Energien.

Innerhalb gewisser Grenzen lässt sich dieser Wechsel zwischen molarer und molekularer Betrachtung willkürlich vornehmen, seine Möglichkeit hört aber auf, wenn man zu potentieller Energie gelangt, die nicht mehr als Summationsprodukt aus aktueller Molekularenergie aufgefasst werden kann; auch bei dieser bleibt es doch richtig, dass die aktuelle Energie durch Potentialgefälle entsteht. Solche potentielle Energie liegt als molare vor in der Gravitation, als molekulare in der Anziehung und Abstossung der Atome auf kleinste Entfernungen. Ersteres gilt freilich nur, wenn die Gravitation eine echte Fernkraft ist, letzteres auf alle Fälle. Potentielle Energie, die nicht als Summationsprodukt molekularer aktueller Energie angesehen werden darf, giebt es also nur bei echten Fernkräften auf molare und molekulare Entfernungen. Beide gehören der Mechanik an, der Mechanik der Massen und der der Atome, und deshalb besteht ein Zwang zur Unterscheidung potentieller und aktueller Energie eigentlich nur im Gebiete der mechanischen Energie, während bei den anderen Erscheinungsformen diese Unterscheidung geringere Bedeutung hat, weil sie doch nur Gesamtergebnisse oder Summationsphänomene aus einer bestimmten Gruppierung von Molekularenergien sind. Immerhin scheint es nützlich und richtig, diese Unterscheidung auch da festzuhalten, weil der Wechsel des molaren und molekularen Gesichtspunktes, der seine gute Berechtigung hat, sie mit sich bringt. —

Jede Form der Energie kann unter geeigneten Bedingungen in jede andere Form umgewandelt werden, sei es unmittelbar, sei es mittelbar, wofern nur die nötigen Intensitätsunterschiede gegeben sind. Unmittelbar lässt sich jede Energieform in jede andere umwandeln mit Ausnahme des Umsatzes zwischen der mechanischen Enerige materieller Körper und der strahlenden Energie des Aethers. Diese muss durch Umsatz in Energieformen vermittelt werden, als deren Träger materielle Teilchen und Aether verbunden wirken. Die fortschreitenden Wellen der strahlenden Aetherenergie müssen zunächst stehende molekulare Schwingungen in materiellen Körpern erregen, und diese erst können in molare mechanische Energie umgewandelt werden. Umgekehrt muss die molare mechanische Energie zunächst in eine Energieform, die aus stehenden molekularen Schwingungen besteht, umgewandelt werden, und diese erst kann fortschreitende Schwingungen im Aether erregen. Die Lichtmühle, die anfänglich im Sinne eines unmittelbaren Umsatzes von Lichtwellen in molare kinetische Energie gedeutet wurde, wird jetzt meistens nicht mehr so aufgefasst.

Bei jeder Energieumwandlung ist es ein konstantes Mass der einen Energieform, das der Einheit einer anderen Energieform äquivalent ist. Nur weil unsere Masseinheiten für die verschiedenen Energieformen ohne Rücksicht auf einander willkürlich gewählt und von ganz verschiedenen Ausgangspunkten her nach Bequemlichkeitsrücksichten festgesetzt sind, bedarf es für die Umwandlung der Energie aus einer Form in die andere eines Koeffizienten, der das Aequivalent der ersten Energieform nach der Masseinheit der zweiten darstellt. Das rationelle Verfahren wäre das, die Masseinheit einer Energieform, z. B. der mechanischen, allen Energieformen zu Grunde zu legen, d. h. die Masseinheiten aller anderen so zu bestimmen, dass ihr Aequivalent gleich 1 wird, und es bei der Umrechnung keines Koeffizienten mehr bedarf. —

Jede Form der Energie kann jede andere Form vertreten und ersetzen, indem sie stets bereit ist, sich direkt oder indirekt in dieselbe umzuwandeln; bei dieser Umwandlung erleidet aber ihre absolute Grösse keinen Zuwachs und keine Verminderung. Die gesamte Energie aller Erscheinungsformen und Modalitäten in einem geschlossenen Gebilde bleibt demnach unverändert, welche Energieverschiebungen und Energieumwandlungen innerhalb desselben auch vor sich gehen mögen. Ebenso wächst die Gesamtenergie eines nichtabgeschlossenen Gebildes um genau soviel, als ihr

Energie von aussen zugeführt wird, und vermindert sich um soviel, als sie Energie nach aussen abgiebt.

Diese Energiekonstanz ist der erste Hauptsatz der Energielehre. Er macht jedes Perpetuum mobile unmöglich, das auf der Voraussetzung beruht, ein Energiezuwachs könne innerhalb eines geschlossenen Gebildes zu stande kommen, oder eine von aussen her zugeführte Energiegrösse könne bei der Aufnahme in das Gebilde vergrössert werden. Dieser erste Hauptsatz der Energielehre ist allerdings nur eine Induktion aus der Erfahrung; aber da diese Induktion auf der breitesten Grundlage ruht und wir keine negative Instanz weder in der unorganischen noch in der organischen Natur kennen, so hat sie eine sehr hohe, an Gewissheit grenzende Wahrscheinlichkeit. Dagegen hat die Energiekonstanz keine Evidenz a priori und keine apodiktische Gewissheit. Der ontologische Grundsatz von der Beharrlichkeit der Substanz ist nicht auf die Energiekonstanz zu übertragen, weil die Energie keine Substanz ist. Selbst diejenigen, welche sie für eine Substanz halten, thun dies doch erst auf Grund ihrer bereits vorausgesetzten Konstanz. Aus den Prinzipien der Mechanik ist die Energiekonstanz allerdings abzuleiten; aber einerseits sind diese Prinzipien selbst nur Induktionen aus der Erfahrung, und andererseits können sie nur die Konstanz der mechanischen Energie beweisen, nicht die einer über die Mechanik hinausgehenden allgemeinen Energie, wie die qualitative Energetik sie behauptet. Immerhin ist die gegenseitige Ableitbarkeit der Energiekonstanz und der Prinzipien der Mechanik auseinander dadurch eine wertvolle gegenseitige Bestätigung, dass das Erfahrungsgebiet, auf das beide zusammen sich stützen, durch sie beträchtlich erweitert, also die Wahrscheinlichkeit beider Induktionen erhöht wird.

Aus der Vertretbarkeit gleicher Energiegrössen von verschiedener Form ergiebt sich die Möglichkeit, dass in einem geschlossenen System physikalisches Gleichgewicht besteht und nichts sich verändert, wenn auch innerhalb jeder darin vertretenen Energieform Verschiedenheiten des Intensitätsfaktors an verschiedenen Stellen bestehen, vorausgesetzt, dass die Intensitätsunterschiede der einen Energieform durch entgegengesetzte gleichwertige Intensitätsunterschiede einer anderen Energieform aufgewogen werden. Wenn Intensitätsunterschiede einer Energieform vorhanden sind (z. B. elektrische Potentialdifferenzen), ohne dass etwas geschieht, muss man auf das Vorhandensein kompensierender Intensitätsunterschiede in anderen Erscheinungsformen schliessen (z. B. auf elastische Druckunterschiede in den dielektrischen Körpern oder auf chemische Potentialdifferenzen in galvanischen Elementen). Soll in einem geschlossenen System, auf das keine äusseren Kräfte wirken, in welchem also Energie weder aus- noch eintritt, eine Störung des physikalischen Beharrungszustandes oder ein physikalischer Vorgang eintreten, so müssen nicht nur Intensitätsverschiedenheiten an verschiedenen Stellen vorhanden sein, sondern es dürfen auch diese Intensitätsunterschiede einer Energieform nicht durch solche einer anderen kompensiert sein. Es geschieht nur dann etwas, wenn unkompensierte Intensitätsunterschiede vorhanden sind; dann geschieht aber auch immer etwas.

Wenn etwas geschieht, so ändert sich nur die örtliche Verteilung des Intensitätsfaktors und die Dichtigkeit, mit welcher der Extensitätsfaktor der Energie an verschiedenen Stellen innerhalb des Gebildes den Raum erfüllt und den Intensitätsfaktor trägt. Wie durch die sonstigen Bedingungen, durch kompensierende Intensitätsunterschiede in andere Erscheinungsformen, z. B. durch feste Verbindungen, Sperrungen, Hemmungen u. s. w., verhindert werden kann, dass trotz der bestehenden Intensitätsdifferenzen etwas geschieht, so kann auch erst durch die näheren Bedingungen des Systems (die „Maschinenbedingung“) bestimmt werden, ob bei diesem Geschehen Umwandlungen der Energie in andere Erscheinungsformen eintreten müssen, und in welche. Es gehören andere maschinelle Vorkehrungen dazu, um mechanische oder chemische Energie in thermische, optische, elektrische, wieder andere, um thermische oder elektrische Energie in mechanische, optische oder chemische umzuwandeln.

Die Richtung, in welcher sich die Verteilung der Energiefaktoren ändert, ist ebenfalls nicht willkürlich, sondern strebt der Verminderung der Differenzen bis zur Null, d. h. dem Ausgleich zu; oder der Intensitätsfaktor geht von den Stellen höherer Intensität zu denen niederer Intensität über. Das Wasser läuft bergab, nicht bergauf; der wärmere Körper giebt von seiner höheren Temperatur an den kälteren ab; die Elektrizität strömt von der Stelle stärkerer Spannung zu derjenigen geringerer Spannung, nicht umgekehrt. Es geschieht also dasjenige, wodurch soviel aktuelle Energie entfaltet, oder Arbeit geleistet oder Energieumsatz herbeigeführt wird, als bei den bestehenden Intensitätsdifferenzen und den sonstigen Bedingungen des Systems überhaupt geleistet werden kann, und zugleich geschieht dasjenige, was geschieht, auf demjenigen Wege, auf welchem es mit einem Mindestmass von Kraftaufwand im Vergleich zu allen sonst möglichen Uebergangsweisen erreichbar ist. Diese Richtung des Geschehens führt bereits zu dem zweiten Hauptsatz der Energielehre hinüber, der im nächsten Abschnitt erörtert werden soll.

II. Die Entwertung der Energie.

Wenn eine Energie sich teilweise in eine andere umsetzt, teilweise ihre Form behält, so stellt der erstere Teil in der neuen Energieform eine Intensitätsdifferenz her, die vorher nicht bestand, während der andere, seine Form behaltende Teil einen Intensitätsfall seines Intensitätsfaktors erleidet. Man denke sich z. B. eine Schleuse mit zwei horizontal verschiebbaren Zwischenthoren zwischen dem Oberthor und Unterthor. Es werde in die leere Schleusenkammer vom Oberthor her bis zum zweiten Mittelthor hin eine bestimmte Wassermasse eingelassen, deren Wasserstand dem des Oberwassers gleich wird; dann werde das Oberthor geschlossen und das Mittelthor soweit verschoben, dass der Wasserspiegel der eingelassenen Wassermasse bis zu dem des Unterwassers sinkt, und endlich werde durch Verschiebung des ersten Zwischenthores vom Oberthor bis zum Unterthor die Wassermasse hinausgeschoben und die Schleuse wieder entleert. Dieselbe Wassermasse bringt aus dem höheren Stande des Oberwassers eine grössere potentielle Energie mit, als sie, auf den Stand des Unterwassers herabgesunken, an dieses abgiebt; die Differenz beider Energien ist während des Sinkens in Arbeit zu verwandeln, während die ins Unterwasser abgeführte Energie eine entsprechende Intensitäts-Verminderung ihres Intensitätsfaktors erleidet. In Wirklichkeit wird in der Schleusenkammer ein gewisser Rückstand von Wasser vorgefunden, der grösser als Null ist und für die Wiederholung des Prozesses durch das Vorschieben des ersten Zwischenthores vom Stand des Unterwassers wieder auf den des Oberwassers gehoben werden muss; es hindert aber nichts, ihn in Gedanken gleich Null zu setzen. Setzt man an Stelle der Schleusenkammer einen Cylinder mit Ventilen und Kolben, so hat man einen Wassermotor nach dem Prinzip der Dampfmaschine.

Das Verhältnis der vom Oberwasser her zugeführten Energie zu ihrem Intensitätsfaktor ist gleich dem Verhältnis der ans Unterwasser abgeführten Energie zu ihrem Intensitätsfaktor, oder die zu- und abgeführte Energie verhalten sich wie ihre Intensitätsfaktoren, während der Extensitätsfaktor, die zu- und abgeführte Wassermasse, identisch ist und unverändert bleibt. Die in Arbeit umsetzbare Energiegrösse, der Unterschied der zu- und abgeführten Energie oder der Nutzeffekt der Maschinerie, ist gleich der zugeführten Energie multipliziert mit dem Verhältnis zwischen der Differenz der beiden Intensitätsfaktoren und dem Intensitätsfaktor der zugeführten Energie. Der Wirkungsgrad der Maschine, oder das Verhältnis zwischen dem Nutzeffekt und der zugeführten Energie, ist gleich dem Verhältnis zwischen der Differenz beider Intensitätsfaktoren und dem Intensitätsfaktor der zugeführten Energie. Die verlorene, nicht in Arbeit umgesetzte, sondern nur in ihrer Intensität verringerte Energie, oder die abgeführte Energie, ist gleich dem Produkt aus der zugeführten Energie und dem Verhältnis zwischen dem Intensitätsfaktor der abgeführten und der zugeführten Energie. Endlich ist das Verhältnis des in Arbeit umgesetzten Energieteils zu seinem Intensitätsfaktor gleich dem Produkt aus der ans Unterwasser abgeführten Energie und dem Unterschiede der umgekehrten Intensitätsfaktoren.*) —

---

*) Es sei m die zu- und abgeführte Wassermasse, E_1 die zugeführte, E_2 die abgeführte Energie, J_1 und J_2 die ihnen zugehörigen Intensitätsfaktoren, h_1 der Oberwasserstand, h_2 der Unterwasserstand, g die Beschleunigung der Schwere. Dann ist $\frac{1}{2} h_1$ und $\frac{1}{2} h_2$ die Höhe des Schwerpunktes von m vor und nach der Senkung seines Wasserspiegels; $E_1 = mg \cdot \frac{1}{2} h_1$; $E_2 = mg \cdot \frac{1}{2} h_2$; $m = \frac{E_1}{g \cdot \frac{1}{2} h_1} = \frac{E_2}{g \cdot \frac{1}{2} h_2}$. Ferner ist $g \cdot \frac{1}{2} h_1$ (das Produkt aus Schwerebeschleunigung und Schwerpunktsfallhöhe) $= J_1$ und $g \cdot \frac{1}{2} h_2 = J_2$ (entsprechend $\frac{1}{2} v^2$ in der kinetischen Energie). Demnach $\frac{E_1}{J_1} = \frac{E_2}{J_2} = \frac{E_1 - E_2}{J_1 - J_2}$; $E_2 = E_1 \cdot \frac{J_2}{J_1}$; $E_1 - E_2 = E_1 \cdot \frac{J_1 - J_2}{J_1} = E_2 \cdot \frac{J_1 - J_2}{J_2}$; $\frac{E_1 - E_2}{E_1} = \frac{J_1 - J_2}{J_1}$; $\frac{E_1 - E_2}{J_1} = E_2 \cdot \frac{J_1 - J_2}{J_1 \cdot J_2} = E_2 \left(\frac{1}{J_2} - \frac{1}{J_1}\right)$. Vergl. Mach: „Die Prinzipien der Wärmelehre historisch-kritisch entwickelt", 2. Aufl., Leipzig, Barth. 1900, S. 329—330.

Diese Sätze gelten für alle Energieformen gleichmässig. Eine besonders grosse Rolle spielen sie bei den Wärmemaschinen, bei denen die Ausdehnung eines durch den Kessel erwärmten Gases oder Dampfes durch Hebung eines Kolbens in Arbeit umgesetzt und dann das Gas durch einen Kondensator oder Kühler wieder abgekühlt wird. Nur in dem einen Punkte besteht ein Unterschied zwischen der Wärme und allen anderen Energiearten, dass bei letzteren der Nullpunkt des Intensitätsfaktors beliebig gewählt werden kann, bei ersterer aber die Rechnungsergebnisse falsch werden, wenn der Nullpunkt der Temperatur nicht an einer ganz bestimmten Stelle angenommen wird, nämlich 273,7° Celsius unter dem Gefrierpunkt. Die auf diesen Nullpunkt bezogenen Temperaturen heissen dann die absoluten Temperaturen. Auch bei einer solchen Wärmemaschine bleibt unter idealen Voraussetzungen, d. h. in einem Prozess ohne Wärmezerstreuung, der Extensitätsfaktor unverändert, wie die Wassermasse in der Schleuse; die vom Kessel her zugeführte und die an den Kühler abgeführte thermische Energiegrösse verhalten sich wie ihre absoluten Temperaturen. Der Nutzeffekt der Maschine ist gleich dem Produkt aus der zugeführten Wärme und dem Verhältnis zwischen dem Unterschiede beider Temperaturen und der absoluten Kesseltemperatur. Der Wirkungsgrad der Maschine wird ausgedrückt durch das Verhältnis der Temperaturdifferenz zur absoluten Kesseltemperatur. Die für den Umsatz in Arbeit verlorene, d. h. die an den Kühler abgeführte Wärme ist gleich dem Produkt aus der vom Kessel her zugeführten Wärme und dem Verhältnis der absoluten Kühler- und Kesseltemperatur. Endlich ist das Verhältnis der in Arbeit umgesetzten Wärme zu ihrer absoluten Temperatur gleich dem Produkt aus der an den Kühler abgeführten Wärme und dem Unterschiede der beiden umgekehrten Temperaturen.*) —

---

*) Es sei W_1 und W_2 die zu- und abgeführte Wärme oder thermische Energiegrösse, T_1 und T_2 die zugehörigen absoluten Temperaturen (Celsiusgrade plus 273,7°). Dann ist $\frac{W_1}{T_1} = \frac{W_2}{T_2}$; $W_2 = W_1 \cdot \frac{T_2}{T_1}$; $W_1 - W_2 = W_1 \cdot \frac{T_1 - T_2}{T_1}$; $\frac{W_1 - W_2}{W_1} = \frac{T_1 - T_2}{T_1}$; $W_1 - W_2 = W_2 \cdot \frac{T_1 - T_2}{T_2}$; $\frac{W_1 - W_2}{T_1} = W_2 \cdot \frac{T_1 - T_2}{T_1 T_2} = W_2 \left(\frac{1}{T_2} - \frac{1}{T_1}\right)$.

Hieraus geht hervor, dass das mechanische Aequivalent der übrigen Energiearten eine etwas andere Bedeutung hat, als sie gewöhnlich in populären Schriften dargestellt wird. Das mechanische Aequivalent oder Arbeitsäquivalent hat zunächst nur einen konditionalen Sinn, d. h. es besagt: wenn diese Energieart in kinetische Energie umgewandelt werden kann, so entsprechen der üblichen Einheit von ihr so und soviel Einheiten des Arbeitsmasses. Es besagt aber nicht, dass man jede gegebene Energiegrösse irgend welcher Art jederzeit voll und ganz in kinetische Energie nach Massgabe des Aequivalents umwandeln könne. Es ist immer ein niedrigster Stand des Intensitätsfaktors gegeben, unter den man die Energie nicht hinunterschrauben kann, ohne Arbeit darauf zu verwenden; das ist z. B. die Temperatur oder das elektrische Potential der Umgebung oder der Grundwasserstand des Ortes bei einem Wassermotor. Dieses ohne Arbeitsaufwand nicht unterschreitbare gegebene Niveau des Intensitätsfaktors ist bestimmend für den Teil der gegebenen Energie, der seine Form behalten muss, und dadurch indirekt auch für den anderen Teil, der günstigsten Falls in Arbeit umgesetzt werden kann. Nur für den augenblicklich umsetzbaren Energieteil erhält das Arbeitsäquivalent eine praktische, aktuelle, reelle Bedeutung; für den seine Form behaltenden und bloss in seiner Intensität herabsinkenden Energieteil dagegen hat es vorläufig bloss eine theoretische, potentielle, ideelle Bedeutung. Ob es auch für diesen Energieteil jemals eine aktuelle, reelle Bedeutung erlangt, hängt davon ab, ob dieser Energieteil jemals unter Verhältnisse gelangen wird, die ein weiteres Sinken der Intensität ohne Arbeitsaufwand gestatten, ob z. B. die Umgebung sich abkühlt oder auf ein niedrigeres elektrisches Potential sinkt, oder der Grundwasserstand fällt. Aber auch in diesem Falle würde wieder nur ein Teil sich in Arbeit umwandeln können, während der Rest auf das neue Intensitätsniveau derselben Energieform herabsinken muss. Die vollständige Umwandlung einer gegegebenen Energieart in Arbeit wäre nur möglich, wenn das neue Intensitätsniveau auf dem Nullpunkt läge; denn dann würde das Verhältnis der beiden Intensitätsfaktoren gleich Null und folglich auch die abgeführte Energie gleich Null. Es kann aber ebensowenig die Entfernung des Schwerpunktes einer Wassermasse vom

2*

Boden gleich Null werden, wie die Temperatur der Umgebung auf den absoluten Nullpunkt sinken kann.*) —

Der geschilderte Vorgang an der Schleuse ist ein Kreisprozess, d. h. alle Zustandsbestimmungen innerhalb der Schleuse sind am Ende des Vorgangs qualitativ und quantitativ denen am Anfang gleich. Was sich geändert hat, ist nur, dass eine bestimmte Wassermasse aus dem Oberwasser ins Unterwasser übergeführt ist, und dass dabei der nicht mit übergeführte Teil ihrer Energie in Arbeit verwandelt ist. Dieser Vorgang kann sich auch umgekehrt abspielen. Durch das Unterthor kann aus dem Unterwasser dieselbe Wassermasse mit dem Höhenstand des Unterwassers in die Schleusenkammer eingelassen werden; sie kann dann durch das verschiebbare Mittelthor so zusammengeschoben werden, dass sie dem Wasserspiegel des Oberwassers gleichkommt und endlich durch das geöffnete Oberthor in das Oberwasser abgeführt werden. Freilich muss Arbeit aufgewendet werden, um durch Zusammenschiebung der eingelassenen Wassermasse ihren Spiegel um so viel zu erhöhen, als der Unterschied zwischen dem Stande des Ober- und Unterwassers beträgt. Auch bei dem rückläufigen Vorgang sind alle Zustandsbestimmungen innerhalb der Schleuse dieselben am Ende wie am Anfang; auch er ist also ein Kreisprozess. Aber während bei dem rechtläufigen Vorgang Energie aus dem Oberwasser entnommen und teils in Arbeit verwandelt, teils mit gesenktem Niveau ins Unterwasser übertragen wird, wird bei dem rückläufigen Vorgang Energie aus dem Unterwasser entnommen, und mit gehobenem Niveau ins Oberwasser übertragen, indem Arbeit in potentielle Energie umgesetzt wird. Die hierbei aufzuwendende Arbeit ist genau so gross wie die vorher bei der Senkung des Wasserspiegels geleistete. Legt man zwei solche Schleusen nebeneinander an, so muss die Arbeit, welche in der einen das Sinken des Niveaus leistet, gerade ausreichen, um in der anderen das Niveau durch Verschiebung des Mittelthores um ebensoviel

*) Wenn $J_2 = 0$, dann auch $\frac{J_2}{J_1} = 0$ und $E_1 \frac{J_2}{J_1} = 0$, also $E_2 = 0$ und $E_1 - E_2 = E_1$. Es sei A die gewinnbare Arbeit, W die Wärme, j das mechanische Aequivalent der Wärme in Arbeit ausgedrückt (etwa 428 Meterkilogramm), dann ist ideell $A = jW$, reell aber $A = jW_1 - jW_2 = jW_1 - jW_1 \frac{T_2}{T_1}$; denn das zweite Glied fällt nur fort, wenn $T_2 = 0$ wird.

dichtung ähnliche Energieumsätze. Der so in andere Formen umgesetzte Energieteil ist zunächst jedenfalls für den Umsatz in Arbeit verloren, soweit es die vorliegenden Maschinenbedingungen betrifft; um ihn in Arbeit zurückzuverwandeln, bedürfte es ganz anderer Maschinenbedingungen, als für die hier Vorkehrung getroffen ist.

Nun würde ja nichts hindern, dass man die durch Reibung entstandenen anderen Energieformen in besondere Maschinen überleitet, die für ihren Umsatz in Arbeit konstruiert sind, und die Unmöglichkeit des perpetuum mobile wäre damit noch immer nicht klargestellt. Es ist aber nun weiter zu beachten, dass die anderen Energieformen nicht so unlösbar an der materiellen Masse haften wie die mechanische Energie. Die stehenden Schallschwingungen übertragen ihre Energie an das umgebende Medium, das ihre Energie durch fortschreitende Schwingungen allmählich in den Raum zerstreut; diese Schwingungen wieder unterliegen einer Dämpfung, indem durch die stellenweise Verdichtung des fortpflanzenden Mediums die akustische Energie in thermische umgewandelt wird. Die elektrische und thermische Energie zerstreut sich sowohl durch Leitung als auch durch Strahlung in den Raum, und wenn ihre Leitung gleich der Schallstrahlung an das Vorhandensein materieller Medien gebunden ist, so bedarf ihre Strahlung doch nur des Aethers, der den elektrischen, magnetischen, optischen und thermischen Ausgleich durch das ganze Weltall vermittelt. Durch Umgebung mit nichtleitenden Medien kann man elektrische Energie immerhin für eine gewisse Zeit an bestimmte materielle Massen binden; aber eine allmähliche Zerstreuung findet doch statt. Bei jeder Bewegung in leitenden Körpern wandelt sich ausserdem ein Teil der Elektrizität in Wärme um, und ebenso werden diejenigen elektrischen Aetherwellen, die auf Materie im Raum treffen, teilweise wieder in Wärme umgesetzt. Die Wärme aber lässt sich gerade am wenigsten fesseln, weil wir nicht über ebenso schlechte Wärmeleiter wie über schlechte Elektrizitätsleiter verfügen, und weil die Abkühlung eines warmen Körpers durch Strahlung weit rascher erfolgt, als die Entladung eines isolierten elektrischen Körpers durch Zerstreuung der Elektrizität. Auf der Stufenleiter der festeren und loseren Bindung der Energie an die materielle Masse steht deshalb die Wärme am tiefsten, wie die mechanische Energie, insbesondere die potentielle Energie der Lage, am höchsten steht. Die Energieformen sind um so schwerer zu binden, je rascher ihre Zerstreuung erfolgt. Wäre unsere Lebensdauer und demgemäss unser subjektives Zeitmass sehr viel kleiner als jetzt, so würde uns die Wärme ebenso beständig erscheinen wie jetzt die Elektrizität; wäre unser subjektives Zeitmass sehr viel grösser als jetzt, so würde uns die Elektrizität als ebenso unbeständig erscheinen wie jetzt die Wärme.

Das perpetuum mobile der zweiten Art wäre begrifflich möglich, wenn man die Energieformen ausser der mechanischen auch nur für so lange an bestimmte materielle Massen binden könnte, als nötig ist, um sie mit Hilfe geeigneter Maschinenbedingungen in Arbeit zurückzuverwandeln. Aber dies gelingt nicht, weil vom ersten Augenblick an, wo die mechanische Energie sich in eine andere Energieform umgewandelt hat, auch schon der Energieverlust durch Energiezerstreuung beginnt, und in einer wenn auch kurzen Frist bis zur Hinleitung an die geeigneten Maschinenbedingungen doch immer schon eine gewisse Grösse erreicht hat. Dieser Energieverlust wird um so grösser sein, je tiefer die betreffende Energieform auf der Stufenleiter der Bindung steht, am grössten also bei der Wärme. Alle übrigen Energieformen ergeben ausser dem direkten Verlust durch Zerstreuung in ihrer eigenen Form noch einen indirekten Verlust durch teilweise Umwandlung in eine auf der Stufenleiter tiefer stehende Energieform, letzten Endes aller Energieformen in Wärme, die am meisten zur Zerstreuung neigt.

Der Grund für die Unmöglichkeit eines perpetuum mobile zweiter Art liegt also darin, dass die an der materiellen Masse haftenden Energieformen nicht vor dem teilweisen Umsatz in solche zu schützen sind, die weniger gut an der Masse haften, dass die Energie in den letzteren sich allmählich ganz, und in jeder noch so kurzen Zeit teilweise zerstreut, und dass der zerstreute Energieteil den Maschinenbedingungen zur Rückverwandlung in mechanische Energie entzogen bleibt. Wäre der in Arbeit umsetzbare Teil der zugeführten Energie, wie oben angenommen, gleich dem Unterschiede der zugeführten und abgeführten Energie, dann wäre wenigstens begrifflich ein perpetuum mobile der zweiten Art möglich. Da aber auch noch der Energieverlust durch Zerstreuung von der zugeführten Energie abgezogen werden muss und dieser

Verlust sich mit jeder Umsatzoscillation des Maschinenprozesses wiederholt, so ist es unmöglich.*)

Während der Unterschied zwischen der zu- und abgeführten Energie bei der Umkehrung des Kreisprozesses mit Hilfe der vorher aus ihm gewonnenen Arbeit wieder ersetzt werden kann, ist dies für den Zerstreuungsverlust unmöglich. —

Es ergiebt sich hieraus, dass das mechanische Aequivalent oder der Arbeitswert eines bestimmten Wärmequantums eine dreifache Bedeutung hat, und dass nicht nur der theoretische und reelle Arbeitswert, sondern auch der reelle Maximalwert und der praktische Arbeitswert desselben unterschieden werden muss. Der theoretische Arbeitswert ist das Produkt aus dem mechanischen Wärmeäquivalent der Wärmeeinheit (Kalorie) und dem Wärmequantum. Der reelle, grösstmögliche Arbeitswert ist das Produkt aus dem mechanischen Aequivalent der Wärmeeinheit und der Differenz der vom Kessel zugeführten und der an den Kühler abgeführten Wärme. Der praktische Arbeitswert oder die Wirkungsfähigkeit ist das Produkt aus dem mechanischen Wärmeäquivalent und der Differenz zwischen der dem Kessel zugeführten und aller abgeführten Wärme, welche letztere die an den Kessel abgeführte und die durch Zerstreuung an die Umgebung eingebüsste zusammenfasst.**) Der theoretische Arbeitswert liesse sich aus dem

---

*) Es sei E_a der in Arbeit umsetzbare Teil der zugeführten Energie E_1, E_2 die abgeführte, E_z die durch Zerstreuung verlorene Energie, dann ist $E_a = E_1 - (E_2 + E_z) = (E_1 - E_2) - E_z$. $E_1 - E_2$ kann bei rückläufigem Prozess aus der beim rechtläufigen Prozess geleisteten Arbeit restituiert werden, E_z nicht; E_1 würde also nach dem rechtläufigen und rückläufigen Prozess nicht mehr die Grösse E_1, sondern nur noch $E_1 - 2E_z$ haben, wenn der Verlust durch Zerstreuung beim rückläufigen Prozess ebenfalls E_z wäre.

**) Es sei A_{th} der theoretische, A_r der reelle, A_{pr} der praktische Arbeitswert, j das mechanische Aequivalent der Wärmeeinheit, etwa 428 Meterkilogramm, W_1 die von dem Kessel zugeführte, W_2 die an den Kuhler abgeführte Wärme, T_1 und T_2 die ihnen anhaftenden Temperaturen, W_z der Zerstreuungsverlust an Wärme. Dann ist $A_{th} = j\,W_1$; $A_r = j(W_1 - W_2) = j\,W_1 - j\,W_2 = j\,W_1 - j\,W_1 \frac{T_2}{T_1} = j\,W_1 \frac{T_1 - T_2}{T_1} = A_{th} \frac{T_1 - T_2}{T_1}$ (vgl. oben S. 20); $A_{pr} = j(W_1 - W_2 - W_z) = j\,A_r - j\,W_z = A_{th} \frac{T_1 - T_2}{T_1} - j\,W_z = j(W_1 \frac{T_1 - T_2}{T_1} - W_z)$.

gegebenen Wärmequantum nur dann gewinnen, wenn man es in einer Wärmemaschine auf Null Grad der absoluten Temperatur abkühlen könnte, was unmöglich ist. Der reelle begnügt sich mit der Abkühlung des Wärmequantums auf die Temperatur des Kühlers und dem dabei zu erzielenden Umsatz, falls jede Wärmezerstreuung vermieden wird; der theoretische Arbeitswert des in den Kühler übergeführten Wärmerestes bleibt dabei unbenutzt, und um seinen Betrag ist der reelle Arbeitswert der vom Kessel zugeführten Wärme kleiner als ihr theoretischer Arbeitswert. Eine ideale Wärmemaschine, die den reellen Arbeitswert des aufgewandten Wärmeverbrauchs voll erzielte, würde beispielsweise einen Wirkungsgrad von 15½ % haben, wenn die Temperaturen des Kessels und des Kühlers 50° und 0° C. sind, einen Wirkungsgrad von 65 %, wenn diese Temperaturen 500° und 0° sind. Der sogenannte reelle Arbeitswert ist aber immer noch nicht voll zu realisieren, sondern bleibt ein unerreichbarer Maximalwert, weil er an eine unerfüllbare Bedingung, die Vermeidung des Zerstreuungsverlustes, geknüpft ist. Der praktische Arbeitswert ist also um so viel kleiner, als der reelle, wie der theoretische Arbeitswert der durch Zerstreuung verlorenen Wärme beträgt. Könnte man die Grösse dieses Zerstreuungsverlustes auch nur annähernd bestimmen, so hätte man einen Anhalt für die Grösse des praktischen Arbeitswertes der Wärme oder für ihre thatsächliche Wirkungsfähigkeit. Der reelle Arbeitswert stellt bloss einen fiktiven Grenzfall dar, dem sich der praktische Arbeitswert um so mehr annähert, je besser die Wärmemaschine konstruiert ist. —

Dasselbe wie für die Wärme gilt für jede andere Energieform; wir schätzen ihren Wert nach ihrer Wirkungsfähigkeit, d. h. nach ihrer praktischen Umsetzbarkeit in Arbeit. Denn die mechanische Energie kann man entweder als solche verwerten oder ohne nennenswerten Verlust in jede hier und jetzt gewünschte Energieform umwandeln. Die Stufenleiter der Zerstreuung, in welche die verschiedenen Energieformen einzuordnen sind, ist deshalb zugleich eine Stufenleiter ihrer Wirkungsfähigkeit oder ihres Wertes; d. h. je stärkerer Zerstreuung eine Energieform unterworfen ist, desto geringer ist ihr Wert. Mechanische Energie, insbesondere als potentielle Energie der Lage, hat demgemäss den höchsten, Wärme den geringsten Wert, während elektrische, magnetische und chemische Energie in der Mitte stehen. Wenn eine wertvollere

Energieform in eine minderwertige umgesetzt wird, so erleidet die in ihr enthaltene Energiegrösse zwar keine Verminderung, wohl aber eine Entwertung. Denn wenn dieselbe Energiegrösse wieder in die wertvollere Energieform zurückverwandelt werden soll, so ist das nur bei einem Teile möglich, während der Rest sich entweder unmittelbar durch Zerstreuung oder mittelbar durch Umsatz in noch minderwertigere Energieformen der Rückverwandlung entzieht.

Das Verhältnis ist so, als ob jedermann genötigt wäre, beim Umwechseln von Kupfer-, Nickel- oder Silbermünze in Goldmünze sich gefallen zu lassen, dass er nur einen Teil des Geldwertes in Gold, den Rest aber in gleicher oder noch minderwertigerer Münze erhielte. Bei jedem Umwechseln würde sich dann die Fähigkeit vermindern, seinen ganzen Geldbesitz in Gold umwechseln zu können; der in Gold umwechselbare Teil des konstanten Geldbesitzes würde mit jedem Wechselgeschäft kleiner und der nicht rückverwandelbare Rest grösser werden. Genau so entwertet sich die konstante Energie eines nach aussen hin energetisch abgeschlossenen Gebildes mit jedem Energieumsatz mehr; der in mechanische Energie zurückverwandelbare Teil der Gesamtenergie wird immer kleiner, der nicht mehr rückverwandelbare Rest immer grösser. Je länger der Prozess der Energieumsätze in dem Gebilde sich abspielt, desto mehr geht die mechanische Energie in minderwertige Formen über, bis zuletzt alle Energie des Gebildes in Wärme, der relativ wertlosesten Form, angelangt ist. Der Grad der Wirkungsfähigkeit der Gesamtenergie in dem geschlossenen Gebilde hängt lediglich an dem Teil der Gesamtenergie, der sich noch in mechanische Energie zurückverwandeln lässt, da die Wirkungsfähigkeit des Restes unter den gegebenen Umständen gleich Null ist. Man kann deshalb den Grad der Wirkungsfähigkeit der Gesamtenergie auch ausdrücken durch den Unterschied zwischen der Grösse der Gesamtenergie und der Grösse ihres nicht mehr zurückverwandelbaren Teiles.*) Der noch wirkungsfähige Teil der Gesamtenergie wird nach dem Vorgange von Helmholtz auch „freie“, der nicht mehr rückverwandelbare Teil „gebundene“

---

*) Es sei E die Gesamtenergie, E_w ihr noch wirkungsfähiger, $E_{irrev.}$ ihr irreversibler oder unter den gegebenen Verhältnissen nicht mehr rückwärts wandelbarer Teil; dann ist $E_w = E - E_{irrev.}$

Energie genannt; doch ist dies nicht ratsam, weil hier das Wort „frei“ etwas ganz anderes bedeutet als in den Ausdrücken „freie Wärme, freie Elektrizität, freier Magnetismus“, und das Wort „gebunden“ etwas ganz anderes als in „gebundene oder latente Wärme“, und der Doppelsinn der Worte Verwirrung hervorrufen muss. —

Die Zerstreuung der Energie kann wie jede Wanderung derselben erfolgen durch Konvektion (materielle Fortführung), Leitung oder Strahlung. Konvektion findet z. B. statt bei der ausgleichenden Verteilung der Wärme durch Strömungen in Flüssigkeiten, Dämpfen oder Gasen und bei der Zerstreuung eines Gases in einen luftleeren Raum. Leitung ist immer auf Strahlung zurückzuführen, bei der akustischen Energie auf Wellenstrahlung in der Luft oder dem sonstigen Medium, bei der Elektrizität auf Aetherwellenstrahlung im Isolator längs dem Leiter, bei der Wärme auf Aetherstrahlung von einem materiellen Moleküle zum andern. Die Energiezerstreuung ist also entweder Dissipation der materiellen Teilchen, an denen die Energie haftet, oder Umsatz der Energie in strahlende Energie und Rückverwandlung dieser beim Auftreffen auf nahe oder ferne materielle Teilchen. Eine Energieform neigt deshalb um so mehr zur Zerstreuung, je leichter sie sich in strahlende Energie umsetzt. Optische und thermische Energie sind am schwersten an materielle Massen zu binden und zerstreuen sich am schnellsten, weil sie sich am leichtesten in strahlende Energie umsetzen.

Die Wirkung der Energiezerstreuung in jeder ihrer Gestalten ist der Ausgleich bestehender Intensitätsunterschiede. Das Gewicht einer aufgezogenen Uhr bewahrt den Intensitätsunterschied seiner Lage von der nach dem Ablaufen beliebig lange, bis die Uhr in Gang gesetzt wird, die Steinkohle den Unterschied ihres chemischen Potentials von dem des Sauerstoffs der Luft, bis sie entzündet wird. Der elektrische Potentialunterschied zwischen den beiden Belegungen einer geladenen Leidener Flasche ist dagegen nicht für längere Zeit zu konservieren, und der Temperaturunterschied zwischen verschiedenen Stellen eines geschlossenen materiellen Gebildes noch weniger. Derjenige Teil der Gesamtenergie, der leichter zerstreubare Formen hat, vollzieht fortwährend einen Ausgleich der bestehenden Intensitätsdifferenzen. Indem mehr und mehr Energie sich aus wertvolleren Formen in minderwertige umsetzt, wächst beständig der Ausgleich. In dem Masse, als die Gesamtenergie in Wärme übergeht, wird der Ausgleich beschleunigt.

Das Ende muss sein, dass alle Energie des geschlossenen Gebildes die Form thermischer Energie angenommen hat und in allen Teilen des Gebildes dieselbe Temperatur besteht, also jeder thermische und sonstige Intensitätsunterschied verschwunden ist. Dann hat die Möglichkeit aufgehört, innerhalb des Gebildes Energieumsätze herbeizuführen, da zu diesen Intensitätsunterschiede unentbehrlich sind, die zum Ausgleich gelangen können. Es ist der thermischen Energie dann unmöglich, nicht nur, sich in mechanische Energie zurückzuverwandeln, sondern überhaupt, sich in irgendwelche andere Energieform umzuwandeln, die wertvoller als sie selbst wäre. Da es eine noch wertlosere Form als sie nicht giebt, so muss sie bleiben, was sie ist, nämlich Wärme. Versteht man unter „Prozess" Energieumsatz aus einer Form oder Modalität in eine andere, so ist dann jeder Prozess unmöglich. Versteht man unter der Wirkungsfähigkeit der Energie ihre Fähigkeit, Umsätze herbeizuführen und einen Prozess zu unterhalten, dann ist die Wirkungsfähigkeit der Gesamtenergie in Bezug auf Prozesse innerhalb des Gebildes zur Null herabgesunken, und nur, wenn die vorausgesetzte Abgeschlossenheit des Gebildes nach aussen aufgehoben würde, könnte sich in Bezug auf Intensitätsunterschiede dieses Gebildes von anderen von neuem eine Wirkungsfähigkeit desselben entfalten. Man sieht hieraus, dass jedes vermeintliche perpetuum mobile bloss durch inneren Energieausgleich auch dann zum Stillstand kommen müsste, wenn jede Energiezerstreuung nach aussen hin zu vermeiden wäre. Da letzteres nicht ausführbar ist, so erfolgt der Stillstand nur um so schneller. —

Je kleiner ein materielles Gebilde ist (Zelle, Moleküle), desto mehr wird der innere Energieaustausch zwischen seinen Teilen durch seinen nach aussen hin auf Nachbargebilde gerichteten Energieaustausch überwogen; je grösser es ist (Planetensystem, Weltlinse), desto mehr tritt der innere Energieaustausch in den Vordergrund und der äussere zurück. Der innere Energieaustausch ist proportional dem Rauminhalt des Gebildes, der äussere seiner Oberfläche, ersterer ist also proportional der dritten, letzterer der zweiten Potenz seines mittleren Durchmessers. Mit der Lineargrösse des Gebildes wächst ihre dritte Potenz schneller als ihre zweite.

Behandelt man ein Gebilde als ein nach aussen hin abgeschlossenes, beziehungsloses, so begeht man einen Fehler; dieser Fehler wird aber um so kleiner, je grösser das betrachtete Gebilde ist. Wendet man die beiden Hauptsätze der Energielehre auf ein Gebilde in dem Sinne an, dass es als abgeschlossen vorausgesetzt wird, so ist ihre Geltung auch beim grössten Gebilde noch ungenau und von bloss annähernder Gültigkeit, so lange noch andere Gebilde neben ihm bestehen, deren energetische Beziehungen zu ihm unberücksichtigt bleiben. In einem Gebilde, das noch andere Gebilde ausser sich hat, braucht die Energie nicht konstant zu sein, sondern sie kann um so viel zu- oder abnehmen, als ihm von aussen Energie zugeführt oder entzogen wird. Ebenso kann in ihm die Wirkungsfähigkeit der Energie zunehmen, aber nur dadurch, dass sie in anderen Gebilden, die mit ihm in energetischer Beziehung stehen, stärker abnimmt, als sie in ihm zunimmt. Fasst man die mit diesem Gebilde in Beziehung stehenden anderen Gebilde zu dem Begriff eines umfassenderen Gebildes zusammen, so müssen für dieses beide Hauptsätze der Energielehre für die betrachteten Vorgänge stimmen, aber wiederum nur, soweit von energetischen Beziehungen des umfassenderen Gebildes nach aussen hin abgesehen wir

Eine exakte Geltung können beide Hauptsätze nur für ein Gebilde beanspruchen, das keine anderen Gebilde mehr ausser sich hat. Für den Fall, dass das materielle Weltall e n d l i c h ist, entspricht es dem Begriff eines geschlossenen Gebildes, ist also diesem Begriff und den für ihn gültigen Urteilen zu subsumieren. Es ist dann ein einfacher Syllogismus, dass beide Hauptsätze in der Welt vollkommen genau gelten; in Bezug auf die Erfahrungsgrundlagen hat allerdings der Obersatz, aus welchem geschlossen wird, selbst eine bloss induktive Geltung, die hier die Bedeutung einer „Extrapolation“ gewinnt, d. h. einer Erweiterung des beobachteten Zusammenhanges über die Grenzen der Beobachtung hinaus, wie der Physiker sie nicht entbehren kann. Wenn dagegen die materielle Welt u n e n d l i c h ist, so haben beide Hauptsätze für Teile der Welt nur a n n ä h e r n d e Richtigkeit, während sie für die unendliche Welt als Ganzes j e d e n S i n n v e r l i e r e n. Die Endlichkeit der Welt ist also eine unausweichliche Konsequenz der Annahme, dass die beiden Hauptsätze der Energielehre n i c h t b l o s s a n n ä h e r n d, s o n d e r n g e n a u r i c h t i g s i n d, dass sie theoretische Wahrheiten im

Sinne der exakten Naturwissenschaft sind. — Die Physik hat jedenfalls keine Gründe, die Endlichkeit der Welt in Zweifel zu ziehen. Die Gase und der Aether haben allerdings die Tendenz, sich immer mehr auszudehnen, weil ihre Teilchen sich abstossen; aber daraus folgt nicht ihre Zerstreuung ins Unendliche. Die Gase werden durch die Gravitation daran gehindert; für den Aether gilt entweder das Gleiche, oder aber die Abstossung seiner Teilchen untereinander, die ohnehin schneller als die Gravitation mit der Entfernung abnimmt, kann auch einen Schwellenwert haben, bei dem sie ganz aufhört. —

Dass der erste Hauptsatz, die Energiekonstanz, in einem endlichen Weltall Gültigkeit hat, ist nachgerade in das Zeitbewusstsein zur Genüge eingedrungen; dass aber auch der zweite Hauptsatz, die Abnahme der Wirkungsfähigkeit, in ihr Gültigkeit hat, erscheint den meisten Zeitgenossen noch höchst paradox und wird mit grossem Misstrauen aufgenommen. Für den Lebenslauf eines Sonnensystems freilich liegt die Richtigkeit des zweiten Hauptsatzes klar zu Tage; denn es beginnt mit dem gasigen Aggregatzustande von grösster Ausdehnung und endet mit dem festen Aggregatzustand in grösseren Massen oder in kosmischem Staub. Die ganze Energie, die in der latenten Wärme des dünnen Gases und in seiner potentiellen mechanischen Energie steckte, ist ebenso wie die kinetische Energie seiner Rotation und Fortschreitung schliesslich zerstreut, nachdem alle Planeten in die Sonne gestürzt sind und diese völlig erkaltet und zerborsten ist. Nach Helmholtz hat unser Planetensystem bereits $\frac{353}{354}$ seiner Energie durch Zerstreuung nach aussen hin als strahlende Energie abgegeben, und demgemäss zum Ausgleich der Welttemperatur beigetragen.

So lange noch die festen Reste eines Sonnenlebenslaufes eine fortschreitende Geschwindigkeit haben, bleibt die Möglichkeit offen, dass dieser Rest von kinetischer Energie sich auch wieder in andere Energieformen umwandelt, sei es durch Aufstossen auf andere feste Massen im Kosmos, sei es durch Reibung beim Durchgang durch gasförmige kosmische Massen, sei es durch Erwärmung beim Eintritt in etwaige wärmere Gebiete des Aethers; dagegen gilt eine Reibung gegen den Aether als ausgeschlossen. Selbst wenn die kinetische Energie der festen Reste völlig umgewandelt und ausgegeben ist, kann ihnen neue Energie zugeführt werden durch kosmische Massen von kinetischer Energie, deren Bahn ihren Ort schneidet und so einen Zusammenstoss bewirkt. Alle diese Fälle setzen aber voraus, dass noch kinetische Energie als solche vorhanden ist, sei es in den Resten dieses abgestorbenen Sonnensystems selbst, sei es in anderen kosmischen Massen, die ihnen begegnen. Diese Voraussetzung zeigt aber immer noch ein wenig vorgerücktes Stadium des Weltprozesses; mit jedem neuen Zusammenstoss wird wieder ein Teil des kinetischen Energievorrats in die Gestalt der Wärme umgewandelt und damit der universelle Prozess dem universellen Temperaturausgleich näher gerückt.

Ein Unterschied zwischen kälteren und wärmeren Zonen im Universum deutet selbst auf noch mangelnden Ausgleich hin; neue Energie können die Reste einer früheren Sonne nur dann aus den wärmeren Zonen schöpfen, wenn sie noch unverbrauchte Reste kinetischer Energie besitzen, durch welche allein sie aus kälteren Zonen heraus und in wärmere hineingelangen können. Zum Ausgleich werden andere kosmische Massen bei ihrer fortschreitenden Bewegung aus wärmeren in kältere Zonen gelangen und dort ihre thermische Energie um so schneller verlieren. Wo immer Reste von unverbrauchter kinetischer Energie durch Zusammenstoss oder Reibung der Massen gegeneinander einen neuen lokalen Prozess auslösen, da wird doch diese neue Prozessphase im Durchschnitt um so viel schwächer und kürzer sein, wie die beiderseitigen Reste mechanischer Energie kleiner sind als der ursprüngliche Besitz der Gebilde an solcher.

Denkt man sich mit Rankine an den Grenzen der Welt, d. h. an den Grenzen des Aethers die strahlende Energie zurückgeworfen, um dem ersten Hauptsatz zu genügen, so können sich allerdings für die reflektierten Strahlen brennpunktartige Zonen der durch Interferenz gesteigerten Wellenbewegung bilden, die sich in den daselbst befindlichen Massen in eine vermehrte Wärme umsetzen. Aber sobald keine Massen mit kinetischer Energie mehr vorhanden sind, die durch ihre Bewegung von anderswoher in diese Zonen eintreten, hört auch die Möglichkeit auf, dass solche Brennpunkte oder Brennräume neue Prozessphasen auslösen. Hätte der Aether Reibung, so müssten auch die Intensitätsunterschiede der Aetherschwingungen in diesen Brennräumen gegen die ausserhalb derselben mit der Zeit durch Schwingungsdämpfung verschwinden;

da er aber keine Reibung hat, so müssen sie, wenn sie wirklich bestehen, auch bestehen bleiben. Der universelle Gleichgewichtszustand bestünde dann nicht trotz, sondern gerade wegen der fortdauernden Intensitätsunterschiede der strahlenden Energie und Temperaturunterschiede der kosmischen Massen.

Jeder Versuch muss scheitern, den Weltprozess als ein perpetuum mobile im Grossen durch Oscillation des absteigenden und aufsteigenden Energieumsatzes in zwei getrennten kosmischen Systemen anzusehen, nach Art zweier Uhren, von denen die jeweilig ablaufende die andere aufzieht. Er muss daran scheitern, dass seine Urheber den zweiten Hauptsatz, die allmähliche Energieentwertung der Summe beider Systeme durch Temperaturausgleich nicht mit berücksichtigen. Es kann wohl ein sich entwertendes kosmisches System bewirken, dass in einem anderen die Wirkungsfähigkeit der Energie steigt; aber es kann niemals bewirken, dass sie in jenem um ebensoviel steigt, wie sie in ihm sinkt. Giebt ihm dann später das andere System die von ihm empfangene Wirkungsfähigkeit zurück, so ist die Rückgewähr kleiner als die Leistung. Es können wohl zwei kosmische Systeme in dieser Weise gleich einem Wagebalken oscillieren, aber diese Oscillationen müssen ebenso wie beim Wagebalken jedesmal schwächer werden und schliesslich aufhören, wenn alle Energie in Wärme umgesetzt und der Temperaturausgleich in der Summe beider Systeme vollzogen ist.*) —

Sollen die Hauptsätze der Energielehre in irgend welchem Sinne exakte Wahrheiten für etwas Wirkliches sein, so muss, wie oben gezeigt, die Welt endlich sein, für die allein sie genau gelten; ist aber die Welt endlich, so folgt aus dem zweiten Hauptsatz, dass auch ihr Prozess nach vorwärts hin endlich sein muss, dass er wenigstens immer schwächer wird und sich immer mehr einem ruhenden Gleichgewichtszustand nähert. Da nun gegenwärtig die Erfahrung zeigt, dass der physikalische Prozess der Welt noch im Gange ist, so folgt daraus weiter, dass er v o r e n d l i c h e r Z e i t b e g o n n e n haben muss, weil er sonst schon zum Gleichgewichtszustand geführt haben müsste; d. h. wenn die

*) Vgl. J. G. Vogt „Das Wesen der Elektrizität und des Magnetismus auf Grund eines einheitlichen Substanzbegriffes“. Leipzig 1891, Teil I, S. 80—82, 91, 199—202, 338.

Hauptsätze der Energielehre richtige Induktionen sind, so muss nicht nur die Welt räumlich endlich, sondern auch der Weltprozess zeitlich endlich sein, und zwar sowohl nach vorwärts, als auch nach rückwärts.

Diese Ansicht stimmt mit derjenigen aller Religionen und Philosophien mit realistischer Erkenntnistheorie überein, mit Ausnahme des naturwissenschaftlichen Materialismus, wie er sich entwickelt hat auf Grund der Kenntnis bloss des ersten Hauptsatzes der Energielehre und in Unkenntnis des zweiten. Dieser naturwissenschaftliche Materialismus glaubte aus der Konstanz der Energie während der Dauer des Prozesses auf ihre Ewigkeit unabhängig vom Prozess schliessen zu können, und da er von dem Unterschied zwischen der Energie und ihrer Wirkungsfähigkeit noch nichts wusste, so folgerte er weiter aus der Ewigkeit der Energie auf die Ewigkeit ihres Wirkens. Der zweite Hauptsatz zeigt die Voreiligkeit dieser Schlussfolgerungen und lässt das Dogma von der Ewigkeit des Weltprozesses als ein falsches Vorurteil erscheinen. Aber gerade dieses Vorurteil einer noch werdenden und unvollständigen Physik ist es, was die noch unter seinem Banne stehenden Zeitgenossen hindert, sich auch den zweiten Hauptsatz der Energielehre anzueignen, der genau ebenso sicher und auf eine ebenso breite Erfahrungsbasis gegründet ist, wie der erste. —

Das Paradoxe des zweiten Hauptsatzes liegt darin, dass eine Energie auch dann noch Energie sein soll, wenn sie jede Wirkungsfähigkeit verloren hat, und dass sie bei der Zurückführung ihrer Wirkungsfähigkeit auf Null an ihrer Grösse als Energie gar nichts eingebüsst haben soll. In der That ist diese Paradoxie unüberwindlich für die Anhänger einer qualitativen Energetik, welche wie Maier und Helm die Zurückführung der thermischen Energie auf mechanische Molekularenergie verwerfen und für eine blosse Uebergangsansicht von der stofflichen Auffassung der Wärme zur energetischen erklären.*) Wenn die scheinbare Ruhe und Prozesslosigkeit eines geschlossenen Gebildes von gleichmässiger Temperatur in allen seinen Teilen wirklich in jeder Hinsicht Ruhe und Prozesslosigkeit ist, dann ist nicht mehr einzusehen, was dazu be-

*) Helm, „Die Energetik nach ihrer geschichtlichen Entwickelung“, Leipzig 1898, S. 145.

rechtigt, von einer Energie dieses Körpers zu sprechen und zu behaupten, dass die in ihm verschwundene Energie auch als wirkungslose und wirkungsunfähige noch existiere und in gleicher Grösse existiere wie vorher als wirkungsfähige. Diese Schwierigkeit ist auch nicht etwa dadurch zu beseitigen, dass man das, was man vorher Wirkungsfähigkeit nannte, fortan Energie nennt, und für das, was man vorher Energie nannte, eine neue Bezeichnung sucht.*) Wald möchte, dass der Begriff der Energie lieber auf die mechanische Energie beschränkt geblieben wäre, weil eine handlungsunfähige Energie ein Unding sei und Wärme ohne Temperaturgefälle die Bezeichnung Energie ebensowenig verdiene, wie Wasser im Teich ohne Gefälle.**) Mach sagt: „Es hat keinen gesunden Sinn, einer Wärmemenge, die man nicht mehr in Arbeit verwandeln kann, noch einen Arbeitswert beizumessen. Demnach scheint es, dass das Energieprinzip ebenso wie jede andere Substanzauffassung nur für ein begrenztes Thatsachengebiet Gültigkeit hat, über welche Grenze man sich nur einer Gewohnheit zuliebe gern täuscht. Ich bin sicher, dass ein Zweifel an der unbegrenzten Gültigkeit des Energieprinzips heute ebenso Befremden erregen wird, als ein Bezweifeln der Konstanz der Wärmemenge die Nachfolger Blacks befremdet hätte.“***) Hier ist also die Unvereinbarkeit der beiden Hauptsätze auf dem Boden der qualitativen Energetik offen eingestanden. —

Die Schwierigkeit verschwindet sofort, sowie man auf den Boden der mechanistischen Energetik hinübertritt. Nun ist die Frage leicht zu beantworten, was aus der Energie geworden ist, wenn sie ihre Umsatzfähigkeit verloren hat. Was uns als Ruhe- und Prozesslosigkeit erscheint, ist nun weder Ruhe noch Prozesslosigkeit. Wir sprechen von „Umsatz“, wenn dieselbe Energiegrösse bald in dieser, bald in jener Weise unsere Sinne affiziert, und von „Prozess“, wenn die vorgehenden Veränderungen unseren Sinnen wahrnehmbar werden. Wir leugnen Umsätze, wo unsere Sinne in immer gleicher Weise affiziert werden, und leugnen einen Prozess, wo

---

*) Auerbach, „Kanon der Physik“, Leipzig 1899, S. 323.

**) Wald, „Die Energie und ihre Entwertung. Studien über den zweiten Hauptsatz der mechanischen Wärmetheorie“. Leipzig 1889, S. 42.

***) Mach, „Die Prinzipien der Wärmelehre historisch kritisch entwickelt“, 2. Aufl., Leipzig 1900, S. 345—346.

wir keine Bewegung und Veränderung mehr wahrnehmen. Wenn die Umsätze aus potentieller in kinetische Energie und zurück sich auf Entfernungen und in Zeitintervallen abspielen, die wir wahrnehmen können, z. B. bei einem Pendel oder einer langen, weit ausschwingenden elastischen Saite, dann erkennen wir sie als Umsätze und als Prozess an; wenn sie dagegen in so kleinen Raum-Distanzen und Zeit-Intervallen verlaufen, dass wir ihre Phasen nicht mehr unterscheiden können und nur noch den qualitativ gleichmässigen Eindruck des Gesamtphänomens erhalten, dann sprechen wir von einem umsatzlosen, prozesslosen, ruhenden Zustand, z. B. dem Ton einer kurzen, schnell und eng schwingenden Saite. Es ist verständlich, wie die Energie eines den Ambos treffenden Hammers sich in thermische Molekularschwingungen umsetzt, aber nicht, wie sie sich in einen ruhenden thermischen Zustand umsetzen soll. Im ersteren Falle hat sich die in der Hammerbewegung konzentrierte Energie auf viele Molekularbewegungen zersplittert, aber in ihrer Summe erhalten; im letzteren Falle verstehen wir weder, wie sie ihre Qualität ändern konnte, noch wo sie als Energie hingeraten ist.

Aller Energieumsatz vollzieht sich durch den Ausgleich von Intensitätsunterschieden; denn nur die Intensitätsfaktoren kompensieren sich, während die Extensitätsfaktoren sich einfach addieren. Wenn wir aber den Umsatz als solchen spüren sollen, müssen die Abstände zwischen den Orten, wo die Intensitätsfaktoren verschieden sind, genügend gross sein. Nur dann können wir den Uebergang aus potentieller in kinetische Energie wahrnehmen, und nur dann können beim Ausgleich verschiedene Arten von Molekularbewegungen entspringen, deren Summationsphänomene auf unsere Sinne den Eindruck qualitativ verschiedener Energieformen machen, also als Umsätze aufgefasst werden. Daher kommt es, dass Intensitätsunterschiede in grösseren Abständen qualitativ umsatzfähig erscheinen, solche in kleinsten, molekularen Abständen dagegen nicht. Der Temperaturunterschied zwischen Kühler und Kessel kann in der Dampfmaschine in Arbeit umgesetzt werden, weil beide weit genug auseinanderliegen, um die Maschinenbedingungen des Umsatzes dazwischen zu legen. Wären dagegen die Stellen verschiedener Temperatur nur ein Tausendstel Millimeter voneinander entfernt, so könnte man weder eine so kleine Dampfmaschine bauen, noch auch den unmittelbaren Temperaturausgleich beider

Stellen durch Leitung und Strahlung, also unter Umgehung der fiktiven Miniaturmaschine, verhindern. —

Nennen wir die grösseren Entfernungen, in denen Intensitätsunterschiede umsatzfähig sind, „molare", die kleineren, ebenfalls endlichen Entfernungen, in denen sie es nicht mehr sind, „molekulare", um kurze und bestimmte Bezeichnungen für beide zu haben. Dann ändert sich an der Energie bei ihrer Entwertung weiter nichts, als dass ihre Intensitätsunterschiede sich aus Stellen von molarer Entfernung zurückziehen und auf Stellen von molekularer Entfernung verlegen. Das Pendel im luftleeren Raume hört allmählich auf zu schwingen, weil sein oscillatorischer Umsatz zwischen potentieller und kinetischer Energie auf die Moleküle übergegangen ist, die sich durch Reibung am Aufhängungspunkt erwärmt haben. Nur ist die Ausschlagsweite der Wärmeschwingungen des Pendels und seiner Befestigungsstelle bloss molekular, während die Ausschlagsweite des Pendels eine molare Grösse hatte. Auch bei den Wärmeschwingungen der Moleküle eines festen Körpers setzt sich beständig potentielle Energie in kinetische und kinetische in potentielle um, nur in viel kürzeren Zeitintervallen als im Pendelschlag. Im schwingenden Pendel haben alle Moleküle gleichsinnige Bewegung; im ruhenden erwärmten Pendel haben sie ungleichsinnige, verschieden gerichtete Bewegung. Was bei der Entwertung der Energie vorgeht, ist also erstens eine Umwandlung von molarer in molekulare, genauer von gleichsinniger molekularer Bewegung in ungleichsinnige, von relativ geordneter in minder geordnete, und zweitens ein Ausgleich aller Intensitätsunterschiede innerhalb der ungleichsinnigen molekularen Bewegung, so dass der Umsatz zwischen potentieller und kinetischer Energie in der Schwingung jedes Moleküles als einziger Prozess übrig bleibt. Von Kollisionen der Moleküle untereinander ist dabei abgesehen, weil sowohl die vielen gleichzeitigen, als auch die aufeinanderfolgenden, sich im Gesamtergebnis ausgleichen

Es gilt als ein Hauptunterschied der thermischen Energie vor anderen Energieformen, dass sie einen Temperaturausgleich zwischen zwei Stellen verschiedener Temperatur vollziehen kann, ohne deshalb anderswo oder in einer anderen Energieform neue Intensitätsunterschiede zu setzen, oder vorhandene zu vergrössern. Diese Eigentümlichkeit kommt nicht der Wärme allein zu, sondern auch anderen Energieformen, soweit sie der Zerstreuung fähig sind; sie tritt nur bei der Wärme am schärfsten hervor, weil sie die grösste Neigung zur Zerstreuung hat und sie in der relativ kürzesten Zeit erleidet. Alle Energieformen neigen in dem Masse zur Zerstreuung, als sie geeignet sind, sich durch ihre Molekularbewegungen in strahlende Energie umzuwandeln, die sich rasch durch den Raum ausbreitet. Wenn es aber vom Standpunkt der qualitativen Energetik unverständlich bleibt, warum die durch Umsatz in strahlende Energie zerstreuten Energieteile abweichend von den an der Materie haftenden Energieteilen keine neuen Intensitätsunterschiede bei ihrem Ausgleich hervorbringen, so verschwindet diese Unbegreiflichkeit unter dem Gesichtspunkt der mechanistischen Energetik. Der ganze Unterschied reduziert sich dann darauf, dass wir die kompensatorisch erzeugten Intensitätsunterschiede im einen Falle wahrnehmen können, im anderen nicht; ersteres, wenn sie in molaren Abständen, letzteres, wenn sie bloss in molekularen auftreten. — Zu dieser Einsicht war bereits Maxwell gelangt. Er lehrt, dass wir in der Wärme nur gleichsam ein statistisches Gesamtergebnis von unverfolgbaren Molekularvorgängen vor uns haben, und dass wir sie nur gleichsam nach statistischer Methode als Gesamtergebnis beeinflussen können. Die Geltung des zweiten Hauptsatzes würde nach Maxwell sofort ihre Grenze finden, wenn es möglich wäre, die molekularen Einzelvorgänge zu beeinflussen.*) Clausius bemerkt dazu, dass alle Gesetze der Wärmelehre nur ausdrücken sollen, was „unter natürlichen Umständen und allein dem Wesen der Wärme selbst entsprechend geschieht", und zwar nicht, „was in einzelnen Momenten zufällig bald in einem, bald im entgegengesetzten Sinne geschehen kann, sondern ... was durchschnittlich nach den Regeln der Wahrscheinlichkeit geschieht".**) Auch er bezieht also die Gesetze der Wärme lediglich auf das Gesamtergebnis oder den statistischen Massenerfolg der Molekularbewegungen, wie er sich nach natürlichen Gesetzen, d. h. hier nach denen der unorganischen Naturwissenschaft herausstellen muss. —

Der erste Hauptsatz kann nur richtig sein, wenn die endliche Welt als Ganzes ein perpetuum mobile ist, der zweite Hauptsatz

*) Maxwell, „Theory of Heat", tenth edition, London 1891, p. 338—339.

**) Clausius, „Die mechanische Wärmetheorie", 3. Aufl., Braunschweig 1887, Bd. I, S. 384—386.

nur, wenn sie keines ist. Beide Hauptsätze widersprechen sich nur dann, wenn das perpetuum mobile in beiden in demselben Sinne verstanden wird. Der erste Hauptsatz besagt nur, dass die Welt in irgend welchem Sinne ein perpetuum mobile sein müsse, lässt aber die Frage offen, in welchem Sinne. Der zweite Hauptsatz besagt, dass die Welt nicht ein perpetuum mobile zwischen Intensitätsunterschieden in molaren Abständen sein kann, lässt aber stillschweigend die Möglichkeit offen, dass sie ein solches zwischen Intensitätsunterschieden in molekularen Abständen sein könne. Setzt man beides zusammen, so ergiebt sich, dass die Welt zwar ein perpetuum mobile ist, aber nur ein solches mit Intensitätsunterschieden in molekularen Abständen. In ihrem jetzigen Zustande erscheint die Welt dem oberflächlichen Blick noch als ein molares perpetuum mobile; aber die genauere Betrachtung lehrt, dass sie mit jeder Veränderung sich dem Endzustand nähert, wo alle Energie in Wärme umgewandelt und die Temperatur in allen Teilen der Welt in ein stabiles Gleichgewicht gelangt sein wird. Dann wird die Welt bloss noch ein molekulares perpetuum mobile sein und weiter nichts. Die Energie der Welt arbeitet im Kleinen in ungeschwächter Grösse fort, während das grosse Ganze als prozesslose Ruhe erscheint. —

Wenn dem aber so ist, so erhebt sich die weitere Frage: mit welchem Rechte erlauben wir uns von „Entwertung“ oder „Verminderung der Wirkungsfähigkeit“ zu reden? Ist denn nicht die m e c h a n i s c h e Energie, mit der wir es hier zu thun haben, als die w e r t v o l l s t e aller Energieformen anerkannt worden? Kann es für den Wert der Energie einen Unterschied machen, ob ihre Intensitätsunterschiede sich in Abständen ausgleichen und wiederherstellen, die unseren Sinnen wahrnehmbar sind oder nicht? Kann Grösse oder Kleinheit der Distanzen, Langsamkeit oder Schnelligkeit der Umwandlungen und Rückwandlungen die Annahme eines Wertunterschiedes der Energie rechtfertigen? Kann man von Umsatzunfähigkeit sprechen, wo ein fortwährender Wechsel zwischen potentieller und kinetischer Energie stattfindet? Ist denn die Energie derWelt bloss dazu da, um sich durch unsere Maschinen in molare Arbeit umwandeln und nach dieser Umwandlungsfähigkeit ihren Wert abschätzen zu lassen? Ist das o b j e k t i v w e r t l o s e r geworden, was für unsere m e n s c h l i c h e n, technischen Zwecke unbrauchbar geworden ist? Ist die konstante Energie darum schlechter geworden, weil ihre Umsätze sich nicht mehr in der Art vollziehen, um unseren Sinnen das Gesamtphänomen eines qualitativen Wechsels von Energieformen darzubieten, sondern so, dass das Gesamtphänomen einer einzigen gleichmässig fortbestehenden Energiequalität daraus resultiert? Sieht es nicht ganz danach aus, als ob wir uns hätten verleiten lassen, unsere subjektive, sinnlich bedingte Schätzung in die objektive Natur hinauszuprojizieren und ihr die Bedeutung eines obersten Naturgesetzes beizulegen?

Es ist kein Zweifel, dass, geschichtlich betrachtet, die Physik durch diese voreilige Uebertragung eines technischen Gesichtspunktes zu dem zweiten Hauptsatz gelangt ist; zufällig hat derselbe aber doch daneben noch eine objektive Bedeutung, und es kommt nur darauf an, sich diese zum Bewusstsein zu bringen und sie von der unwillkürlichen subjektiven Projektion scharf zu sondern. Ihre volle Wirkungsfähigkeit für Umsätze zwischen potentieller und aktueller Energie behält die Energie im Zustande ausgeglichener Wärme allerdings; nur fällt mit der Möglichkeit jedes Intensitätsunterschiedes in molaren Abständen und jedes Umsatzes in andere als mechanische Energieformen auch die Möglichkeit zur Entstehung von Organismen und geeigneter Wohnplätze und Lebensbedingungen für sie, kurz die Möglichkeit des Lebens in der Welt fort. Aus dem Gesichtspunkt einer rein kausalen Weltbetrachtung ist es selbstverständlich ganz gleichgültig, ob in der Welt Leben bestehen kann oder nicht; es fehlt, von ihm aus betrachtet, jedes Recht, die Wirkungsfähigkeit der konstanten Energie in einer toten Natur für geringer zu erklären als die in einer Leben hervorbringenden. Ohne objektive Teleologie giebt es keine objektiv gültigen Wertmassstäbe, kann also auch von Entwertung im objektiven Sinne nicht die Rede sein. Wenn die Physik jede objektive Teleologie ausschlösse, so dürfte sie weder von Entwertung der Energie noch von Verminderung ihrer Wirkungsfähigkeit sprechen, sondern müsste den zweiten Hauptsatz auf die Fassung beschränken, dass alle molaren Umsätze mit der Zeit sich in molekulare verwandeln, die uns, wenn wir noch dabei sein könnten, als Wärme von überall gleichmässiger und stets sich gleichbleibender Temperatur erscheinen würden.

Anders wenn man eine objektive Teleologie anerkennt und den alleinigen Daseinszweck der unorganischen Natur in der Hervorbringung des organischen Lebens sieht. Dann ist in der That der objektive Wert der Energieverteilung danach zu bemessen, in welchem Grade die Natur diesen ihren Zweck erfüllt. Dann ist eine Natur, die aufgehört hat, Leben zu wirken, in der That eine wirkungsunfähige Natur zu nennen, denn sie hat den einzigen und ganzen Wert, den sie einst besass, eingebüsst. Die Prozesse, die sich dann noch etwa weiter in ihr abspielen, sind wertlose, weil zwecklose Prozesse, das Weiterschnurren eines maschinellen Räderwerkes, das in Bezug auf seinen einzigen Daseinszweck leer geht und nichts mehr leistet. So hat die moderne Physik, die sich so antiteleologisch gebärdet, sich in der Formulierung des zweiten Hauptsatzes wider Wissen und Willen als kryptoteleologisch offenbart. —

Hiermit ist nun der zweite Hauptsatz der Energielehre genügend erläutert und in eine positive Fassung gebracht: Die Abnahme der Wirkungsfähigkeit, der Leistungsfähigkeit oder des Wirkungswertes in dem angegebenen Sinne. Wenn die negative Fassung, die Unmöglichkeit eines perpetuum mobile zweiter Art, auch sehr geeignet ist, um irrtümliche Annahmen durch ihre Konsequenzen ad absurdum zu führen, so ist doch erst die positive Fassung geeignet, das Verständnis dafür zu erschliessen, warum ein solches perpetuum mobile in molaren Distanzen unmöglich ist, nämlich wegen der beständigen Verwandlung eines Teiles der Energie bei jedem Umsatz in ein perpetuum mobile in molekularen Distanzen, das sich nicht nur unserer Wahrnehmung entzieht, sondern auch nichts mehr zu den das Leben erhaltenden Umsätzen beisteuert.

Beide Hauptsätze lassen sich in einen zusammenfassen: „Die Wirkungsfähigkeit der konstanten Energie nimmt ab", oder: Die Energie verschwindet nicht, aber sie geht in eine leistungsunfähige Gestalt über, oder: Die Energie behält ihre Grösse, verliert aber ihren Wert, oder: Es giebt trotz der konservativen Energie keinen konservativen Prozess mit Intensitätsunterschieden in molaren Abständen.

Geschichtlich trat der zweite Hauptsatz zuerst in der Wärmelehre in das Bewusstsein der Physiker, wie leicht begreiflich, weil bei der thermischen Energie die Vergeudung von Energie am auffälligsten ist. Wärme kann nicht von selbst, d. h. nicht ohne anderweitige Kompensation (aufgewendete Arbeit) von einem

Orte tieferer zu einem Orte höherer Temperatur übergehen (Clausius 1850). Ein Körper kann nicht durch Abkühlung unter die Temperatur der Umgebung Arbeit liefern (Thomson 1851). Diese Sätze sind richtig, nicht nur für die Wärme, sondern für jede Energieform in Bezug auf den zugehörigen Intensitätsfaktor; sie bezeichnen auch richtig die Richtung, in der ein Prozess sich von selbst bewegt. Aber sie gelten s o w o h l für den Teil der Energie, der sich in anderweitigen Intensitätsunterschieden auf molare Distanzen in seiner Wirkungsfähigkeit e r h ä l t , als auch für den Teil, der durch Zerstreuung und molar unkompensierten Ausgleich seine fernere Wirkungsfähigkeit v e r l i e r t , also vergeudet wird. Deshalb bringen sie den eigentlichen Sinn des zweiten Hauptsatzes nicht ausreichend zum Ausdruck. Denn bei der Geltung dieser Sätze wäre immer noch ein molares perpetuum mobile zweiter Art möglich. Das Gleiche gilt für die Formulierung „Bei nicht kompensierten Intensitätsunterschieden geht die Energie von der höheren Intensität zu der niedrigeren über“ (Ostwald). Bei solchen Formulierungen ist es ganz wohl möglich, die Welt mit J. G. Vogt als ein molares perpetuum mobile zu betrachten, das in Zonen oder Sphären absteigender und aufsteigender Energieumwandlung zerfällt, die sich gegenseitig kompensieren. Denn die Entwertung der Energie gelangt bei ihnen noch gar nicht zum Ausdruck, und doch ist erst sie es, die jedes perpetuum mobile unmöglich macht.

Gewöhnlich wird der zweite Hauptsatz jetzt so formuliert: „Die Entropie strebt dem Maximum zu“. Die vorstehende Darstellung hat sich den Physikern angeschlossen, welche die Energieentwertung aus der Energiezerstreuung ableiten (zuerst Thomson 1852); sie dürfte zur Genüge gezeigt haben, dass die Bedeutung und Begründung der Energieentwertung auch ohne den Entropiebegriff zu entwickeln ist. Sie ist ohne Zweifel leichter verständlich, als eine auf den Entropiebegriff gestützte, und ist allen den Zweifeln und Bedenken entrückt, die für die Begründung durch das Entropiewachstum aus den Meinungsverschiedenheiten über die Deutung der Entropie und die Gesetze ihrer Veränderung entspringen. Das Entropiewachstum sagt auch nichts Genaueres aus als die Energieentwertung, da die Entropiefunktion nur in dem fiktiven Grenzfall einen bestimmten Wert hat, wo sie gleich Null wird, d. h. wo keine Zerstreuung stattfindet, in allen anderen

Fällen aber unbestimmt bleibt. Alle Versuche, das Entropiewachstum zu beweisen, bedienen sich offen oder unvermerkt der Voraussetzung, dass ein Teil der Wärme durch Zerstreuung verloren geht, als Beweismittel; wenn man diese Voraussetzung auch als stillschweigende vermeiden will, so ist das Entropiewachstum überhaupt unbeweisbar. Die Entropielehre liefert deshalb keinen Zuwachs an Einsicht in das Wesen, die Bedeutung und die Begründung des zweiten Hauptsatzes, den die Energieentwertung durch Zerstreuung nicht auch schon und zwar begrifflich viel klarer geliefert hätte. Gleichwohl wird in der theoretischen Physik die Formulierung des zweiten Hauptsatzes durch die Entropie bevorzugt, weil sie ihr eine mathematische Form zu geben ermöglicht.*) Es soll deshalb im nächsten Abschnitt der Entropiebegriff erörtert werden; wer jedoch die Darstellung des zweiten Hauptsatzes schon in diesem Kapitel ausreichend findet und den Subtilitäten der theoretischen Physik kein besonderes Interesse entgegenbringt, kann den folgenden Abschnitt überschlagen.

*) Vgl. Wald, „Die Energie und ihre Entwertung", Leipzig 1889, S. 88—89.

III. Die Entropie.

1. Die übliche Entropielehre.

Bei der Unterscheidung des theoretischen, reellen und praktischen Arbeitswertes der Wärme (S. 25—26) hatte sich gezeigt, dass der praktische Arbeitswert oder die Wirkungsfähigkeit eines gegebenen Wärmequantums gleich dem Unterschiede zwischen dem reellen Arbeitswert desselben und dem Produkt aus dem mechanischen Aequivalent und dem Wärmeverlust durch Zerstreuung ist. Der reelle Arbeitswert ist bekannt, wenn das vom Kessel zugeführte Wärmequantum, seine Temperatur und die des Kühlers bekannt ist; der praktische Arbeitswert wäre also zu berechnen, wenn man auch den Wärmeverlust durch Zerstreuung berechnen könnte, dessen Temperatur man gleich der Temperatur der Umgebung setzen und als bekannt annehmen könnte. Man müsste also eine Funktion finden, die mit der Temperatur der Umgebung multipliziert den Wärmeverlust durch Zerstreuung liefert.*) Diese Funktion müsste offenbar die Eigenschaft haben, in dem Falle gleich Null zu werden, wenn alle Wärmezerstreuung vermieden wird, also der praktische Arbeitswert mit dem reellen zusammenfällt.

Wir hatten bei dem Beispiel des Kreisprozesses an der Schleuse gesehen, dass die zugeführte Energie sich zu ihrem Intensitätsfaktor verhält wie die abgeführte zu dem ihrigen, oder dass die Differenz beider Verhältnisse gleich Null ist. Der Satz folgte unmittelbar daraus, dass die beiden Verhältnisse die Massen des zu- und abfliessenden Wassers ausdrücken, und dass diese einander

*) Maxwell, „Theory of Heat", tenth edition, London 1891, p. 192.

gleich sind. Setzt man die abgeführte Energie mit negativem Vorzeichen ein, so kann man auch sagen: die (algebraische) Summe beider Verhältnisse ist gleich Null. Denkt man sich nun das Unterwasser der Schleuse als Oberwasser einer zweiten Schleuse, bei der ein ähnlicher Kreisprozess stattfindet, und weiter eine ganze Reihe solcher Schleusen hintereinander, so ist bei jeder die algebraische Summe der entsprechenden beiden Verhältnisse gleich Null, also auch die Summe aller dieser Summen gleich Null. Denkt man sich ferner die Niveaudifferenz des Oberwassers und Unterwassers bei jeder Schleuse verschwindend klein, dafür aber die Zahl der Schleusen entsprechend gross, so wird die in jeder Schleuse zu- und abgeführte Energie zu einem Differential und das Integral des Verhältnisses zwischen diesem Energiedifferential und dem zugehörigen Intensitätsfaktor gleich Null.*) —

Diese Sätze gelten auch für jede andere Energieform einschliesslich der Wärme, nur mit dem schon bemerkten Unterschiede, dass bei den anderen Energieformen die Wahl des Nullpunktes für die Bestimmung des Intensitätsfaktors willkürlich ist, bei der Wärme nicht. Ein zweiter Unterschied ist folgender:

Wenn der Prozess kein umkehrbarer Kreisprozess ist, sondern Energie durch Zerstreuung vergeudet wird, so wird dieser Energieteil bei der mechanischen Energie nur dadurch vergeudet, dass er nicht mechanische Energie bleibt, sondern in andere Energieformen, zuletzt in Wärme, übergeht. Bei den anderen Energieformen ist eine teilweise Vergeudung ohne Umwandlung in eine andere Energieform zwar möglich, aber der so vergeudete Energieteil behält als zerstreuter doch nur vorübergehend seine Energieform und setzt sich bald in Wärme um. Nur bei der Wärme behält der vergeudete Energieteil dauernd seine Energieform bei, weil er einerseits unfähig ist, sich in wertvollere Energieformen zurückzuverwandeln und andererseits keine wertlosere Energieform mehr besteht, in die er sich weiter hinabverwandeln könnte. Deshalb behält die quantitative Bestimmung des vergeudeten Energieteils bei einer durch thermische Energie geleisteten Arbeit in seinem ganzen Umfang und für die Dauer die Form thermischer Energie,

---

*) $\frac{E_1}{J_1} + \frac{E_2}{J_2} + \frac{E_3}{J_3} + \frac{E_4}{J_4} + \ldots\ldots + \frac{E_{n-1}}{J_{n-1}} + \frac{E_n}{J_n} = 0$; kürzer geschrieben $\Sigma \frac{E}{J} = 0$. Wird jedes E zu dE, so ist $\int \frac{dE}{J} = 0$.

während er bei allen anderen Energieformen nicht oder doch nur teilweise, und selbst das nur rasch vorübergehend, die Gestalt der in Arbeit umzusetzenden Energieform bewahrt.

So wird denn im umkehrbaren Kreisprozess einer idealen Wärmemaschine die algebraische Summe aus dem Verhältnis der zugeführten Wärme und ihrer absoluten Temperatur und dem der abgeführten Wärme und der ihrigen gleich Null. Denkt man sich den Kühler des einen Kreisprozesses als Kessel eines zweiten benutzt, den Kühler dieses als Kessel eines dritten, u. s. w., so giebt die weitergeleitete thermische Energie immer mehr Arbeit her, während ihre Temperatur weiter sinkt. Die algebraische Summe aller Verhältnisse von Wärme und Temperatur ist dann ebenfalls gleich Null. Denkt man sich endlich die Temperaturunterschiede zwischen Kessel und Kühler verschwindend klein und die Zahl der Kessel und Kühler entsprechend gross, so wird das Integral aus dem Verhältnis des Wärmedifferentials zur absoluten Temperatur gleich Null.*)

Dabei ist aber vorausgesetzt, dass der ganze Prozess ein umkehrbarer Kreisprozess ist. Kreisprozess ist er nur, wenn keine Wärme verloren geht, also die Einschliessungsmaterialien absolut nichtleitend sind, und das Gas ein vollkommenes ideales Gas ist. Umkehrbar ist der Prozess nur, wenn lauter Gleichgewichtszustände einander ablösen, also die Wärmeübertragungen unendlich klein und unendlich langsam sind.**) Damit der Kessel bei der Wärmeabgabe nicht in seiner Temperatur sinkt und der Kühler bei seiner Wärmeaufnahme nicht in seiner Temperatur steigt, müssen beide so gross gedacht werden, dass der arbeitende Körper (das Gas im Cylinder) dagegen verschwindet. Da dies alles unmögliche Voraussetzungen sind, so sind alle Kreisprozesse (sowohl umkehrbare, wie nicht umkehrbare) und alle umkehrbaren Prozesse (sowohl Kreisprozesse wie offene Prozesse) rein fiktiv, und in der Wirklichkeit giebt es nur offene, nicht umkehrbare Prozesse. —

*) $\frac{W_1}{T_1} + \frac{W_2}{T_2} = 0; \quad \frac{W_1}{T^1} + \frac{W_2}{T_2} + \frac{W_3}{T_3} + \frac{W_4}{T_4} + \dots \frac{W_{(n-1)}}{T_{(n-1)}} + \frac{W_n}{T_n} = 0;$
$\Sigma \frac{W}{T} = 0; \int \frac{dW}{T} = 0.$

**) Planck, „Vorlesungen über Thermodynamik", Leipzig 1897, S. 46 und 47.

Das Verhältnis jedes zu- oder abgeführten Wärmequantums zu seiner absoluten Temperatur ist im zusammengesetzten umkehrbaren Kreisprozess immer das gleiche. Man kann sich die Abkühlung durch Ueberführung der Wärme an immer kältere Kühler fortgesetzt denken bis zu einem Kühler von 1° absoluter Temperatur. Da man diese Reduktion auf einen Kühler von 1° bei jedem zu- und abgeführten Wärmequantum sich als durchgeführt vorstellen kann, so ist auch bei jedem sein Verhältnis zu seiner absoluten Temperatur gleich dem Verhältnis des von ihm an den Kühler von 1° übergeführten Wärmequantums zu 1°. Das Verhältnis eines Wärmequantums zu seiner absoluten Temperatur ist also gleich dem Wärmequantum, das bei einem bis zur Temperatur 1° fortgesetzten umkehrbaren Kreisprozess resultieren würde, da man den Nenner 1 weglassen kann. Dieses Wärmequantum, auf das das ursprünglich zugeführte Wärmequantum bis zur Abkühlung auf 1° beim umkehrbaren Kreisprozess reduziert werden würde, kann man das reduzierte Wärmequantum nennen.*) Es ist eine thermische Energiegrösse, nicht ein Energiefaktor, denn es bildet den Zähler eines Bruches, dessen Nenner 1° heisst, und es ist gleich dem ursprünglichen Wärmequantum multipliziert mit dem Verhältnis zwischen 1° und der Temperatur jenes.**)

Man kann nun überall für das Verhältnis eines Wärmequantums zu seiner absoluten Temperatur den Grössenwert des reduzierten Wärmequantums einsetzen, wodurch sich die Formeln (S. 25 u. 46) vereinfachen.***)

Clausius nennt die reduzierte Wärme „Verwandlungswert“; richtiger wäre „Nichtverwandlungswert“, weil sie die selbst bei der

*) F. Wald, „Die Energie und ihre Entwertung. Studien über den zweiten Hauptsatz der mechanischen Warmetheorie.“ Leipzig 1889, S. 72—73.

**) $\frac{W_1}{T_1} = \frac{W_2}{T_2} = \frac{W_3}{T_3} \ldots\ldots = \frac{W_x}{1} = \frac{S}{1}$ wenn man für W_x den Buchstaben S setzt. Dann ist $S = W_1 \cdot \frac{1}{T_1} = \frac{W_1}{T_1}$. T_1 bedeutet jedoch in diesem letzten Bruch nur noch eine reine Zahl, nämlich $\frac{1^0}{T_1{}^0}$, also keinen Intensitätsfaktor mehr.

***) $A_{th} = jW_1 = jS\,T_1$; $A_r = jW_1 \frac{T_1 - T_2}{T_1} = jS(T_1 - T_2) = jS\,T_1 - jS\,T_2 = A_{th} - jS\,T_2$; $\Sigma \frac{W}{T} = \Sigma S$; $\int \frac{dW}{T} = \int dS$. Beim umkehrbaren Kreisprozess ist ΣS und $\int dS = 0$.

Abkühlung auf 1° noch nicht in Arbeit verwandelte Wärme darstellt. Clausius versteht aber unter „Verwandlung" nicht nur den Umsatz von einer Energieform in die andere, sondern auch das Herabsinken eines Wärmequantums von einer höheren Temperatur auf eine niedere und braucht demgemäss auch das Wort „Verwandlungswert" in einem weiteren Sinne. Er giebt den absteigenden Verwandlungen (Temperaturfall und Umsatz von Arbeit in Wärme) das positive Vorzeichen, den aufsteigenden Verwandlungen (Temperaturaufstieg und Umsatz von Wärme in Arbeit) das negative Vorzeichen. Beim umkehrbaren Kreisprozess ist jede positive Verwandlung durch eine entsprechende negative kompensiert; beim nicht umkehrbaren Kreisprozess dagegen erleidet ein gewisses Wärmequantum einen Temperaturfall, ohne dass ihm ein Gewinn an Arbeit entspräche. Es tritt also hier eine absteigende Verwandlung nach Clausiusschem Sprachgebrauch ein, die nicht kompensiert ist durch eine entsprechende aufsteigende Verwandlung, und dies nennt Clausius „die unkompensierte Verwandlung". —

Die Summe der vom arbeitenden Körper aufgenommenen und abgegebenen reduzierten Wärmequanta ist im nicht umkehrbaren Kreisprozess kleiner als im umkehrbaren, weil er ein grösseres reduziertes Wärmequantum an Kühler und Umgebung abgiebt, als er vom Kessel empfängt, oder weil das Verhältnis der austretenden zur eintretenden Wärme grösser ist als im umkehrbaren Prozess.*) Wäre die unkompensierte Verwandlung von einer Verwandlung im entgegengesetzten Sinne (z. B. Arbeitsgewinn) kompensiert, so hätte diese auch das entgegengesetzte Vorzeichen; will man also berechnen, wie gross der Arbeitsgewinn ist, der infolge des unkompensierten Temperaturfalles verloren geht, so braucht man nur

---

*) $\frac{-W_2}{W_1} > \frac{T_2}{T_1}$; $\frac{-W_2}{T_2} > \frac{W_1}{T_1}$; $\frac{W_1}{T_1} + \frac{W_2}{T_2} < 0$; $\Sigma \frac{W}{T} < 0$; $\int \frac{dW}{T_2} < 0$.

Nimmt man an, dass auch im nichtumkehrbaren Prozess jeder Summand ausser dem ersten und letzten zweimal mit entgegengesetztem Vorzeichen vorkommt (nämlich einmal als abgeführte Wärme, einmal als zugeführte Wärme des nächsten Teilprozesses), so bleibt nur das erste Glied mit positivem und das letzte mit negativem Vorzeichen stehen, d. h. die ganze algebraische Summe ist gleich der Differenz des ersten und letzten Gliedes oder gleich der Veränderung des reduzierten Wärmequantums im Laufe des Prozesses. $S_1 - S_n = \Sigma S$ beziehungsweise $= \int dS$.

die Summe der reduzierten Wärmequanta mit entgegengesetztem Vorzeichen zu versehen.*)

Setzt man die Temperatur des kältesten Kühlers gleich der der Umgebung, weil ohne Arbeitsaufwand kein Kühler unter die Temperatur der Umgebung abgekühlt werden kann, dann ist das Produkt aus der Temperatur des Kühlers und der unkompensierten Verwandlung gleich dem Wärmeverlust durch Zerstreuung, d. h. gleich der für die Arbeitsgewinnung verlorenen Wärme. Das Produkt aus dem mechanischen Aequivalent der Wärmeeinheit und diesem vergeudeten Wärmequantum drückt den entgangenen Gewinn an Arbeit oder den Unterschied des reellen und praktischen Arbeitswertes der Wärme aus.**)

Die Aenderung des reduzierten Wärmequantums im arbeitenden Körper wird kompensiert durch eine entgegengesetzte Aenderung desselben in der Gesamtheit von Kessel, Kühler und Umgebung; denn alle reduzierten Wärmequanta, die dem arbeitenden Körper zugeführt werden, sind jener Gesamtheit entzogen und umgekehrt, so dass bei der letzteren alle mit entgegengesetztem Vorzeichen anzusetzen sind. Wenn also die reduzierte Wärme in dem arbeitenden Körper abnimmt, muss sie in seiner gesamten Umgebung zunehmen. Bei dem nicht umkehrbaren Kreisprozess ist in der Gesamtheit der Umgebung das Wachstum der reduzierten Wärme stärker als seine Abnahme in dem arbeitenden Körper, so dass die algebraische Summe beider Aenderungen positiv oder grösser als Null ist.***)

---

*) Bezeichnet man die unkompensierte Verwandlung mit N, so ist $N = -\Sigma \frac{W}{T} = -\Sigma S$ beziehungsweise $= -\int \frac{dW}{T} = -\int dS$. Vergl. Clausius: „Die mechanische Wärmetheorie", 3. Aufl. Braunschweig, 1887, S. 105 bis 107, 102, 221—223.

**) W_z sei das durch Zerstreuung vergeudete Wärmequantum, T_n die Temperatur des letzten Kühlers und der Umgebung, N die unkompensierte Verwandlung. Dann ist $W_z = T_n . N = - T_n \int dS = - T_n \int \frac{dW}{T}$; $A_{pr} = A_r - j W_z = A_r - j T_n . N = A_r + j T_n \int dS = A_r + j T_n \int \frac{dW}{T}$. Da $\int \frac{dW}{T} \gtreqless 0$, im nicht umkehrbaren Kreisprozess 0 oder negativ ist, so ist W_z oder $- T_n \int \frac{dW}{T}$ positiv und $j T_n \int \frac{dW}{T}$ negativ. Vgl. Clausius a. a. O. Bd. III S. 319—323.

***) Wald, „Die Energie und ihre Entwertung", S. 86—87.

Die Gesamtheit des in einem Körper enthaltenen reduzierten Wärmequantums oder Verwandlungswertes ist von Clausius auch als „Entropie" bezeichnet worden. Die Entropie eines Körpers bezeichnet also einen Zustand desselben, dessen absolute Grösse unbekannt ist, dessen Veränderungen aber unter Umständen festzustellen sind. In Ermangelung eines absoluten Nullpunktes der Entropie behilft man sich mit einem willkürlich gewählten empirischen Nullpunkt. Die empirische Grösse der Entropie eines Körpers in Bezug auf diesen Nullpunkt ist dann gleich der Summe der reduzierten Wärmequanta, die in dem Körper eintreten müssen, um ihn aus dem Zustande des gewählten Nullpunktes zu seinem gegenwärtigen Zustand überzuführen.*) —

Betrachtet man einen einfachen umkehrbaren Kreisprozess, so kann man ihn in zwei Teile zerlegen, deren jeder zwei Phasen enthält. In je einer Phase jedes Teiles bleibt die Temperatur konstant trotz Wärmezufuhr oder Ableitung; in der anderen ändert sich die Temperatur, trotzdem keine Wärme zu- oder abgeführt wird. In den beiden Phasen der ersten Art vergrössert sich die Entropie bei Wärmezufuhr und vermindert sich bei Wärmeentziehung; in den beiden Phasen der letzteren Art bleibt, weil keine reduzierten Wärmequanta ein- oder austreten, die Entropie konstant, während Arbeit in Wärme oder Wärme in Arbeit umgesetzt wird. Erstere heissen deshalb die isothermen, letztere die isentropischen oder adiabatischen Phasen. Das Ganze ist ein Kreisprozess, weil die Ab- und Zunahme der Entropie bei konstanter Temperatur sich ebenso kompensiert wie die Ab- und Zunahme der Temperatur bei konstanter Entropie. Auch bei einem zusammengesetzten Kreisprozess müssen immer isotherme und isentropische Phasen miteinander abwechseln. In den isothermen Phasen nimmt das bei konstanter Temperatur sein Volumen ändernde ideale Gas (gleichviel welcher Art) genau so viel Wärme auf, oder giebt genau so viel Wärme ab, als der von ihm bei seiner Volumenänderung geleisteten oder erlittenen Arbeit äquivalent ist. In den

---

*) Es sei S die gegenwärtige absolute Grösse der Entropie des Körpers, S_0 die absolute Grösse seiner Entropie bei dem willkürlich gewählten Nullpunkt, so ist seine empirische Entropiegrösse $S - S_0 = \Sigma \frac{W}{T}$ beziehungsweise $= \int \frac{dW}{T}$, oder $S = S_0 + \int \frac{dW}{T}$. Vgl. Clausius a. a. O. I 205.

isentropischen Phasen hängt das Verhältnis der Anfangs- und Endtemperatur lediglich von dem Anfang- und Endvolumen des arbeitenden Gases ab. Wärme wird dadurch von dem Kessel zum Kühler übergeführt, dass sie zuerst in der Volumenvergrösserung des arbeitenden Gases latent und nachher bei seiner Volumenverminderung wieder frei wird. Das Maximum der Arbeitsgewinnung aus dem Unterschiede der Kessel- und Kühlertemperatur wird erzielt, wenn keinerlei Wärme anders als durch Bindung und Wiederfreiwerdung im arbeitenden Gase vom Kessel zum Kühler gelangt und gar keine Wärme durch Zerstreuung an die Umgebung abgegeben wird.

Wenn Entropie und Temperatur sich stetig und gleichzeitig ändern, so ist die bisherige Betrachtungsweise nur noch vermittelst der Fiktion anwendbar, dass in einem kleinsten Zeitteil die wirkliche Zustandsänderung in dem Körper dieselbe sei, als wenn sich zuerst die Entropie bei konstanter Temperatur und dann die Temperatur bei konstanter Temperatur geändert hätte. Lässt man diese Fiktion gelten, so findet in einer späteren Phase des Prozesses die Kompensation für beide Veränderungen statt.*) In einem umkehrbaren Kreisprozess wird es daher gleichgültig, durch welche Reihe von Zustandsänderungen ein bestimmter Zustand erreicht worden ist, der durch eine bestimmte Temperatur und Entropie charakterisiert ist. —

Unterbricht man einen umkehrbaren Kreisprozess nach Zurücklegung eines Teiles seiner Zustandsänderungen, so ist der abgelaufene Teilprozess kein Kreisprozess mehr, sondern ein offener Prozess, in welchem eine Entropieänderung stattgefunden hat. Ob diese Aenderung ein Wachsen oder Abnehmen ist, hängt davon ab, an welchem Punkte der Kreisprozess begonnen hat, in welcher Richtung er seine Kreisbahn durchläuft, und an welchem Punkte er unterbrochen wird. Würde man das durchlaufene Teilstück in umgekehrter Richtung durchlaufen, so käme man ebenso zum Ausgangspunkte zurück, als wenn man das Restteilstück des ganzen Kreisprozesses weiter durchläuft; in beiden Fällen werden durch den zweiten Teil des Prozesses die im ersten Teil eingetretenen Entropie- und Temperaturänderungen kompensiert. Die Entropieänderung im arbeitenden Körper bei einem umkehrbaren offenen

*) Clausius a. a. O., Bd. I, S. 91—92.

Prozess ist Abnahme oder Zunahme, je nachdem dabei Arbeit geleistet oder aufgewendet wird. Sie gilt in beiden Fällen als kompensiert durch die gleichgrosse aber entgegengesetzte Entropieänderung in der Gesamtheit von Kessel, Kühler und Umgebung. Bei einem nicht umkehrbaren offenen Prozess wird angenommen, dass die Entropie der gesamten Umgebung stärker wächst und schwächer abnimmt, als die des arbeitenden Körpers abnimmt, beziehungsweise wächst. Hier ist also die Summe der Entropieveränderungen im ganzen geschlossenen Gebilde stets positiv oder grösser als Null.*) Mit anderen Worten, bei jedem wirklichen Prozess muss in einem geschlossenen Gebilde die Gesamtentropie wachsen. Dies ist der Ausdruck des zweiten Hauptsatzes mit Hilfe des Entropiebegriffes.

Der Unterschied der Entropie zwischen Anfangs- und Endzustand ist in allen Fällen gleich demjenigen Wärmequantum, dessen Zuführung bei der absoluten Temperatur von 1^0 erforderlich wäre, um die entsprechende Zustandsänderung zu bewirken, wenn der Uebergang aus dem Anfangszustand auf diese Temperatur 1^0 und die Rückkehr von ihr zum Endzustand adiabatisch (wie im umkehrbaren Kreisprozess) erfolgte.**) Die algebraische Summe der reduzierten Wärmequanta ist also ebenso wie jedes einzelne reduzierte Wärmequantum eine thermische Energiegrösse und nicht ein Energiefaktor, und das gleiche gilt für die Entropie und die Entropieänderung.

Das Ergebnis ist folgendes:

1. Im umkehrbaren Kreisprozess bleibt die Energie im Endergebnis sowohl im arbeitenden Körper als in seiner Umgebung unverändert, weil ihre Veränderungen während des Prozesses sich in jedem der beiden Teile zeitlich ausgleichen.

2. Im nicht umkehrbaren Kreisprozess wächst die Entropie jedes geschlossenen Gebildes, weil sie in dem arbeitenden Körper weniger abnimmt, als sie in dem Rest des Gebildes wächst.

3. Im umkehrbaren offenen Prozess ändert sich die Entropie des arbeitenden Körpers in einer von den Umständen abhängigen Weise, wird aber jederzeit durch die gleiche und entgegengesetzte Entropieänderung der Umgebung kompensiert, so dass in dem

*) Wald a. a. O. S. 86—92.

**) Wald a. a. O. S. 86.

NEUES VERLAGSWERK

DER FIRMA

HERMANN HAACKE

VERLAGSBUCHHANDLUNG

IN BAD SACHSA IM HARZ.

MIT dem „SYSTEM DER PHILOSOPHIE im Grundriß“ schließt die GROSSE LEBENSARBEIT EDUARD VON HARTMANNS ab. Er hat in diesem nachgelassenem Werke die Quintessenz seiner Lehren für alle diejenigen geboten, denen es an Zeit fehlt, die Hauptwerke selber zu studieren. IN ACHT EINZELBAENDEN ist das ganze reiche Gebiet der Philosophie so erschöpfend behandelt, daß jeder Leser sich daraus die eingehendste Belehrung über die Hartmannschen auf diese acht Disziplinen bezüglichen Grundgedanken holen kann. DEN (ZWEITEN) GRUNDRISS UEBER DIE NATURPHILOSOPHIE hat der Verfasser im letzten Jahre seines Lebens fertiggestellt und somit noch die neuesten wichtigen, naturwissenschaftlichen Forschungen namentlich auf den Gebieten der Biologie und Energetik berücksichtigen können. Das Ganze bietet den Anblick eines großartigen, in sich geschlossenen, aber bis ins feinste gegliederten Systembaues, welches den Ruhm des Verfassers als des letzten großen Systematikers nur erhöhen kann!

ganzen geschlossenen Gebilde unter den fiktiven Voraussetzungen streng umkehrbarer Prozesse keine Veränderung der Entropie resultiert.

4. Im nicht umkehrbaren offenen Prozess ändert sich die Entropie des arbeitenden Körpers ebenfalls in einer von den Umständen abhängigen Weise, wird aber jederzeit durch grösseres Wachstum der Umgebungsentropie überkompensiert, so dass die Entropie in dem ganzen geschlossenen Gebilde stets wächst.

Diese Sätze lehren nicht mehr, als schon aus der Energieentwertung durch Zerstreuung zu entnehmen ist; denn sie lassen das Wachstum der Entropie seiner Grösse nach zunächst unbestimmt und bestimmen es nur (als Null) für einen einzigen fiktiven Grenzfall, der in der Wirklichkeit unmöglich ist. Das Interesse, das die theoretische Physik an der Entropielehre hat, liegt wesentlich darin begründet, dass unter Umständen aus dem Druck und Volumen des arbeitenden Gases die Entropieänderung berechenbar ist. Die Differentialgleichung der Entropieänderung lässt sich nämlich integrieren einesteils für ideale Gase, bei denen die Differenz zwischen der spezifischen Wärme bei konstantem Druck und der bei konstantem Volumen konstant ist, und andernteils für nicht ideale Gase innerhalb der Temperaturgrenzen, zwischen denen die spezifische Wärme konstant ist, in allen Fällen aber nur für adiabatische Vorgänge, in denen keine Wärme zu- oder abgeleitet wird.*) Wie beschränkend diese Bedingungen auch sein mögen, so ist doch das Interesse an thermodynamischen Berechnungen zu gross, um nicht auf den Entropiebegriff den grössten Wert zu legen. Zu dem Verständnis und der Begründung des zweiten Hauptsatzes trägt aber die Entropielehre nicht nur nichts bei, vielmehr sind alle ihre Sätze selbst nur dann zu begründen und aufrecht zu erhalten, wenn man den zweiten Hauptsatz schon voraussetzt und die Existenz eines Wärmeverlustes oder einer unkompensierten Verwandlung auf die Voraussetzung bestehender Wärmezerstreuung stützt.

Es hängt alles davon ab, ob bei einem nicht umkehrbaren Prozess m e h r Wärme an den Kühler und die Umgebung abgeführt wird, als bei einem entsprechenden umkehrbaren. Diese Annahme schwebt aber in der Luft, wenn man nicht voraussetzt, dass

*) Planck, „Vorlesungen uber Thermodynamik“, Leipzig 1897, S. 54—55.

sich Wärme zerstreut und vermittelst dieser Zerstreuung einen Temperaturfall erleidet, dem kein Umsatz in andere Energieformen, keine Hebung eines Intensitätsfaktors in anderen Energieformen entspricht, also einen unkompensierten Temperaturfall. Der nicht umkehrbare Kreisprozess ist ebenso fiktiv wie der umkehrbare, denn er beruht ebenso wie dieser auf Voraussetzungen, die in der Wirklichkeit nicht zu erfüllen sind. Der Endzustand des arbeitenden Körpers kann wohl qualitativ, aber nicht quantitativ derselbe sein, wie sein Anfangszustand, wenn nicht stetiger Ersatz der verlorenen Energie und Stoffmenge zugeführt wird. Wirkliche Prozesse können deshalb wohl kreisähnliche Prozesse, aber nicht Kreisprozesse im strengen Sinne sein; sie können nur Zusammensetzungen aus offenen Prozessen sein, die ein kreisähnliches Ergebnis liefern. Andererseits kann man bei fiktiven nichtumkehrbaren Kreisprozessen ebensowohl fingieren, dass die negativen, aufsteigenden Umwandlungen (von Arbeit in Wärme und Wärme niederer in solche höherer Temperatur) überwiegen, als dass die positiven absteigenden Umwandlungen überwiegen. Erst die Wirklichkeit zeigt erfahrungsmässig das Uebergewicht der letzteren in allen Prozessen, die eben keine Kreisprozesse im strengen Sinne mehr heissen können. Dass aber diese Erfahrung sich nicht bloss auf eine bestimmte Phase des Weltprozesses und eine bestimmte Sphäre des Kosmos bezieht, sondern allgemein gültig ist, das folgt doch wiederum nur aus der Unmöglichkeit, die Wärme vor Zerstreuung zu schützen, d. h. aus der Mindestwertigkeit der Wärme unter allen Energieformen. Ebensowenig ist zu begründen, warum der arbeitende Körper weniger Wärme aufnehmen soll, als der Kessel abgiebt, wenn nicht beim Uebergang der Wärme zwischen beiden ein Teil derselben durch Zerstreuung verloren geht.

Dass die Ableitung der Energie aus dem nichtumkehrbaren Kreisprozess nicht einwandfrei ist, wird jetzt auch meist zugegeben und ihre Ableitung aus den Teilstücken des umkehrbaren Kreisprozesses, also aus umkehrbaren offenen Prozessen, vorgezogen. Diese lehren nun zwar die Entropieveränderung kennen, aber nicht ihre Ueberkompensation durch die der Umgebung, weil eine solche erst in nicht umkehrbaren offenen Prozessen vorkommt. Im umkehrbaren offenen Prozess wächst die Entropie des arbeitenden Körpers nicht mehr, als sie in seiner Umkehrung abnimmt, und kann sie ebensowohl abnehmen wie wachsen, je nach dem ausgewählten Teilstück. Dasjenige, worauf es ankommt, die stetige Wachstumstendenz, ist also aus dem offenen umkehrbaren Prozess noch nicht zu entnehmen. Vom offenen umkehrbaren zum nichtumkehrbaren Prozess führt aber keine Gedankenbrücke, als der Wärmeverlust durch Zerstreuung. Will man das Betreten dieser Brücke vermeiden, so lässt sich über die Entropieänderung in nicht umkehrbaren offenen Prozessen schlechterdings gar nichts mehr aussagen.

2. Kritische Betrachtungen.

Die Sätze über die Entropieänderung sind also lediglich Folgerungen aus der Energieentwertung durch Zerstreuung, und es ist deshalb ein Verkennen der Sachlage, wenn man sich bemüht, die Energieentwertung vermittelst der Entropielehre zu begründen, oder gar auf diesem Wege einen exakten Beweis für sie liefern zu können glaubt. Es kommt dazu, dass die Sätze der Entropielehre zu mannigfachen Bedenken Anlass geben, während die Energieentwertung durch Zerstreuung völlig einwandfrei ist. Diese Bemerkung beschränkt den Wert der Entropielehre auf rechnerische Zwecke, während für die begriffliche, naturphilosophische und gemeinverständliche Behandlung die Energieentwertung durch Zerstreuung der angemessenere, unmittelbarer begründete und leichter verständliche Ausdruck des zweiten Hauptsatzes ist.*)

Von den Vertretern des Entropiewachstums wird nun vielfach bestritten, dass diese Wachstumstendenz von der Zerstreuungstendenz der minderwertigen Energieformen herrühren könne, und als Gegenbeweis angeführt, dass es Fälle gebe, in denen die Entropie wachse, ohne dass eine Energiezerstreuung stattfinde. In der That würde aber damit höchstens bewiesen werden können, dass ein zeitweiliges Entropiewachstum unter gewissen Umständen auch ohne Energiezerstreuung stattfinden könne, aber nicht, dass eine Wachstumstendenz der Entropie im allgemeinen anders als durch die Energiezerstreuung erklärlich sei. Das Beispiel, welches am liebsten dafür angeführt

*) Wald a. a. O. S. 88—89.

wird, ist das Ausströmen eines Gases in einen leeren Raum. Das Gas vergrössert sein Volumen; da es aber keine Arbeit dabei leistet, so kühlt es sich nicht, oder doch nicht merklich dabei ab. Die geringe Abkühlung deutet auf vorgehende innere Arbeit. Drückt man das Gas alsdann auf sein früheres Volumen zusammen, so bedarf es dazu eines Arbeitsaufwandes, der das Gas erwärmt. Beim Ausströmen kann das Gas sein Volumen ohne Arbeit vergrössern, weil die Arbeit, die es unter anderen Umständen bei solcher Volumenvergrösserung hätte leisten müssen, schon vorher durch die Bedienung der Luftpumpe geleistet ist. Von einer zurückweichenden Wand prallen die Gasmoleküle mit verminderter, von einer vorrückenden Wand mit vergrösserter kinetischer Energie ab; ersteres stellt sich im Gesamtergebnis als Abkühlung, letzteres als Erwärmung dar.*) Fehlt an einer Stelle die Wand gänzlich, so dass die Moleküle ins Leere austreten, so findet kein Abprallen statt, und damit fehlt jeder Grund zur Verringerung oder Vergrösserung der kinetischen Energie der Moleküle, d. h. zur Temperaturveränderung. Indem also die Moleküle des Gases sich ungehindert über einen grösseren Raum zerstreuen und die an ihnen haftende Energie durch Konvektion mit sich führen, findet bei diesem Vorgang recht eigentlich eine Energiezerstreuung statt und damit eine gewisse Entwertung der Energie. Das Beispiel beweist also nicht, was es beweisen soll. —

Man hat dem Entropiebegriff vorgeworfen, dass er ein blosses mathematisches Gespenst sei, und von anderer Seite dagegen seine oben (S. 47, 52) angegebene reelle Bedeutung hervorgehoben. Indessen diese Bedeutung des reduzierten Wärmequantums und der Entropieveränderung ruht doch auf lauter fiktiven Voraussetzungen, nämlich auf der Möglichkeit eines umkehrbaren Kreisprozesses und seiner Fortführung bis zur absoluten Temperatur von 1^0. Bei stetigen Prozessen, wo die Summe der reduzierten Wärmequanta zum Integral wird, kommt noch die Fiktion hinzu, dass die stetige Kurve der Zustandsveränderungen durch eine Zickzacklinie aus isothermen und isentropischen Phasen ersetzt wird, beziehungsweise angenommen wird, dass auch für den Grenzfall, wo diese Zickzackabweichungen von der Kurve gleich Null werden, die ganze Betrachtungsweise noch gültig bleibt. Denn die Entropie-

*) Clausius a. a. O. Bd. III, S. 16—17.

änderung ist nur für eine isotherme Prozessphase nachweislich, und steht ihr Begriff in Frage, wo jede dieser Phasen nicht nur sehr klein wird und sich der Null annähert, sondern wo sie den Grenzfall der Stetigkeit erreicht und wirklich gleich Null wird. Ob die angegebene Deutung der Entropie wirklich eine reelle Bedeutung ist, bleibt demnach fraglich; auf ihre Deutung als Extensitätsfaktor kommen wir später zurück.

Isotherme Strecken kommen nur vor, wo Wärme in eine andere Energieform umgesetzt wird, also als Wärme verschwindet oder latent oder gebunden wird. Gewöhnlich spricht man von latenter Wärme nur, wenn die zugeführte Wärme ohne Temperaturänderung in innere Energie übergeht, z. B. bei Aenderung des Aggregatzustandes oder der chemischen Energie. Die Aenderung des Druckes oder des Volumens eines Gases bei Wärmezufuhr zeigt schon den Uebergang zur äusseren mechanischen Energie, und es ist in der That nicht abzusehen, warum man nicht den Begriff der latenten Wärme auf jede aus Wärme entsprungene Arbeit ausdehnen sollte. In diesem weiteren Sinne kann man sagen, dass alle Entropie auf latente Wärme, auf Bindung und Freiwerdung von Wärme Bezug hat, *) weil nur bei solchen Vorgängen isotherme Prozessstrecken vorkommen. Es kann sein, dass zwei Veränderungen, eine isotherme und eine isentropische, gleichzeitig verlaufen und sich übereinander lagern, d. h. dass ein Teil der zugeführten Wärme gebunden wird und ein anderer Teil unmittelbar zur Temperaturerhöhung führt; dann wird aber der Entropiebegriff nur auf die erste Veränderung anwendbar sein. Ebenso kann das Freiwerden von Wärme gleichzeitig mit Wärmeabgabe durch Temperaturfall verbunden sein, also eine Wärmeabgabe, die aus zwei verschiedenen Quellen stammt, zusammenfallen; dann wird aber der Entropiebegriff wieder nur auf den aus der ersteren Quelle entspringenden Vorgang anwendbar sein. —

Wenn es rein thermische Prozesse giebt, so passt die Ableitung des Entropiebegriffes nicht auf sie; denn diese ist eben aus einem nicht rein thermischen, sondern aus einem gemischten, thermisch-dynamischen Prozesse geschöpft. Nur bei dem letzteren findet ein Wärmeumsatz in andere Energieformen, eine Bindung und ein

---

*) Ostwald, „Lehrbuch der allgemeinen Chemie", 2. Aufl., Leipzig 1891 bis 1893, Bd. II „Die Energetik" S. 490, 495.

Wiederfreiwerden von Wärme statt, und darum giebt es auch nur bei den letzteren isotherme Prozessstrecken.

Bei einem rein thermischen Prozess bekundet sich die zugeführte oder entzogene Wärme in einer Temperaturänderung. Das Verhältnis des (positiven oder negativen) Wärmezuwachses zu der durch ihn bewirkten Temperaturänderung heisst Wärmekapazität. Die Wärmekapazitäten zweier Körper, die in rein thermische Wechselwirkung treten, sind diejenigen Faktoren, mit denen man ihre Temperaturveränderungen multiplizieren muss, um gleiche Produkte, die Gleichheit von Wirkung und Gegenwirkung zu erhalten. Der Wärmezuwachs ist also hier gleich dem Produkt aus der Kapazität und dem Temperaturzuwachs. Der positive oder negative Entropiezuwachs ist dagegen gleich dem Verhältnis des positiven oder negativen Wärmezuwachses zur absoluten Temperatur; der Wärmezuwachs ist demnach hier gleich dem Produkt aus dem Entropiezuwachs und der absoluten Temperatur. Stände der Wärmezuwachs in beiden Gleichungen unter gleichen Bedingungen, so müsste das Produkt aus Kapazität und Temperaturzuwachs gleich dem Produkte aus Temperatur und Entropiezuwachs sein, was zu völlig widersinnigen Konsequenzen führen würde.*)

Die Gleichungen selbst zeigen schon an, unter welchen verschiedenen Bedingungen sie Geltung haben. Beide beziehen sich auf diabatische Vorgänge, bei denen Wärme zugeführt oder entzogen wird, aber die Kapazitätsgleichung auf anisotherme, die Entropiegleichung auf isotherme; die erstere bezieht sich auf solche Vorgänge, in denen die Wärme Wärme bleibt, die letztere auf solche, in denen die zugeführte Wärme aufhört Wärme zu sein und die entzogene Wärme aus einer Energie geschöpft wird, die noch nicht Wärme war. In der ersteren ist der thermische Extensitätsfaktor, die Kapazität, innerhalb der Grenzen der vorgehenden Temperaturänderung als konstant vorausgesetzt und der thermische Intensitätsfaktor variabel; in der letzteren ist der thermische Intensitätsfaktor der verschwindenden oder neu auftretenden Wärme konstant, aber die aus oder in Wärme umgesetzte Energie anderer

*) Es sei dW der Wärmezuwachs, C die Wärmekapazität, T und dT die absolute Temperatur und der Temperaturzuwachs, dS der Entropiezuwachs. Dann ist $C = \frac{dW}{dT}$; $dS = \frac{dW}{T}$; $dW = C.dT$; $dW = T.dS$; aber nicht $C.dT = T.dS$.

Energieform und ihre „Entropie“ genannte Zustandsbestimmung variabel. Die Kollision zwischen variabler Entropie und konstanter Kapazität muss sofort eintreten, sowie man versucht, die Entropiefunktion auf nicht isotherme Prozesse oder Prozessstrecken anzuwenden, oder auf solche, in denen kein Umsatz der thermischen Energie stattfindet, also auch die Temperatur bei positivem oder negativem Wärmezuwachs nicht konstant bleiben kann. In einem rein thermischen Prozess hat man es nur mit der Wärme und ihren beiden Faktoren, Temperatur und Kapazität zu thun, aber gar keinen Anlass, eine weitere Zustandsbestimmung heranzuziehen. In einem gemischten, thermisch-dynamischen Prozess kann man entweder die Veränderungen der mechanischen und thermischen Energie von Stufe zu Stufe verfolgen und summieren (Additionsverfahren) oder aber den Unterschied des reellen und praktischen Arbeitswertes berechnen und diesen von dem reellen Arbeitswert abziehen (Subtraktionsverfahren).*) Die Entropie dient lediglich dazu, die letztere Berechnung zu ermöglichen; dadurch, dass das vermittelst ihrer geübte Subtraktionsverfahren als Ersatz des Additionsverfahrens dient, bekundet sich schon, dass es auf die nämlichen thermisch-dynamischen Vorgänge Bezug hat wie dieses.

Ohne Zweifel kann man versuchen, den Entropiebegriff auch auf rein thermische Vorgänge zu übertragen; dafür scheint die Erwägung zu sprechen, dass der Aequivalenzwert eines Wärmequantums bei bestimmtem Temperaturfall davon unabhängig zu sein scheint, ob es den Temperaturfall durch unmittelbaren Ausgleich mit der Umgebung erleidet, oder durch Verwandlung der Wärme bei der höheren Temperatur in Arbeit und durch ihre Rückverwandlung bei der niederen Temperatur in Wärme.**) Dass in dem einen Falle die eventuellen Aequivalenzwerte nicht in die Wirklichkeit treten, im letzteren Falle aber wohl, bleibt dabei ausser Betracht; darin besteht aber gerade der Unterschied zwischen einem rein thermischen und einem thermisch-dynamischen Prozess. —

Behandelt man nach diesen Grundsätzen der Entropielehre den Uebergang eines bestimmten Wärmequantums von einem Körper mit höherer Temperatur zu einem mit niederer Temperatur, so ergiebt sich ein Entropiewachstum in der Gesamtheit beider

---

*) Clausius a. a. O. I S. 298, III S. 319.

**) Mach, „Die Prinzipien der Wärmelehre“, 2. Aufl., Leipzig 1900, S. 291.

Körper.*) Berechnet man dagegen die Entropieänderung nach den Grundsätzen, die für die Wärmekapazität gelten, so stellt sich heraus, dass sie gleich Null ist.**) Von den beiden Berechnungsarten kann auf einen und denselben Fall nur eine anwendbar sein, da die Ergebnisse beider sich widersprechen.

Mach sagt, dass ihm dieser Punkt seit zwanzig Jahren bekannt und mehrfach in Vorlesungen von ihm erörtert sei, dass er ihm anfangs die Brauchbarkeit des Entropiebegriffs in Frage zu stellen geschienen habe, dass er jedoch bald folgende Aufklärung gefunden habe. Diese besagt, dass man den Aequivalenzwert nur auf die zugeführten u n d e n t z o g e n e n Wärmequanta, nicht aber auf die in den Körpern v e r b l e i b e n d e n anwenden darf.***) Diese Auskunft scheint aber nicht genügend. Das in den beiden Körpern anfangs vorhandene Wärmequantum wird durch den Temperaturausgleich weder vermehrt noch vermindert; es wird der Gesamtheit beider Körper keine Wärme zugeführt, die ihnen erst wieder entzogen werden müsste, und doch soll die Entropie in ihnen nach der Entropielehre wachsen. Da man das Zuführen auch mit negativem Vorzeichen anwenden kann, so dürfte auch dann die Entropie nicht verwendbar sein, wenn ein Wärmeverlust unersetzt bleibt. Danach wäre der Entropiebegriff weder auf den Kühler anwend-

---

*) Es sei dW das sehr kleine übergehende Wärmequantum, T_1 die absolute Temperatur des wärmeren, T_2 die des kälteren Korpers, T_0 die Temperatur beider nach dem Ausgleich. Dann nimmt die Entropie des wärmeren Körpers um $\frac{dW}{T_1}$ ab, die des kälteren um $\frac{dW}{T_2}$ zu; die Entropie der Gesamtheit beider Körper wächst also um $\frac{dW}{T_2} - \frac{dW}{T_1} = dW\left(\frac{1}{T_2} - \frac{1}{T_1}\right)$ $= dW \,.\, \frac{T_1 - T_2}{T_1 \,.\, T_2}$. Die wertlos gewordene oder zerstreute Energie ist $T_0 \,.\, dW \,.\, \frac{T_1 - T_2}{T_1 \,.\, T_2}$. Maxwell, „Theory of Heat“, tenth edition, London 1891, p. 163, 192.

**) Es sei dW_1 das vom wärmeren Körper abgegebene, dW_2 das vom kälteren Körper aufgenommene Wärmequantum C_1 und C_2 die Wärmekapazitäten beider Körper. Dann ist $dW_1 = C_1 (T_1 - T_0)$; $dW_2 = C_2 (T_2 - T_0)$; $dW_1 = - dW_2$; $C_1 (T_1 - T_0) = - C_2 (T_2 - T_0)$; $C_1 (T_1 - T_0) + C_2 (T_2 - T_0) = 0$; $\frac{1}{T_0} [C_1 (T_1 - T_0) + C_2 (T_2 - T_0)] = 0$; d. h. der Wärmeverlust ist gleich Null, und die Entropieänderung ebenfalls, die durch Division des Warmeverlustes durch T_0 gewonnen wird.

***) Mach a. a. O. S. 344—345.

bar, in dem die zugeführte Wärme verbleibt, noch auf den Kessel, dem in einem geschlossenen Gebilde der erlittene Wärmeverlust nicht ersetzt wird. Die Wiederentziehung der zugeführten und der Wiederersatz der entzogenen Wärme erscheint unwesentlich, wofern nur eine Wärmebindung beziehungsweise ein Freiwerden von Wärme stattgefunden hat, weil diese allein isotherme Veränderungen liefern, die als Veränderungen der Entropie gedeutet werden müssen. Nicht weil bei dem rein thermischen Temperaturausgleich zweier Körper ein etwa zugeführtes Wärmequantum nicht wieder entzogen würde, kann die thermodynamische Berechnungsweise nicht auf sie übertragen werden, sondern weil jede isotherme Phase darin fehlt. Die Kurve der Zustandsänderung verläuft durchweg isentropisch und der Versuch, sie in ein Zickzack von isothermen und isentropischen Strecken aufzulösen, ergiebt, dass die gesuchten isothermen Strecken immer gleich Null im strengsten Sinne sind, während die isentropischen Strecken sich noch mehr oder weniger von der Null unterscheiden. —

Die Clausiussche Betrachtungsweise reicht aus, um den Unterschied der vom arbeitenden Körper praktisch geleisteten Arbeit vom reellen Maximalwert unter besonderen Bedingungen der Berechnung zugänglicher zu machen, und der Wert dieser Errungenschaft soll nicht verkleinert werden. Aber sie reicht nicht aus, um den zweiten Hauptsatz für ein geschlossenes Gebilde zum zweifelfreien Ausdruck zu bringen. Dazu wäre eben erforderlich, dass die Entropie in der Gesamtheit von Kessel, Kühler und Umgebung stärker wüchse als sie im arbeitenden Körper abnimmt. Dieser Nachweis aber ist aus der Entropielehre nicht zu erbringen. Erstens deshalb nicht, weil Kessel, Kühler und Umgebung keinen thermodynamischen Prozess durchmachen, sondern einen rein thermischen, und deshalb der Entropiebegriff ohne Widerspruch mit der Berechnung aus der Kapazität nicht anwendbar ist. Zweitens deshalb nicht, weil die Annahme nicht aufrechtzuerhalten ist, dass der Kessel mehr Wärme an den arbeitenden Körper abgiebt, als dieser von ihm aufnimmt.

Dass der Kessel überhaupt mehr Wärme abgiebt, als der arbeitende Körper von ihm empfängt, ist unzweifelhaft; er giebt eben durch Zerstreuung einen Teil seiner Wärme an die Umgebung ab, die gar nicht zum arbeitenden Körper hingelangt. Dieser zerstreute Teil der Kesselwärme geht eben gar nicht in den thermodynamischen Prozess ein; die Ableitung der Entropie beginnt aber erst da, wo der thermodynamische Prozess beginnt, also mit der Wärme, die der arbeitende Körper wirklich aufnimmt. Was der Kessel an die Umgebung geliefert hat, tritt nur in einen rein thermischen Prozess ein, aus dem sich ohne Widerspruch mit der Kapazität kein Entropiewachstum ableiten lässt. Am wenigsten ist es möglich zu beweisen, dass ein etwaiges Entropiewachstum der Gesamtheit von Kessel, Kühler und Umgebung, das man zur Kompensation der Entropieabnahme im arbeitenden Körper anzunehmen geneigt sein könnte, grösser als diese ausfallen müsse. Dieser Beweis ist selbst dann nicht zu erbringen, wenn man die Anwendbarkeit der Entropieberechnung auf rein thermische Prozesse zugiebt, weil die genauere Grössenberechnung der Entropieänderung in der Umgebung unmöglich ist. Ohne diesen Beweis schwebt aber auch die Behauptung in der Luft, dass die Entropie in einem geschlossenen Gebilde (Gesamtheit von arbeitendem Körper, Kessel, Kühler und Umgebung) nur wachsen könne. Erst diese erwiesene Behauptung wiederum wäre ein adäquater Ausdruck des zweiten Hauptsatzes durch den Entropiebegriff.

Das Entropiewachstum ist schon von vielen Seiten bezweifelt worden. Berücksichtigt man a l l e Körper und Umstände der Umgebung mit, so lässt sich aus dem umkehrbaren Kreisprozess keine Folgerung auf die Veränderung der Entropie in w i r k l i c h e n Prozessen ziehen.*) Weit entfernt, dass sich der zweite Hauptsatz aus der Entropielehre beweisen liesse, folgt ein Wachsthum der Entropie in allen wirklichen Prozessen nicht einmal aus den unzweifelhaften Formulierungen des zweiten Hauptsatzes; insbesondere bleibt nach Wiedeburg auf dem von Clausius eingeschlagenen Wege durch Folgerung aus dem umkehrbaren Kreisprozess die Frage unerledigt, ob und welche Aenderung die Entropie bei adiabatischen Prozessen erleidet.**) Wiedeburg hat daraus Anlass genommen, einen abweichenden Entropiebegriff und andersartige Berechnungen aufzustellen, die für manche Fälle einfacher zum Ziele führen, in anderen auch nicht, und jedenfalls noch keine

---

*) Vgl. Helm, „Die Energetik nach ihrer geschichtlichen Entwickelung", Leipzig 1898, S. 97—98.

**) Ebenda S. 318—319, 125—126.

allgemeine Anerkennung gefunden haben. Er gelangt zu einer konstanten Entropie unbeschadet der Geltung des zweiten Hauptsatzes. Man sieht daraus, dass das Problem der Entropie noch im Fluss ist, während die Geltung des zweiten Hauptsatzes von den etwaigen Wandelungen der Entropielehre unberührt bleibt.

3. Ist die Entropie ein Extensitätsfaktor?

Wie wir oben (S. 47, 52) gesehen haben, ist sowohl das reduzierte Wärmequantum als auch die Summe der in einem thermodynamischen Prozess ein- und austretenden reduzierten Wärmequanta, beziehungsweise das betreffende Integral, eine thermische Energiegrösse. Das reduzierte Wärmequantum ist dasjenige Wärmequantum, welches an einen Kühler von der absoluten Temperatur von 1° abfliessen würde, wenn der umkehrbare Kreisprozess bis dahin fortgesetzt werden könnte, und die Entropieänderung ist dasjenige Wärmequantum, welches bei 1° zugeführt werden müsste, um bei der adiabatischen Rückleitung des Prozesses wieder das ursprünglich zugeführte Wärmequantum zurückzugewinnen. Wie jedes abgeführte Wärmequantum im umkehrbaren Kreisprozess gleich dem Produkt aus dem zugeführten und dem Verhältnis beider Temperaturen ist, so ist auch das reduzierte Wärmequantum gleich dem Produkt aus dem zu reduzierenden Wärmequantum und dem Verhältnis beider Temperaturen. Das Verhältnis beider Temperaturen ist immer eine unbenannte Zahl; das Produkt aus diesen und dem zu reduzierenden Wärmequantum giebt also wieder ein Wärmequantum oder eine thermische Energiegrösse, und durch die Addition der letzteren kann auch nichts anderes als eine thermische Energiegrösse herauskommen.

Nun hat aber das Verhältnis der beiden Temperaturen, mit dem das zu reduzierende Wärmequantum multipliziert werden muss, um das reduzierte zu erhalten, die Temperatur von 1° als Zähler. Man kann also, statt das zu reduzierende Wärmequantum mit diesem Verhältnis zu multiplizieren, es gleich durch den reinen Zahlenwert des Nenners dividieren und den Zähler fortlassen. Vergisst man dann, dass der Nenner nun nicht mehr einen Intensitätsfaktor, sondern einen reinen Zahlenwert bedeutet, so entsteht der Schein, als ob das reduzierte Wärmequantum gleich dem Verhältnis einer Energiegrösse zu ihrem Intensitätsfaktor, d. h. gleich einem Extensitätsfaktor sei.*)

Auf diese Weise hat die Meinung Platz gegriffen, dass die reduzierte Wärme ein Extensitätsfaktor des zu reduzierenden Wärmequantums, die Entropieänderung die Aenderung eines Extensitätsfaktors in dem betreffenden Körper und die unbekannte absolute Grösse der Entropie des Körpers der Extensitätsfaktor einer Körperenergie sei. Bei der richtigen von Wald gegebenen Deutung des üblichen Entropiebegriffs ist diese Umdeutung ausgeschlossen; auch Wiedeburgs sonst abweichender Entropiebegriff stimmt darin überein, dass er eine thermische Energiegrösse und nicht einen Extensitätsfaktor darstellt. —

Ostwald definiert die Entropie als den Kapazitätsfaktor oder Extensitätsfaktor der latenten Wärme im Gegensatz zu der Wärmekapazität als dem der freien Wärme.**) Helm verwirft diese Ansicht und behandelt die Entropie durchaus als Extensitätsfaktor der thermischen Energieform als solchen, d. h. der freien Wärme. Nach Auerbach ist sie, im weiteren Sinne verstanden, der Extensitätsfaktor der Gesamtenergie oder der Energie überhaupt.***) —

Nun kann aber die Entropie nicht Extensitätsfaktor der latenten Wärme sein, weil diese keine Wärme mehr, sondern irgend eine andere Energieform oder eine Summe anderer Energieformen ist. Fasst man die absolute Temperatur als reine Zahl auf, so ergiebt die Division einer Energiegrösse durch sie keinen Extensitätsfaktor, sondern wieder eine Energiegrösse; fasst man sie dagegen als Intensitätsfaktor der Wärme auf, so darf man die übrigen Energieformen nur durch die ihnen zugehörigen Intensitätsfaktoren aber nicht durch den der thermischen Energie, der nicht der

*) Es sei W das zu reduzierende Wärmequantum, T seine absolute Temperatur und S das reduzierte Wärmequantum. Dann ist

$$\frac{S}{W} = \frac{1^0}{T^0}; \quad S = W \cdot \frac{1^0}{T^0}; \quad S = \frac{W}{T}.$$

**) Ostwald, „Lehrbuch der allgemeinen Chemie", 2. Aufl., Bd. II, S. 490, 495. In seinen „Vorlesungen über Naturphilosophie" (Leipzig 1902) S. 256, 282 bezeichnet Ostwald allerdings die Entropie als den Kapazitätsfaktor der Wärmeenergie schlechtweg und diese als das Produkt aus Temperatur und Entropie.

***) Auerbach, „Kanon der Physik", Leipzig 1899, S. 322, 412.

ihrige ist, dividieren, um ihre Extensitätsfaktoren zu erhalten. — Extensitätsfaktor der freien Wärme kann die Entropie nicht sein, weil diese schon an der Wärmekapazität den ihr zugehörigen Extensitätsfaktor hat, und unmöglich zwei Extensitätsfaktoren mit verschiedenen Eigenschaften haben kann. Die Widersprüche, in die eine solche Annahme verwickeln würde, sind schon oben (S. 58—61) angedeutet. — Extensitätsfaktor der Energie überhaupt kann die Entropie ebensowenig sein, wie die Temperatur Intensitätsfaktor der Energie überhaupt sein kann. Vielmehr müssen wir an der Annahme festhalten, dass, so lange als es verschiedene Energieformen giebt, dieselben sich nicht nur durch verschiedene Intensitätsfaktoren, sondern auch durch zugehörige verschiedene Extensitätsfaktoren unterscheiden.

Am ehesten könnte es scheinen, als ob die Entropie Extensitätsfaktor des bereits entwerteten oder wirkungsunfähig gewordenen Teiles der Energie sei, weil man diesen als Produkt der Entropie und der absoluten Temperatur ausdrücken kann. So bestimmt z. B. Helmholtz die wirkungsfähige Energie eines Körpers als den Unterschied seiner Gesamtenergie und seiner bereits wirkungsunfähigen, durch Entropie und Temperatur ausgedrückten Energie, und nennt dabei die wirkungsfähige Energie freie, die wirkungsunfähige Energie gebundene.*) Planck bemerkt dazu, dass die Helmholtzsche Scheidung der Energie in freie und gebundene nur für isotherme Veränderungen Bedeutung hat.**) Helm bestreitet sogar die Voraussetzung, von der Helmholtz bei seiner Scheidung ausgeht, dass nämlich die gebundene Energie nur als Wärme wieder frei werden könne, behauptet vielmehr, dass die Energieform, in der die unterschiedslose innere oder Eigen-Energie wieder frei werde, ganz von den Umständen abhänge.***) Wie dem auch sein mag, die Geltung der Helmholtzschen Gleichung lässt ebensowohl die Deutung frei, dass T in ihr eine reine Zahl-

---

*) F sei die freie, G die gebundene, E die Gesamtenergie, T die absolute Temperatur, S die Entropie. Dann ist $E = F + G$; $F = E - G$; $G = T\,S$; $F = E - T\,S$. Letztere Gleichung heisst auch das thermodynamische Potential bei gleichem Druck und Volumen.

**) Planck, „Vorlesungen über Thermodynamik", Leipzig 1897, S. 103.

***) Helm, „Die Energetik nach ihrer geschichtlichen Entwickelung", ebenda, 1898, S. 296—298, 184, 187, 121, 84, 100.

grösse, als dass sie ein Intensitätsfaktor sei, wonach also S ebensowohl eine Energiegrösse, wie ein Extensitätsfaktor sein kann.

Versteht man unter gebundener Wärme latente, so kann die Entropie, wie gezeigt, kein Extensitätsfaktor derselben sein. Die latente Wärme ist nicht wirkungsunfähig gewordene, sondern bloss in ihrer Wirkungsfähigkeit suspendierte, aufgespeicherte, zu künftiger Verwendung aufbewahrte und vor Zerstreuung bis zum Wiederfreiwerden geschützte Energie. Selbst solche Energie, die nur als Wärme wieder frei werden kann, braucht darum noch nicht wirkungsunfähige Energie zu sein; sondern es hängt davon ab, ob bei ihrem Freiwerden an verschiedenen Stellen des Gebildes Temperaturdifferenzen entstehen oder nicht, und ob die etwa entstandenen Temperaturdifferenzen Maschinenbedingungen vorfinden, die ihnen den Umsatz in Arbeit ermöglichen oder nicht. Wirkungsunfähige Energie wird hauptsächlich in freier Wärme von ausgeglichener Temperatur, nicht in latenter Wärme zu suchen sein; deshalb darf die „gebundene Energie" im Helmholtzschen Sinne von wirkungsunfähiger Energie nicht mit latenter Energie im Sinne von latenter Wärme verwechselt werden. —

Wenn die Energieentwertung mit einem Entropiewachstum verbunden sein oder gar auf ihm beruhen soll, so spricht dies entschieden dafür, dass die Entropie eine Energiegrösse und als solche ein Summand der Gesamtenergie des betrachteten Gebildes ist, und dagegen, dass sie ein Extensitätsfaktor ist. Denn ein Summand der Gesamtenergie kann auf Kosten der übrigen Summanden wachsen; die Annahme aber, dass die Entropie als Extensitätsfaktor einer Energieform oder eines sonstigen Energiesummanden oder der Gesamtenergie wachse, verwickelt in lauter unlösbare Schwierigkeiten. Wenn also der zweite Hauptsatz auf Grund der Energiezerstreuung als gesichert gelten darf, so ist die Annahme, dass die Entropie ein Extensitätsfaktor sei, nicht mit ihm zu vereinigen. Dies bedarf noch des genaueren Nachweises. — Zunächst könnte die Entropie nicht allgemeine Wachstumstendenz haben, falls sie der Extensitätsfaktor der l a t e n t e n Wärme wäre. Wenn Wärme gebunden oder entbunden wird, so nimmt allerdings die innere Energie zu oder ab; wir wissen aber nicht, ob diese Aenderung der inneren Energie sich durch eine Aenderung ihres Intensitätsfaktors, oder ihres Extensitätsfaktors, oder beider vollzieht. In allen anderen Energieformen kennen wir den Extensitätsfaktor wenigstens indirekt durch das Verhältnis der Energiegrösse zu ihrem Intensitätsfaktor; bei der inneren Energie kennen wir sogar die Aenderung der Energiegrösse nur indirekt und ihren Intensitätsfaktor gar nicht. Nur wenn man die konstante Temperatur des isothermen Vorganges irrtümlich für den Intensitätsfaktor nicht nur der freien Wärme, sondern zugleich auch für den der inneren Energie hält, kann und muss man zu der Schlussfolgerung gelangen, dass die ganze Veränderung der inneren Energie sich durch Veränderung ihres Extensitätsfaktors vollzieht. Wenn dagegen die innere Energie einen eigenen Intensitätsfaktor hat, der uns unwahrnehmbar und unmessbar ist, so kann dieser auch an der Veränderung der Energie teilnehmen, oder kann sie ganz allein hervorbringen, während der Extensitätsfaktor konstant bleibt. Bei den anderen Energieformen sehen wir bald die Konstanz des Extensitätsfaktors (z. B. bei der mechanischen Energie), bald seine Veränderlichkeit (z. B. bei der elektrischen Energie); die Analogie kann uns also auch keine Aufschlüsse über Konstanz oder Veränderlichkeit des Extensitätsfaktors der inneren, gebundenen Energie an die Hand geben.

Aber auch wenn der Extensitätsfaktor der inneren Energie bei ihrer Veränderung beteiligt wäre, so hätte die Natur doch keinenfalls die Tendenz, diesen Extensitätsfaktor zu vermehren bis zum Maximum. Denn die Natur hat nicht die Tendenz, die innere oder latente Energie auf Kosten der freien zu vermehren, sondern vielmehr umgekehrt die Tendenz, die freie Energie, allerdings in Gestalt der Wärme, auf Kosten der inneren oder latenten Energie zu vermehren. Dies zeigt die Geschichte jedes Sonnensystems, die von einem Maximum latenter Wärme in einem sehr ausgedehnten und dünnen Gasball zu einem Minimum derselben in festen Bruchstücken und kosmischen Staube führt. Wäre der Extensitätsfaktor der inneren Energie an dieser Abnahme der inneren Energie beteiligt, so hätte auch er ein Streben zum Minimum. Wäre also dieser Extensitätsfaktor die Entropie, so müsste auch sie nach dem Zeugnis der Erfahrung ein Streben zum Minimum und nicht zum Maximum haben. —

Die Entropie kann ebensowenig Extensitätsfaktor der f r e i e n Wärme sein. Allerdings wächst die freie Wärme fortwährend auf Kosten aller übrigen Energieformen; wenn also ihr Extensitätsfaktor an diesem Wachstum beteiligt ist, so kann er dabei mitwachsen. Nun wissen wir, dass die Wärmekapazität einerseits proportional der Masse, andererseits abhängig von der Temperatur ist; sie kann also vermehrt werden einerseits durch Zuführung neuer Massen, andererseits durch entsprechende Aenderung der Temperatur. Bei Wärmezufuhr steigt die Temperatur; mit der steigenden Temperatur steigt aber keineswegs immer die Wärmekapazität. Vielmehr bleibt sie bei manchen Gasen in weiten Grenzen konstant, bei Wasser nimmt sie bis 30° ab, bei Quecksilber dauernd, bei Eisen und Nickel streckenweise bei sehr hohen Temperaturen. Offenbar hängt die Aenderung der Wärmekapazität beim Temperaturwechsel mit Aenderungen in der inneren Zusammensetzung der Körper, ähnlich wie beim Wechsel des Aggregatzustandes, zusammen, die bei ideellen Gasen wegfallen würden. Eine gesetzmässige Zunahme des thermischen Extensitätsfaktors bei Zunahme der thermischen Energie innerhalb einer und derselben Masse ist jedenfalls nicht zu behaupten; der Hauptanteil entfällt auf die Zunahme des Intensitätsfaktors.

Geht man auf die molekulare Konstitution der Materie und die mechanistische Erklärung der Wärme durch Molekularbewegung zurück, so ist innerhalb eines geschlossenen Gebildes das halbe Geschwindigkeitsquadrat der bewegten Körper- und Aether-Moleküle die absolute Temperatur oder der thermische Intensitätsfaktor, die Summe der bewegten Moleküle selbst ist der Extensitätsfaktor. Je nachdem die Bewegungen bloss innere Arbeit in den zusammengesetzten Molekülen verrichten, oder nach aussen hin das Gesamtphänomen der Wärme hervorrufen, nennt man sie Faktoren der inneren Energie oder der freien Wärme. Es sind Verschiebungen zwischen innerer Energie und Wärme, was die Veränderungen in der Wärmekapazität hervorbringt. Eine wirkliche Vermehrung des thermischen Extensitätsfaktors kann nur entweder durch Zuströmen neuer Körper- oder Aether-Moleküle von aussen her erfolgen, oder wenn diese ausgeschlossen ist, durch Teilnahme von solchen Molekülen innerhalb des Gebildes an den thermischen Bewegungen, die vorher völlig ruhend gewesen waren, d. h. sich auf dem absoluten Nullpunkt der Temperatur befunden hatten. Da es aber solche Moleküle nicht geben kann, so ist auch innerhalb eines geschlossenen Gebildes nur eine scheinbare Vermehrung des thermischen Extensitätsfaktors möglich, insofern innere Arbeit sich in Wärme umsetzt. Auf die Konstanz des Extensitätsfaktors in allen chemisch verschiedenen Stoffen weist die Konstanz des Produktes aus Atomgewicht und spezifischer Wärme hin.

Sehen wir auch ganz davon ab, dass der thermische Extensitätsfaktor schon als Wärmekapazität vergeben und demnach für die Deutung der Entropie nicht mehr verfügbar ist, so ist doch jedenfalls in einem Gebilde aus absolut elastischen Atomen mit mechanischer Bewegung nichts zu finden, das irgendwie als Analogon des Entropiewachstums gedeutet werden könnte.*) Mit der Mechanik eines konservativen Systems ist ein Entropiewachstum unvereinbar; ein gleichmässig warmes geschlossenes Gebilde wäre aber in der That ein wirklich konservatives System oder perpetuum mobile, das einzige, das Existenzmöglichkeit hat, weil es sich in blossen Atombewegungen auf molekulare Entfernungen abspielt. Freilich ergiebt die Wahrscheinlichkeitsrechnung ungeheure Zahlen für die Frist zur Wiederkehr der gleichen Atomkonstellation; aber das ist theoretisch gleichgültig.**) Daraus kann man nur eine von zwei Folgerungen ziehen: entweder ein solches mechanisches Molekularsystem ist nicht die wirkliche Grundlage der Wärme und die Mechanistik und Atomistik sind nur Hilfsvorstellungen ohne reale Wahrheit; oder aber die Behauptung des Entropiewachstums als thermischen Extensitätsfaktors ist nicht aufrecht zu erhalten. Helm und Mach neigen als qualitative Energetiker zu der ersteren Seite der Alternative hin. Wer dagegen die qualitative Verschiedenheit der Energieformen für unannehmbar und ihre Identität in der Molekularmechanik für eine wohlbegründete Hypothese erachtet, der muss sich für die andere Seite der Alternative entscheiden, d. h. er muss entweder das Entropiewachstum oder die Deutung der Entropie als eines thermischen Extensitätsfaktors verwerfen. Da aber ersteres mit dem zweiten Hauptsatz unvereinbar scheint, bleibt nur das letztere übrig. —

Die Entropie kann weiterhin auch nicht als der Extensitätsfaktor der Energie überhaupt gedeutet werden, ohne mit dem zweiten Hauptsatz in Widerstreit zu geraten. Denn die Gesamtenergie eines geschlossenen Gebildes ist nach dem ersten Hauptsatz konstant; wenn also ihr Extensitätsfaktor wachsen sollte, so könnte

*) Mach a. a. O. S. 364.

**) Vgl. Helm a. a. O. S. 357, 360, 359.

dies nur auf Kosten einer reciproken Abnahme ihres Intensitätsfaktors geschehen. Nun ist aber in einem geschlossenen Gebilde die Abnahme des gesamten Intensitätsfaktors ausgeschlossen. Wenn zwei gleichartige Teile des Gebildes ihren Intensitätsunterschied ausgleichen, so ergiebt sich bei Vermeidung jedes Umsatzes und jeder Zerstreuung eine mittlere Intensität für beide, also kein Sinken des Intensitätsfaktors beider zusammen. Wenn ungleichartige Teile des Gebildes, z. B. Körper mit verschiedener Wärmekapazität ihren Intensitätsunterschied ausgleichen, so kann allerdings die Gesamttemperatur beider sich verändern, aber doch nur dadurch, dass ein Teil der Intensität aus thermischer in innere Energie übergeht oder umgekehrt. Wenn zugleich Zerstreuung innerhalb des geschlossenen Gebildes stattfindet, dann sinkt freilich die Intensität beider sich ausgleichenden Teile dabei, aber doch nur weil die Intensität noch anderer Teile des Gebildes steigt, zu denen die Zerstreuung die den beiden ersteren entzogene Energie hinleitet; die Gesamtintensität in dem Gebilde bleibt also ebenfalls unverändert.

Treten Umsätze ein, so taucht die in einer Energieform verschwindende Intensität in einer anderen Energieform (einschliesslich der inneren Energie) wieder auf. Es besteht nicht nur ein Aequivalenzwert der Energie in jeder Energieform für jede andere, sondern auch ein Aequivalenzwert des Intensitätsfaktors in jeder Energieform für jede andere. Dies folgt daraus, dass ein Intensitätsunterschied innerhalb derselben Energieform nicht zu einem Ausgleich durch Veränderung führt, wenn er durch einen entgegengesetzten Intensitätsunterschied in einer anderen Energieform kompensiert ist; es geschieht dann nichts, sondern es besteht Gleichgewicht. Kompensiert sind zwei entgegengesetzte, an der Materie haftende Intensitätsunterschiede, wenn nach der Maschinenbedingung des Systems bei einer minimalen Verschiebung ihrer Träger gleichviel Energie in der einen wie in der anderen Richtung überfliessen würde.*) Hiernach ist eine Aenderung im Intensitätsfaktor der Gesamtenergie eines geschlossenen Gebildes ausgeschlossen, folglich auch in ihrem Extensitätsfaktor.

Die Aenderung in der Wirkungsfähigkeit der Gesamtenergie kann abhängig gedacht werden von einer Verschiebung zwischen

*) Ostwald a. a. O. II 47—49.

ihren Faktoren oder zwischen ihren Summanden; aber jede dieser Annahmen schliesst die andere aus. Entspringt die Energieentwertung aus einem Wachstum des gesamten Extensitätsfaktors auf Kosten des gesamten Intensitätsfaktors, so bleibt für ihre Erklärung aus einer Verschiebung zwischen zwei Energie-Summanden kein Raum mehr übrig. Entspringt dagegen die Energieentwertung aus einer Verschiebung zwischen zwei Energie-Summanden, so können an dieser Verschiebung wohl noch die Faktoren der Summanden ursächlich beteiligt sein, aber nicht mehr die Faktoren der Gesamtenergie als solche. Man muss notwendig zwischen der einen und der anderen Auffassung eine Wahl treffen, und da man die Verschiebung zwischen zwei Summanden, dem noch wirkungsfähigen und dem bereits wirkungsunfähigen Teil der Energie, nicht mehr zurückweisen kann, so muss man auf das Wachstum des gesamten Extensitätsfaktors verzichten.

Geht man auf die atomistische Konstitution der Materie zurück, so ist letzten Endes die Gesamtheit der Körper- und Aetheratome der Träger der Gesamtenergie; die Summe der ersteren ist der Extensitätsfaktor der mechanischen Energie, die Summe der letzteren der der strahlenden Energie; verschiedene Kombinationen beider Atomarten zu Molekülen mit Aetherhüllen sind die Extensitätsfaktoren der übrigen Energieformen. Welche Verschiebungen auch zwischen den Extensitätsfaktoren der verschiedenen Energieformen durch veränderte Gruppierung der Körper- und Aether-Atome vorkommen mögen, immerhin muss in einem geschlossenen Gebilde der Extensitätsfaktor der Gesamtenergie ebenso konstant bleiben, wie es der der mechanischen Energie (die Masse) und der der strahlenden Energie (der Aether) ist.

Bei dem Extensitätsfaktor der mechanischen Energie ist jedes absolute Wachstum sicher ausgeschlossen; da aber die mechanische Energie ohnehin beständig abnimmt, so könnte ihr Extensitätsfaktor wenigstens relativ zum Intensitätsfaktor wachsen. Aehnliche Erwägungen lassen sich für die anderen Energieformen und ihre Extensitätsfaktoren anstellen; sie alle würden im Laufe des Prozesses durch Umwandlung an ihren Intensitätsfaktoren zu Gunsten des thermischen Intensitätsfaktors einbüssen, und demgemäss würden ihre Extensitätsfaktoren, auch wenn sie absolut konstant blieben, doch relativ, d. h. im Verhältnis zu ihren Intensitätsfaktoren, wachsen. Sollte trotzdem der Extensitätsfaktor der Gesamtenergie absolut wachsen, so müsste dieses Wachstum ausschliesslich in dem Extensitätsfaktor der wertlosesten Energieform, der Wärme, gesucht werden. Demgemäss behauptet Mach, dass die anderen Energieformen wohl ein Analogon der Entropie haben, dass aber nur die thermodynamische Entropie wachsen kann.*) Wenn nun die Extensitätsfaktoren der anderen Energieformen absolut konstant bleiben, oder vielleicht gar durch Umsatz sich vermindern, so müsste die Zunahme des Extensitätsfaktors der Wärme allein die Zunahme des Extensitätsfaktors der Gesamtenergie bewirken, beziehungsweise noch die etwaige Abnahme bei den Extensitätsfaktoren anderer Energiearten kompensieren. Wenn aber der thatsächliche Extensitätsfaktor der freien Wärme (die Wärmekapazität) dazu unfähig ist, so können die Extensitätsfaktoren aller Energieformen zusammengenommen auch nicht wachsen; d. h. die Entropie, welche wachsen soll, muss etwas anderes bedeuten, als den Extensitätsfaktor der Energie überhaupt. —

Deutet man endlich die Entropie als den Extensitätsfaktor des bereits wirkungsunfähig gewordenen Teiles oder Summanden der Gesamtenergie, so hat man nur die Wahl, in diesem wirkungsunfähigen Teil latente oder freie Wärme oder eine Mischung von beiden zu sehen. In allen diesen Fällen bleiben die Erwägungen in Kraft, die gegen die Entropie als deren Intensitätsfaktor erhoben worden sind. Dass der wirkungsunfähige Summand der Energie wächst, kann mithin nicht daraus begründet werden, dass sein Extensitätsfaktor wächst. Wirkungsunfähig ist derjenige Teil der Energie, der nicht mehr umsatzfähig ist, weil seine Intensitätsunterschiede ausgeglichen sind; der Ausgleich der Intensitätsunterschiede hängt aber von der Energieform und Verteilung des Intensitätsfaktors, nicht von der des Extensitätsfaktors ab. Denn nur die Intensitätsfaktoren haben die Tendenz, vorhandene Energieunterschiede auszugleichen, während die Extensitätsfaktoren gar keine Ausgleichtendenz haben, sondern sich einfach addieren ohne alle Kompensation.

Wenn der Extensitätsfaktor sich stellenweise ändert, so ist diese Aenderung niemals die Ursache, sondern immer nur die Wirkung von einer reciproken Aenderung des Intensitätsfak-

*) Mach a. a. O. S. 337.

tors; denn die Extensitätsfaktoren repräsentieren das additive, passive Element an der Energie, die Intensitätsfaktoren allein dagegen das kompensatorische, aktive. Kann man das Wachstum des entwerteten Energiesummanden nicht aus der Betrachtung der Intensitätsfaktoren begründen, so kann man es überhaupt nicht begründen. Wenn mit der Zeit mehr und mehr von der Gesamtenergie des Gebildes zu dem entwerteten Summanden gerechnet werden muss, so muss auch mehr und mehr von dem gesamten Extensitätsfaktor des Gebildes zum Extensitätsfaktor der entwerteten Energie gerechnet werden. Will man dies als Entropiewachstum ausdrücken, so ist doch dieses Entropiewachstum keinenfalls der Grund, sondern die Folge der fortschreitenden Energieentwertung, diese aber die Folge des fortschreitenden Ausgleiches in den Unterschieden der Intensitätsfaktoren und diese wieder die Folge der Energiezerstreuung.

Mag man die Entropie als Extensitätsfaktor der latenten oder der freien Wärme, der Gesamtenergie oder ihres bereits wirkungsunfähig gewordenen Summanden deuten, keine dieser Deutungen ist mit der Wachstumstendenz der Entropie zum Maximum vereinbar. Das zwingt rückwärts zu der Anerkennung, dass die Entropie überhaupt kein Extensitätsfaktor ist, und befestigt damit ihre eben gegebene Deutung als Energiegrösse. Das Entropiewachstum ist weder im Laufe der Natur der Realgrund der Energieentwertung, noch kann es für uns der Erkenntnisgrund derselben sein. Es ist lediglich eine künstliche mathematische Schreibweise für den zweiten Hauptsatz, die nur unter der Voraussetzung der bereits feststehenden Energieentwertung durch Zerstreuung zu rechtfertigen ist, und auch dann noch nicht zweifelfrei erweislich ist.

IV. Die Prinzipien der Mechanik.

1. Mechanik und Physik.

Unter Mechanik (in England häufig Dynamik genannt) verstand man früher ausschliesslich die Lehre vom Gleichgewicht und der Bewegung der materiellen Körper und teilte sie demgemäss in Statik und Dynamik (auch Kinetik genannt). Die Anwendung der mechanischen Gesetze auf Moleküle und Atome führte jedoch über die bloss molare Mechanik hinaus, und ihre Anwendung auf den unwägbaren Aether überschritt sogar das Gebiet der Körperlichkeit und wägbaren Materie. Insbesondere war es die an der wägbaren Materie ausgebildete Lehre von den Schwingungen und ihre Uebertragung auf den Aether, wodurch das Gebiet der Mechanik erweitert wurde. Zunächst ergab sich die Erklärbarkeit der akustischen Energie durch mechanische Wellenbewegung, dann griff die Schwingungstheorie siegreich in die optische Energie über, dann drängte die Verwandtschaft von Wärme und Licht dahin, auch die thermische Energie als ein Summationsergebnis der mechanischen Energie der Atome aufzufassen. Weiter lehrte die mechanische Theorie der Gase die Volumenenergie oder den allseitigen Gasdruck als Produkt mechanischer Energie der Atome auffassen, und endlich zwang die elektromagnetische Theorie des Lichtes dazu, Licht, Wärme, Elektrizität und Magnetismus als Erzeugnisse der strahlenden Energie des Aethers in seiner Wechselwirkung mit wägbarer Materie, die strahlende Energie selbst aber als mechanische Schwingungsenergie der Aethermoleküle zu verstehen.

Damit schien die Grenze zwischen Mechanik und Energielehre aufgehoben, und das Ergebnis war die mechanistische Weltanschauung, d. h. der Glaube, dass alles physische Geschehen lediglich ein mechanisches sei und bloss auf mechanischen Gesetzen beruhe. Gewiss sind wir noch weit davon entfernt, alle physikalischen Erscheinungen in ganz bestimmte Formen der Atommechanik auflösen zu können; dies exakt durchzuführen, wird uns wohl niemals gelingen, weil die mechanischen Vorgänge in den kleinsten Teilchen dazu viel zu verwickelt sind. Aber wir haben schon so viel durch verborgene Bewegungen der kleinsten Teile erklären können, und die Erklärungen der verschiedenen Energieformen aus Atommechanik schliessen sich so wohl aneinander an, dass die Erwartung berechtigt ist, wir werden auf diesem Wege weit genug gelangen, um die Berechtigung der mechanistischen Weltanschauung auf dem Gebiete der unorganischen Natur unerschütterlich zu begründen. —

Wenn sich zur Zeit eine starke Gegenströmung bemerkbar macht, die an der qualitativen Verschiedenheit der Energieformen festhalten will, so ist das folgendermassen zu erklären. Die Mechanik des Atoms feierte ihre Triumphe in der Betrachtung der kleinsten Bestandteile und ihrer Wechselwirkung aufeinander; sie bediente sich deshalb vorzugsweise der Differentialgleichungen und Differentialformeln, die zu diesem Geschäft am geeignetsten sind. An je verwickeltere Aufgaben sich aber diese Betrachtungsweise heranwagte, desto schwieriger, mühsamer und unübersichtlicher wurde ihre Bewältigung auf diesem Wege. Es regte sich deshalb das Bestreben, die Vorgänge der kleinsten Teilchen auf sich beruhen zu lassen und bloss den Gesamtergebnissen, die aus einer gleichartigen Verknüpfung solcher entspringen, einen mathematischen Ausdruck zu geben. Dies gelang vielfach durch Integralgleichungen und Integralformeln, welche die letzten Ergebnisse mit leichterer Mühe erkennen liessen, dafür aber freilich auch nicht einen solchen Einblick in die Details der Prozesse wie die Differentialgleichungen gestatteten und dem Verständnisdrang nicht das gleiche Mass von Befriedigung gewährten. Solche Integralformeln reden eine um so bestimmtere Sprache, je gleichartiger die Vorgänge in den kleinsten Teilen sind, deren Ergebnisse sie zusammenfassen; dies ist aber besonders da der Fall, wo die Vorgänge innerhalb einer einzigen Energieform betrachtet werden. Die agnostische Strömung im Zeitgeist, die Bereitwilligkeit, sich mit dem mathematisch exakten Ausdruck der Ergebnisse zu begnügen und auf ein Verständnis ihres Zustandekommens im Sinne genetischer Erklärung zu verzichten, führte weiter dazu, in solchen spezifischen Integralformeln die eigentliche Aufgabe der Physik für gelöst zu halten und alle Versuche zur Erklärung durch Mechanik der Atome als ein irriges Bestreben beiseite zu schieben, weil es sich doch nur auf unerweisliche Hypothesen (Atome, Aether u. s. w.) stütze. So entstand eine Richtung der Physik, die man „qualitative Energetik" nennen kann, indem sie an der qualitativen Verschiedenheit der Energieformen nicht nur in den Erscheinungen, die sie durch die Sinne in unserem Bewusstsein hervorrufen, sondern auch abgesehen von denselben, festhält und sie für wesensverschieden an sich erachtet. Durch eine solche Auffassung wird die Mechanik auf diejenigen räumlichen Veränderungen eingeschränkt, die weder eine spezifische Sinnesempfindung in uns erregen, noch auch elektrischer oder magnetischer Beschaffenheit sind. —

Diese Einschränkung erscheint künstlich und nicht haltbar. Einerseits nehmen wir räumliche Veränderungen durch Tastempfindung und Gesichtsempfindung wahr; andererseits fehlt es uns an Sinnen für elektrische und magnetische Vorgänge. Die vermeintlichen Qualitätsverschiedenheiten der Energie decken sich also weder mit spezifischen sinnlichen Wahrnehmungsunterschieden, noch mit qualitativen Empfindungsunterschieden. Es kann der Mechanik unmöglich verwehrt werden, ihre Schwingungstheorie auch auf immer kleinere Teile der Materie zu übertragen, die als solche nichts hypothetisches sind, und da in manchen Fällen offenbar unsere Sinne durch solche Schwingungen so affiziert werden, dass sie einen qualitativen Eindruck (z. B. Schall, Licht, Wärme) empfangen, so ist nicht abzusehen, warum man diese genetische Erklärung nicht versuchen soll weiter auszudehnen.

Das relativ sicherste Ergebnis der Erkenntnistheorie, das seit Descartes allgemein anerkannt ist, ist die blosse Subjektivität der sinnlichen Qualitäten und ihre Entstehung aus bloss quantitativen (intensiven) Unterschieden der physikalischen Einwirkung auf die Sinne; dieser Errungenschaft wird die qualitative Energetik untreu, indem sie an qualitativen Energieunterschieden festhält. Lässt man dagegen solche als unhaltbar fallen, so wird man sofort zur Mechanik der kleinsten Teile hingedrängt, da nur die Mechanik im stande ist, den Sinnen rein quantitative Unterschiede darzubieten. Wir sind sicher, dass es keine akustische Energie giebt, die nicht aus Schwingungen wägbarer Materie resultierte; wenn aber e i n e „Energiequalität“ sich in mechanische Energie kleinerer Teile auflöst, warum sollen es dann die anderen nicht auch? Wir können nicht beweisen, dass es keine Wärme giebt, die nicht auf Bewegung der Teilchen beruhte; aber wir können verstehen, dass Wärme in solcher Gestalt unsere Sinne affiziert, und kennen Fälle genug, wo Wärme aller Wahrscheinlichkeit nach nichts weiter ist, als solche Bewegung. Wir sind dadurch berechtigt, es mit der Annahme zu versuchen, dass freie Wärme überhaupt nichts weiter sei, während die latente Wärme, die allerdings etwas anderes sein kann (nämlich potentielle konfigurative Energie), auch nur mit Unrecht den Namen Wärme weiterführt.

Es ist nicht zu verkennen, dass in der Einteilung der Energie in verschiedene Energieformen etwas Willkürliches und Zufälliges steckt. Die Willkürlichkeit zeigt sich darin, dass keine Uebereinstimmung zwischen den Forschern herrscht, so dass z. B. manche die ein-, zwei- und dreidimensionale Volumenenergie als besondere Energieformen rechnen, andere die strahlende Energie in optische, thermische und elektromagnetische Strahlung zerlegen und unter diese Energieformen verteilen. Die Zufälligkeit erhellt daraus, wie sehr die Einteilung von der zufälligen Differenzierung unserer Sinne abhängig ist, ohne doch wiederum sich streng an diese binden zu können. Die Thatsache, dass die verschiedenen Energieformen äquivalent und ineinander überführbar sind, beweist doch zur Genüge, dass sie nicht wesensverschieden sein können, sondern verschiedene Aeusserungsweisen oder Konstellationen einer in allen wesensgleichen Grundform sein müssen. Dies kann aber nur die mechanische Energie sein; nur bei ihr verstehen wir unmittelbar, was Energie ist, und wie sie sich aus Faktoren und Summanden zusammensetzt. Die Mechanik ist für uns die Leiter gewesen, durch die wir zur Energielehre emporgestiegen sind; wir mussten zunächst die einfacheren Komponenten der Energie (Masse, Geschwindigkeit, Bewegungsgrösse) und der Arbeit (Kraftäusserung, Zeit, Antrieb und Weg) verstehen lernen, bevor wir zum Verständnis ihrer zusammengesetzten Ergebnisse gelangen konnten. Diese so auf mechanischem Wege gewonnenen Begriffe der Energie und Arbeit wären niemals mit Recht auf andere Energieformen angewandt worden, wenn nicht die stillschweigende Voraussetzung dabei zu Grunde gelegen hätte, dass die anderen Erscheinungsformen der

Energie doch wesentlich auch nur Ergebnisse mechanischer Energie seien, die nur als solche für unsere Sinne nicht unmittelbar wahrnehmbar ist. Alle Ergebnisse der Energielehre bleiben auch dann in voller Kraft, wenn alle übrigen Energieformen nur Erscheinungsformen der mechanischen Energie der kleinsten Teile sind, und man hat nicht nötig, den bereits erworbenen Schatz hypothetischer Erklärungen durch verborgene mechanische Vorgänge über Bord zu werfen, um sich der Prinzipien der Energielehre bedienen zu können. Nur die „qualitative Energetik“ (Mayer, Helm, Ostwald, Mach) wird man ablehnen, eine mechanistische Energetik aber festhalten müssen, wie sie von Clausius, Thomson, Maxwell, Boltzmann, Helmholtz u. A. m. angestrebt ist. —

Die Fortschritte in der Wissenschaft vollziehen sich in der Regel so, dass eine berechtigte neue Auffassung zunächst die Berechtigung der älteren verkennt, sie verdrängen und sich an ihre Stelle setzen will, dass aber später die Synthese der wertvollen Elemente beider die höhere Stufe der Einsicht darstellt. So dürfte es auch mit der energetischen und mechanistischen Weltansicht gehen. Freilich sind Synthesen immer schwieriger zu bewerkstelligen als einseitige Standpunkte durchzuführen, und oft gelingt eine zufriedenstellende Synthese erst nach weiteren Fortschritten der Wissenschaft, nachdem sie bei ihrem unvollkommenen Stande lange vergeblich gesucht war. Deshalb kann man den Wert auch solcher Standpunkte, die man für einseitig und überwindungsbedürftig hält, willig anerkennen, insofern sie das Material für die künftigen Synthesen vorbereiten. Man wird aber auch dann, wenn die Durchführung der Atommechanik in vielen Punkten bis jetzt zu schwierig scheint, doch im Prinzip an ihr festhalten, da sie doch in manchen Punkten schon dankenswerte Ergebnisse aufzuweisen hat.

Durch diese Erwägungen erhält die mechanische Energie eine alle anderen Energieformen überragende Bedeutung. Die Mechanik wird nun die Grundlage aller Physik; sie heisst so lange reine Mechanik, als sie sich auf die Betrachtung der molaren oder Atom-Bewegungen der Materie und des Aethers beschränkt, fliesst aber sofort in die anderen Gebiete der Physik über, sobald die dabei zustande kommenden komplexen Erscheinungen mit dem Namen irgend einer besonderen Energieform bezeichnet werden. Die mechanistische Weltanschauung ist demnach in ihrem vollen Rechte, solange es sich um das Gebiet der Energiewanderungen und -Wandlungen in der unorganischen Natur handelt. Für die organische Natur dagegen bedarf sie einer besonderen Prüfung, weil hier Einflüsse nicht mechanischer Art ins Spiel treten können, von denen in der unorganischen Natur nichts zu merken ist. Ich verteidige die Alleinherrschaft des Mechanismus in der unorganischen Natur, nicht trotzdem, sondern gerade weil ich sie in der organischen Natur nicht gelten lasse, und ich bekämpfe die mechanistische Weltanschauung als erschöpfendes Bild der Einrichtung der gesamten Natur gerade darum, weil ich es für unrichtig halte, die in der unorganischen Natur thatsächlich allein gültige Gesetzmässigkeit auf die Gesamtnatur zu erweitern, ohne das Hinzutreten neuer höherer Gesetze in der organischen Natur anzuerkennen.

2. Die Elementarprinzipien.

Die Mechanik stützt sich auf die Phoronomie (oder Kinematik), d. h. auf die Lehre von den Bewegungen abgesehen von trägen Massen und Kräften. Die Phoronomie ist ebenso wie die reine Raumlehre oder reine Zeitlehre ein Zweig der Mathematik, nämlich die auf den Begriff der Bewegung angewandte Mathematik. Sie sagt nichts darüber aus, ob es Bewegung giebt oder nicht, auch nichts darüber, ob die Bewegung, wenn es solche giebt, ideal oder real oder beides sei, und ob sie unter logischen Gesetzen stehe oder nicht; sie sagt nur: *wenn* es Bewegung giebt, und *wenn* diese Bewegung unter logischen Gesetzen steht, so muss sie so und so sein.

Der wichtigste Gesichtspunkt der Phoronomie ist, dass alle Bewegungen sich so vollziehen, als ob sie nur relativ wären, weil es logisch gleichgültig für den Begriff der Bewegung ist, ob das eine mathematische Gebilde sich auf das andere, oder das andere sich auf das eine hinbewegt, ob ein Gebilde sich durch den Raum, oder ob der Raum sich gegen das Gebilde bewegt. Für die Phoronomie ist die Relativität der Bewegung ebenso selbstverständlich wie für die Geometrie und Stereometrie die blosse Relativität der Grössen der räumlichen Gebilde. Aus der Relativität der Bewegung folgt dann die Zusammensetzbarkeit und Zerlegbarkeit der Bewegungen nach der Parallelogrammregel. Die Phoronomie ist eine *deduktive apriorische* Wissenschaft von apodiktischer Gewissheit, weil sie gleich allen Zweigen der Mathematik nur gewisse Klassen logischer Widersprüche ausschliesst; sie ist aber auch ebenso wie alle Mathematik eine rein f o r m a l e Wissenschaft ohne realen Erkenntniswert an sich, weil sie bloss bedingungsweise eine reale Bedeutung erlangt. Ob es nämlich eine Bewegung giebt, die unter rein logischen Gesetzen steht, das zu entscheiden, ist lediglich Sache der Erfahrung.

Nun zeigt unsere Erfahrung Bewegung in doppeltem Sinne, einerseits durch direkte Erfahrung eine subjektiv ideale Bewegung von Vorstellungsgebilden im Bewusstseinsraum ohne Beharrungsvermögen, Widerstandsfähigkeit und Wirkungsfähigkeit, d. h. ohne Masse und Kraft, andererseits durch indirekte Erfahrung reale Bewegungen, die sich unabhängig von unserem Bewusstsein an trägen und wirkungsfähigen Massen vollziehen. Die ersteren, die uns als Bewusstseinsrepräsentanten oder Symbole der letzteren gelten, zeigen sich unmittelbar abhängig von unseren Denkgesetzen; von den letzteren kann es nur durch indirekte Erfahrung festgestellt, d. h. nur induktiv erschlossen werden, ob sie von Gesetzen des Daseins und Geschehens abhängig sind, die unseren Denkgesetzen konform sind. Für die Zusammensetzung und Zerlegung von realen Kraftäusserungen, die auf einen Punkt wirken, lässt sich nur soviel sagen, dass sie unmöglich sein würden, wenn die Wirkung einer Kraftäusserung in einer von der ihrigen abweichenden Richtung durch eine andere Funktion des von beiden Richtungen eingeschlossenen Winkels als den Kosinus bestimmt wäre, d. h. wenn sie etwas anderes wäre als die Projektion der Kraftäusserung auf die fragliche Richtung. Die Erfahrung zeigt, dass diese Bedingung thatsächlich erfüllt ist, dass Kraftäusserungen wirklich eine gemeinsame Resultante haben, oder dass das Parallelogramm der Bewegungen auch auf Kraftäusserungen übertragbar ist. Es zeigt sich dabei, dass f o r t s c h r e i t e n d e Bewegungen widerstandsfähiger, träger und kraftbegabter Massen sich so verhalten, als ob sie rein relativ wären, und diese Voraussetzung genügt, um die Stossgesetze abzuleiten.

Anders, wo es sich um d r e h e n d e Bewegungen handelt. Wenn man von zwei auf gleicher Axe steckenden Kreiseln nur den einen in Bewegung setzt, so kann man freilich ebensogut sagen, dass der andere sich in Bezug auf den einen drehe, wie dass der eine sich in Bezug auf den anderen drehe; aber es besteht der

Unterschied, dass nur bei dem ersteren Centrifugal-Tendenzen und das Bestreben nach Erhaltung der Rotationsachse auftreten, bei dem zweiten aber nicht. Nun kann man zwar sagen, es sei ein Naturgesetz, dass nur bei einer Drehung in Bezug auf den Fixsternhimmel solche Erscheinungen auftreten, und dass dann dieselbe Erscheinung auch eintreten müsste, wenn der Kreisel ruhte und der Fixsternhimmel sich um ihn mit gleicher Winkelgeschwindigkeit drehte.*) Aber abgesehen von den riesigen Fortschreitungsgeschwindigkeiten, die den Teilen des Fixsternhimmels bei solcher Annahme zugeschrieben werden müssten, entsteht die weitere Schwierigkeit, dass mehrere sich gleichzeitig um dieselbe Axe mit verschiedenen Geschwindigkeiten drehende Kreisel dann einer gleichzeitigen Drehung des Fixsternhimmels mit verschiedenen Geschwindigkeiten äquivalent wären, was eine unmögliche Vorstellung ist. Die mechanischen Erfolge drehender Bewegung sind also, wie schon Newton wusste, nicht mehr aus der reinen Relativität der Bewegung zu erklären, sondern erfordern ein festes ruhendes Axensystem. Ein solches ist gegeben, wenn die materielle Welt endlich und selbst in keiner Drehbewegung begriffen ist.

Wie das Unzulängliche der Bewegungsrelativität bei drehenden Bewegungen zu Tage tritt, so das Unzulängliche der bloss relativen Grössenverhältnisse bei deformierenden Bewegungen, welche den Widerstand der Elastizitätskräfte wecken. Denn die Festigkeit in Bezug auf Biegung, Knickung, Scherung und Verdrehung hängt von den absoluten Grössenabmessungen ab; kleine Tiere brauchen also gleichen Störungen gegenüber einen lange nicht so festen Bau wie grosse, was schon Galilei bemerkt hatte. Ebenso einflussreich ist die absolute Grösse, wenn es sich um Ueberwindung der Schwere oder des Beharrungsvermögens durch Muskelkräfte handelt, da das Eigengewicht und das Beharrungsvermögen proportional der dritten Potenz der Lineargrösse des Tieres wächst, seine Muskelkraft aber nur proportional dem Muskelquerschnitt, d. h. der zweiten Potenz der Lineargrösse des Tieres. Auch für die absoluten Grössenabmessungen kann die Gesamtgrösse der Welt, wenn sie endlich ist, den festen Massstab abgeben. Wäre dagegen die Welt unendlich, so würde

*) Mach, „Die Mechanik in ihrer Entwickelung", 3. Auflage, 1897, S. 232–233.

sie weder für eine absolute Bewegung, noch für absolute Grössenabmessungen als fester Anhaltspunkt dienen können. Feste Axen oder feste Masse ohne eine endliche Welt, durch die sie fixiert werden, sind eine unhaltbare Fiktion; in einer unendlichen Welt könnte es also weder absolute Bewegung, noch absolute Grössenabmessungen geben. Ohne solche sind aber die Erscheinungen der Drehbewegung und der Festigkeit unmöglich; mithin ist die Endlichkeit der Welt Bedingung für die Möglichkeit dieser Erfahrungsthatsachen. —

Auch die Phoronomie kennt bereits die Begriffe Weg, Geschwindigkeit und Beschleunigung; die Geschwindigkeit ist bei gleichförmiger Bewegung das Verhältnis von Weg und Zeit, bei ungleichförmiger Bewegung derjenige Grenzwert, dem das Verhältnis von Weg und Zeit sich desto mehr nähert, je kürzere Wegteile und Zeitteile man betrachtet. Aehnlich ist die Beschleunigung bei gleichförmig beschleunigter Bewegung das Verhältnis des Geschwindigkeitszuwachses zur Zeit, bei ungleichförmig beschleunigter Bewegung derjenige Grenzwert, dem dieses Verhältnis sich desto mehr nähert, je kleinere Zeitteile man betrachtet. Die Geschwindigkeit ist also die erste Ableitung (Differentialquotient) des Weges nach der Zeit, die Beschleunigung die erste Ableitung der Geschwindigkeit nach der Zeit oder die zweite Ableitung des Weges nach der Zeit.*) Darüber hinaus zu gehen hat die Phoronomie keinen Anlass, weil sie nur Gedankenobjekte oder Möglichkeiten ohne Realität betrachtet, also Vorstellungsgebilde ohne Masse und Kraft, die wohl logische Konsequenzen, aber keine Kausalität oder reale Wirkungsfähigkeit haben. Von Kraftäusserung kann erst die Rede sein, wo ein Produkt aus Masse und Beschleunigung vorkommt, und wo die Kraftäusserung ausgeschlossen ist, hat es auch keinen Sinn, von Kraft als ihrer Ursache

*) Die Weglänge sei $= s$, die Zahl der Zeiteinheiten $= t$, dann ist die Geschwindigkeit $v = \frac{ds}{dt}$, die Beschleunigung $\gamma = \frac{dv}{dt} = \frac{d \cdot \frac{ds}{dt}}{d\ t} = \frac{d^2 s}{d t^2}$. Bei der gleichförmig beschleunigten Bewegung ist $v = \gamma t$, $s = \frac{1}{2} \gamma . t^2$; setzt man aus der ersten Gleichung $t = \frac{v}{\gamma}$ in die zweite ein, so ergiebt sich die dritte Hauptgleichung der Phoronomie $\gamma s = \frac{1}{2} v^2$. Ein Blick zeigt, dass γ und γt in der That die zweite und erste Ableitung von $\frac{1}{2} \gamma t^2$ sind.

zu sprechen. Die Beschleunigung ist für die Phoronomie ein l e t z t e r Begriff, und sie überschreitet ihre Befugnisse, wenn sie hinter ihn auf einen abstrakten Kraftbegriff zurückzugehen versucht, der doch erst durch die Gegenwirkung von Massen seine konkrete Bedeutung empfängt. Im mathematischen Ausdruck erscheint allerdings für gewöhnlich die Kraftäusserung der Masseneinheit von der reinen Beschleunigung nicht verschieden; begrifflich aber ist es ein grosser Unterschied, ob man die Masseneinheit als Faktor zur Beschleunigung hinzudenkt oder nicht. Nur im ersteren Falle hat man einen m e c h a n i s c h e n Begriff, im letzteren Falle nur einen p h o r o n o m i s c h e n, der, weil er von der Realität abstrahiert, auch mit Kraft nichts zu thun hat. —

Blosse Vorstellungsobjekte, d. h. subjektiv ideale Raumgebilde ohne Realität, z. B. mathematische Körper, Phantasieobjekte, können weder Widerstand gegen Bewegung leisten, noch sich Beschleunigungen erteilen; d. h. sie haben weder Beharrungsvermögen noch Kraft. Wahrnehmungsobjekte, die auf reale Dinge an sich bezogen werden, sind ebenso widerstandsunfähig und kraftlos; nur ihre hypothetischen Korrelate, die realen Dinge an sich, können Masse, Kraft und Wirkungsfähigkeit haben, und können dadurch in den Wahrnehmungsobjekten Veränderungen hervorrufen, die den Schein erregen, als ob die subjektiv idealen Vorstellungsobjekte selbst aufeinander gewirkt hätten. Auch ein mathematisches Raumgebilde verändert die Geschwindigkeit, die ihm einmal in Gedanken zugeschrieben ist, nicht, es sei denn, dass ihm eine Beschleunigung in Gedanken erteilt werde; dies ist aber noch nicht physisches Beharrungsvermögen zu nennen, sondern nur eine Anwendung des logischen Satzes der Identität auf einen bestimmten Bewegungszustand als Prädikat eines gedanklichen Raumgebildes. Die Erfahrung zeigt, dass auch physische Körper sich in diesem Punkte dem phoronomischen Gesetz gemäss verhalten, d. h. dass sie ihre Geschwindigkeit (die auch gleich Null sein kann) nach Grösse und Richtung nicht ändern, es sei denn, dass ihnen durch irgend eine Ursache eine positive oder negative Beschleunigung in derselben oder in einer anderen Richtung erteilt werde. Man kann dies, wenn man will, „phoronomische Beharrung" nennen; das physische Beharrungsvermögen oder die Trägheit der physischen Körper ist aber noch etwas ganz anderes.

Sie bedeutet, dass ein Körper durch eine unendlich kleine oder unendlich grosse Kraft keine endliche Beschleunigung und durch eine endlich grosse Kraft keine unendlich grosse oder unendlich kleine Beschleunigung erhalten kann, dass vielmehr zwischen Kraft und Beschleunigung eine feste endliche Beziehung besteht. Die Anziehungskraft der Erde ist gerade gross genug, um einem physischen Körper die Beschleunigung $g = 9{,}81$ Meter in einer Sekunde zu erteilen, und das Beharrungsvermögen ist gerade so gross, dass ein Körper unter dem Einfluss der Anziehungskraft der Erde keine grössere und keine geringere Beschleunigung als diese erhält. Wie wir die Kraft durch die Beschleunigung messen, die sie einem Körper unter Ueberwindung seines Beharrungsvermögens erteilt, so das Beharrungsvermögen durch eine für konstant geltende Kraft, welche nötig ist, um es bis zu einer bestimmten Beschleunigung zu überwinden. Die Atwoodsche Fallmaschine zeigt, wie durch Kompensation der Schwere gleicher Gewichte die Anziehungskraft der Erde auf sie ausgeschaltet wird, und wie die allein zur Wirkung gelangende Anziehungskraft der Erde auf das Uebergewicht der Summe der bewegten Körper eine entsprechend kleinere Beschleunigung erteilt. Auch bei der Wirkung elektrischer und magnetischer Kräfte so wie an der Centrifugalmaschine kann man sich überzeugen, dass das Beharrungsvermögen einen ganz bestimmten, durch Kräfte messbaren Widerstand der Körper gegen die Beschleunigung darstellt.

Das Beharrungsvermögen ist in seiner festen Grösse eine der Konstanten der Weltordnung. Wir wissen bisher nichts darüber, ob es eine ursprüngliche und letzte Konstante ist, oder ob es aus anderweitigen Ursachen abzuleiten ist. Es ist auf die Möglichkeit hingewiesen worden, dass die Bewegung der Körper im Aether der Grund der Trägheit sein könnte, weil bewegte Körper in einem reibungslosen Fluidum nur bei Geschwindigkeitsänderungen einen Widerstand erfahren können.*) Dies stimmt jedoch erstens nicht mit der Thatsache, dass das Beharrungsvermögen unabhängig davon ist, ob ein Körper die Aetherbewegung fast gar nicht (wie Wasserstoff) oder sehr stark (wie die meisten Metalle) behindert und hemmt. Zweitens müsste man bei der geringen Dichtigkeit des Aethers bei dieser Ursache des Beharrungsvermögens eine

*) Mach a. a. O. S. 225.

weit geringere Grösse desselben erwarten, als thatsächlich besteht. Entscheidend aber ist gegen diese Hypothese drittens, dass auch der Aether selbst das Beharrungsvermögen nicht entbehren kann, wenn in ihm gesetzmässige Schwingungen möglich sein sollen. —

Nun zeigt die Erfahrung weiter, dass der Widerstand der Körper gegen Beschleunigung dem Produkt aus ihrem Rauminhalt und ihrer Dichtigkeit proportional ist. Dies tritt allerdings nur in solchen Fällen deutlich hervor, wo die beschleunigende Kraft nicht ebenfalls mit dem Produkt aus Rauminhalt und Dichtigkeit wächst, sondern von beiden unabhängig ist. So fallen zwar grosse und kleine, dichte und dünne Körper gleich schnell im luftleeren Raume, aber die gleiche Menge von Pferdekräften erteilt einem kurzen und leichten Eisenbahnzug pro Sekunde eine grössere Beschleunigung, als einem langen und schweren. Newton bezeichnete deshalb das Produkt aus Rauminhalt und Dichtigkeit eines Körpers als Masse; er dreht sich dabei aber im Kreise, weil Dichtigkeit nicht anders zu bestimmen ist, als durch das Verhältnis der Masse zum Rauminhalt. Das Beharrungsvermögen ist aber in der That proportional einem Etwas im Körper, das unabhängig von seiner chemischen Beschaffenheit, unabhängig von den Verschiedenheiten der Schwere an verschiedenen Stellen der Erdoberfläche und in verschiedenen Höhen, und bis zu einem gewissen Grade auch unabhängig vom Rauminhalt des Körpers ist.

Körper von gleicher Masse heissen solche, die beim Wirken aufeinander sich gleiche entgegengesetzte Beschleunigungen erteilen. Wenn Körper von ungleicher Masse einander entgegengesetzte Beschleunigungen erteilen, so ist ihr Massenverhältnis gleich dem umgekehrten Verhältnis ihrer Gegenbeschleunigungen, oder bei jedem der Körper ist das Produkt aus Masse und Beschleunigung gleich gross. Wenn jeder von zwei Körpern sich mit einem dritten unter sonst gleichen Umständen gleiche Gegenbeschleunigungen erteilt, so würden sie sich auch untereinander gleiche Gegenbeschleunigungen erteilen, d. h. ihre Massen sind gleich. Wenn also an gleicher Stelle der Erdoberfläche und in gleicher Höhe zwei Körper gleiches Gewicht haben, so ist daraus auf die Gleichheit ihrer Massen zu schliessen, mögen sie sonst auch die grössten Unterschiede an Rauminhalt, Dichte, Anordnung der Teile, chemischer Beschaffenheit u. s. w. aufweisen. Wenn unter denselben Umständen zwei Körper ein bestimmtes Gewichtsverhältnis zeigen, so schreibt man ihnen auch das gleiche Massenverhältnis zu. Allerdings gilt diese Proportionalität von Masse und Gewicht nur so lange, als bloss die anziehenden Uratome in der Zusammensetzung der Körper berücksichtigt werden und die Beimischung abstossender Uratome entweder konstant bleibt oder als nicht erheblich ausser acht gelassen wird. Die Chemiker suchen dagegen schon lange mit grossem Eifer nach Aenderungen des Gewichts bei Aenderungen des chemischen Zustandes derselben Masse; sie sind nicht nur völlig darauf gefasst, solche zu finden, sondern einige behaupten auch schon, solche gefunden zu haben. Die Abweichungen der Atomgewichte von ganzen Vielfachen des Wasserstoffs könnten dadurch ihre Erklärung finden. Sieht man von solchen feineren Abweichungen ab, so erhält man die Masse eines Körpers, wenn man sein Gewicht durch die Beschleunigung der Schwere am gleichen Orte dividiert. Die Masse ist der Extensitätsfaktor der Kraftäusserung, während die Beschleunigung der Intensitätsfaktor der Kraftäusserung ist.

Die Masse ist konstant. Dies ist ein reiner Erfahrungssatz. Ob Masse eine Substanz ist, oder nur eine unter anderen Erscheinungsformen, darum pflegt die Physik sich wenig zu kümmern. Masse kann geteilt, ganz oder teilweise an einen anderen Ort überführt, hinzugefügt und weggenommen werden. Sie ist eine mit ihres Gleichen addierbare Grösse, und die Masse einer Verbindung ist die Summe der Massen ihrer Bestandteile. Innerhalb der g e s a m t e n Massengebilde, zwischen denen eine Massenverschiebung stattfindet, bleibt die Masse konstant, während das Konstantbleiben für Teilgebilde, selbst für die chemischen Elemente unter sehr hohen und niedrigen Temperaturen, kaum wahrscheinlich zu nennen ist. —

Die Beschleunigung, die eine Masse erhält, wird nun als Wirkung oder Aeusserung einer Kraft angesehen, um dem Kausalitätstrieb des menschlichen Geistes Genüge zu thun. Die Grösse der Kraftäusserung ist proportional sowohl der beschleunigten Masse als auch der Grösse der Beschleunigung, also proportional dem Produkt beider. Man nennt dieser Voraussetzung gemäss das Produkt aus Masse und Beschleunigung selbst die Kraftäusserung oder Wirkung der angenommenen Kraft. Ungenau wird sie auch als die Kraft selbst bezeichnet; dies ist aber besser zu vermeiden, erstens weil die Kraftäusserung räumlich und zeitlich bestimmt ist, die Kraft aber nicht, insbesondere keinen räumlichen „Sitz“ und keine Beweglichkeit hat, und zweitens, weil die Kraftäusserung sich mit der Entfernung der Massen ändert, was von der Kraft selbst nicht angenommen werden kann. Die Physik hat es aber mit dem eigentlichen Kraftbegriff gar nicht zu thun; sie hat an der Grenze der Erscheinungen halt zu machen und über das Produkt aus Masse und Beschleunigung nicht hinauszugehen. Sie würde besser thun, das sonst völlig passende Wort „Kraftäusserung", weil es auf eine metaphysische Hypothese zurückweist, ebenso zu vermeiden, wie das unpassende und irreleitende Wort „Kraft". Da aber ein anderweitiger Ersatz vorläufig nicht vorhanden ist, werde ich „Kraftäusserung" brauchen, wo die Physik „Kraft" sagt.

Versteht man unter der Wirkung der Kraft die unmittelbare Wirkung, d. h. die Beschleunigung, so gilt der Satz: „mit dem Aufhören der Ursache hört auch die Wirkung auf"; denn nur so lange, als die Kraft fortfährt zu wirken, erteilt sie der Masse weitere Beschleunigung. Versteht man dagegen unter der Wirkung der Kraft die mittelbare Wirkung, d. h. die vermittelst der Beschleunigung erlangte Geschwindigkeit, dann gilt der Satz: „die Wirkung jeder Ursache beharrt". Die Alten, die die Beschleunigung übersprangen und sogleich die Bewegung als unmittelbare Kraftwirkung betrachteten, hatten von diesem Gesichtspunkt aus ganz Recht, das Beharrungsgesetz nur auf den Ruhezustand anzuwenden, weil keine Bewegung sich den überall bestehenden Hemmungen gegenüber auf die Dauer erhalten kann, und weil sie diese Hemmungen, welche bloss negative Beschleunigungen, aber keine Bewegung auslösen, nicht als Kräfte ansahen. Betrachtet man dagegen als eigentliche unmittelbare Kraftwirkung die Beschleunigung, dann sind die Hemmungen als negative Beschleunigungen auch Kraftwirkungen und die einmal gesetzte Bewegung beharrt ideell auch da, wo sie durch Gegenkräfte aufgezehrt wird.

Man kann jeder mechanischen Kraftäusserung das Gleichgewicht halten durch den Zug von Fäden, die über Rollen geleitet an ihren frei hängenden Enden Gewichte tragen. Das Gewicht kann also unmittelbar als Mass der Kraftäusserung dienen, wie es mittelbar als Mass der Masse dient, wenn es durch die Beschleunigung der Schwere dividiert wird. Da aber das Gewicht als Kraftäusserung einen wandelbaren Faktor, eben die Beschleunigung der Schwere, enthält, so benutzt man für theoretische Zwecke besser die feste Masseinheit der Dyne, d. h. diejenige Kraftäusserung, welche der in einem Gramm enthaltenen Masse die Beschleunigung von einem Centimeter in einer Sekunde erteilt. 1 Dyne ist = 0,001019 Gramm oder ein etwas grösseres Kraftmass als ein Milligramm.

Jede Kraft braucht Zeit, um eine messbare Wirkung zu entfalten, und das Produkt aus Kraftäusserung und Zeit heisst „Antrieb". Eine Kraftäusserung in Null-Zeit kann nichts leisten; gleichwohl spricht die Physik noch vielfach von „Momentankräften" oder „Impulsen" und versteht darunter solche, die nur sehr kurze Zeit wirken, wie z. B. ein Stoss, ein Knall. Eine genauere Betrachtung zeigt aber, dass in allen solchen Fällen die wenn auch kurze Dauer der Kraftäusserung eine wesentliche und unentbehrliche Bedingung für die Entfaltung einer Wirkung ist. —

Die Ableitung des Massenbegriffs war oben mit Hilfe der Gleichsetzung der Produkte von Masse und Beschleunigung in je zwei aufeinander wirkenden Körpern ausgeführt, d. h. auf das Prinzip der Gleichheit von Wirkung und Gegenwirkung gestützt. Kein Körper kann auf einen anderen wirken, ohne dass dieser eine gleich grosse Gegenwirkung auf ihn ausübt, die aber in ihrer Richtung entgegengesetzt ist. Es giebt keine Wirkung in der unorganischen Natur ohne gleich grosse Gegenwirkung; wo eine einseitige Wirkung vorzuliegen scheint, ist dies nur für die oberflächliche Betrachtung der Fall, und ein genaueres Eingehen auf den Vorgang lässt den Schein verschwinden. Wenn ein Stein zur Erde fällt, so erteilt er der Erde eine Beschleunigung, die so viel kleiner ist als seine eigene, wie die Erdmasse grösser ist als seine eigene Masse; diese Beschleunigung ist so gering, dass sie praktisch vernachlässigt werden kann, obwohl sie theoretisch sehr wichtig ist.

Ein Begriff der Kraftäusserung, der nur die Grösse und Richtung der Beschleunigung, die Grösse der beschleunigten Masse und den Angriffspunkt einschliesst, ist unvollständig; es gehört dazu auch noch der Ausgangspunkt der Kraftäusserung, durch den erst seine Entfernung vom Angriffspunkte der Kraftäusserung bestimmt wird. Denn die Grösse der Beschleunigung ist bei gleichen Massen abhängig von der Entfernung, verändert sich also mit der Annäherung oder Entfernung beider Punkte, die durch die Kraftäusserung selbst bewirkt wird. Eine Kraftäusserung, die sich in der Zeit gleich bliebe, trotzdem die durch sie erteilte Beschleunigung die Masse dem Ausgangspunkt der Kraftäusserung annähert oder entfernt, wäre nur möglich, wenn beide Massen unendlich weit voneinander entfernt wären; dann wäre aber auch wiederum die erteilte Beschleunigung ohne endlich grosse Wirkung. Die Gegenwirkung zweier Massen oder elektrischen oder magnetischen Polstärken ist ein Produkt aus der Beschleunigungskonstante und beiden Massen dividiert durch das Quadrat der Entfernung (Newtonsches und Coulombsches Gesetz). Die Gravitationsbeschleunigung ist nur abhängig von der Entfernung der Massen voneinander, aber unabhängig von ihrer relativen Geschwindigkeit und Beschleunigung in Bezug aufeinander. Bei der elektrischen Anziehung und Abstossung sind auch die beiden letzteren von Einfluss; es muss deshalb das Coulombsche Gesetz zum Weberschen oder einem ähnlichen erweitert werden, und bildet ohne diese Erweiterung nur eine Annäherung an den wirklichen Thatbestand. Dies deutet darauf hin, dass die elektrische Anziehung aus ganz anderen Quellen stammt als die Gravitation; da erstere als Summationsphänomen aus Aetherwellen begriffen worden ist, so muss von der Gravitation wegen ihres entgegengesetzten Verhaltens von vornherein vermutet werden, dass sie kein Summationsphänomen aus Aetherwellen ist.

Nimmt man von zwei aufeinander gravitierenden Massen die erste, grössere (z. B. die Erde) als konstant an, und lässt man auch die Entfernung zwischen beiden wegen der Geringfügigkeit ihrer Abänderungen als konstant gelten, so ist auch das Produkt aus der Beschleunigungskonstante und der konstanten ersten Masse dividiert durch das konstante Entfernungsquadrat konstant, und man kann an seiner Statt eine neue Konstante (die Beschleunigung der Schwere an der Erdoberfläche in mittlerer geographischer Breite) einführen. Dann bleibt die Kraftäusserung nur noch von der Grösse der zweiten Masse abhängig und ist ihr proportional; da das Beharrungsvermögen oder der Beschleunigungswiderstand ebenfalls proportional der Masse ist, so ist die Beschleunigung, welche die Schwere der Körper an der Erdoberfläche erteilt, für alle Körper gleich gross.*) Die von der irdischen Schwere abgeleitete

---

*) Es seien m und $m_{,}$ die beiden Massen, r ihre Entfernung voneinander, γ die gegenseitige Beschleunigung der Masseneinheiten auf die Entfernung 1. Dann ist die gegenseitige Wirkung $= \gamma \cdot \frac{m\, m_{,}}{r^2}$ und die Beschleunigung, die die Masse $m_{,}$ von der Masse m empfängt, $= \gamma \cdot \frac{m}{r^2}$. Setzt

Formel der Kraftäusserung als Produkt aus Masse und Beschleunigung ist demnach nur ein abstrakter Spezialfall von der allgemeineren Formel der Gegenwirkung, der jedoch durch seine künstliche Vereinfachung leichter fasslich ist. Sie passt nur auf solche Vorgänge, bei denen der eine der beiden aufeinander wirkenden Körper soviel grösser ist als der andere und in seinem Schwerpunkt so weit von ihm entfernt ist, dass seine Gegenbewegung und die Veränderung der Entfernung beider für kurze Zeiten vernachlässigt werden kann, oder wo einer der wirkenden Körper mit einem relativ sehr grossen und schwer verschiebbaren starr verbunden ist. Theoretisch ungenau bleibt sie aber auch bei solchen Vorgängen. —

Der Ausgangspunkt der Kraftäusserungen ergiebt sich dadurch, dass ein und dieselbe Masse verschiedenen anderen Massen verschieden gerichtete Beschleunigungen erteilt, und dass diese Beschleunigungsrichtungen sich alle in einem Punkte schneiden. Dieser Punkt ist bei der Gravitation der Schwerpunkt der wirkenden Masse, die dabei jede beliebige Grösse haben kann. Bei den andersartigen Kraftwirkungen, die nicht gleichmässig auf alle Massenteilchen verteilt sind, giebt es für ausgedehnte Massen solchen Punkt nicht. Man hilft sich da mit der Annahme punktueller Massenelemente, bei denen sich dann der Schnittpunkt aller Richtungen, in welchen sie Beschleunigung bewirken, mit ihrem Massenpunkt deckt. Aber schon Newton hat sich dagegen verwahrt, mit dieser Vorstellung etwas über den Sitz der Kraft aussagen zu wollen. Die Physik hat sich so wenig um einen etwaigen Sitz der Kraft, wie um die Kraft selbst zu kümmern; sie hat es nur mit dem Ausgangspunkt der Kraftäusserung zu thun, der für die Entfernung der Massen massgebend ist, und kennt diesen Ausgangspunkt der Kraftäusserung nur als den ideellen mathematischen Schnittpunkt sämtlicher Kraftrichtungen einer Masseneinheit.

---

man $\gamma \cdot \frac{m}{r^2}$ als konstant und $= g_,$, so ist die Kraftäusserung $= \gamma \cdot \frac{m}{r^2} \cdot m_, = g m_,$. Ebenso ist die Kraftäusserung zwischen der Erde und den Massen $m_{,,}$ und $m_{,,,} = g m_{,,}$ und $g m_{,,,}$. Da diese ihrem Beharrungsvermögen proportional sind, so erhalten sie alle thatsächlich die gleiche Beschleunigung wie die Masseneinheit, d. h. g.

Die Kraftäusserung ist bei allen uns bekannten Kräften, die auf molare Entfernungen wirken, umgekehrt proportional dem Quadrat der Entfernung, d. h. sie breitet sich mit wechselnder Grösse der Flächen gleichen Potentials so aus und schwächt sich dabei so ab, dass ihr Gesamteffekt nach allen Richtungen zugleich sich auf alle Entfernungen gleichbleibt. Ein solches sich Gleichbleiben des Gesamteffekts auf alle Entfernungen liegt aber keineswegs im Begriff der Kraft und ist aus ihm nicht abzuleiten, sondern hängt ganz von dem Gesetz der betreffenden Kraft ab. Die Kraftäusserungen, die nur auf molekulare Entfernungen merklich sind, sind z. B. anderen Gesetzen unterworfen; sie sind meistens einer höheren Potenz der Entfernung als der zweiten umgekehrt proportional, wahrscheinlich teils der dritten, teils der vierten; d. h. ihre Gesamtwirkung nach allen Richtungen zugleich nimmt mit der Entfernung rasch ab, so dass sie auf molare Entfernungen bereits verschwindend klein ist. —

Wie die Mechanik nur die Anwendung der Phoronomie auf die Masse, und die Kraftäusserung nur das Produkt aus der phoronomischen Beschleunigung und der Masse ist, so ergeben sich auch die drei Grundgleichungen der Mechanik, wenn man die drei Grundgleichungen der Phoronomie mit der Masse multipliziert und überall da die Kraftäusserung einsetzt, wo Masse und Beschleunigung als Faktoren neben einanderstehen.*) Die erste und dritte von diesen Hauptgleichungen haben allein praktische Bedeutung. Die erste besagt, dass die Bewegungsgrösse, d. h. das Produkt aus Masse und erlangter Geschwindigkeit, gleich dem Antrieb, d. h. dem Produkt aus der Kraftäusserung und

*) Die drei phoronomischen Grundgleichungen (S. 82) waren $v = \gamma t$; $s = \frac{1}{2}\gamma t^2$; $\gamma s = \frac{1}{2} v^2$; multipliziert man sie mit der Masse m, so erhält man $mv = m\gamma t$; $ms = \frac{1}{2} m\gamma t^2$; $m\gamma s = \frac{1}{2} m v^2$; setzt man die Kraftäusserung p für $m\gamma$, so erhält man $mv = pt$ $ms = \frac{1}{2} pt^2$; $ps = \frac{1}{2} mv^2$. Das sind die drei Grundgleichungen der Mechanik. Die Kraftäusserung p kann hier ebensowohl in Gewichtseinheiten wie in Dynen ausgedrückt werden. Das Mass der Arbeit ist je nachdem das Meterkilogramm oder das Erg. Das Meterkilogramm ist die Arbeit, die durch Hebung eines Kilogramms um ein Meter geleistet wird; das Erg ist die Arbeit, welche eine Dyne verrichtet, wenn sie eine Masseneinheit um 1 cm fortbewegt, und diese Arbeit ist gleich derjenigen, welche geleistet wird, wenn 1,019 mg um 1 cm gehoben wird, oder gleich derjenigen, welche von zwei Masseneinheiten geleistet werden kann, die sich mit der Geschwindigkeit von 1 cm fortbewegen.

der Dauer ihres Wirkens ist. Die zweite besagt, dass die geleistete Arbeit, d. h. das Produkt aus der Kraftäusserung und der Strecke, welche unter ihrem Einfluss von der Masse zurückgelegt ist, gleich der lebendigen Kraft oder kinetischen Energie oder Wucht, d. h. gleich dem halben Produkt aus der Masse und dem Quadrat der von ihr erlangten oder aufgezehrten Geschwindigkeit ist. Die zweite Hauptgleichung ist ohne praktische Bedeutung, schon darum, weil es an Worten zur Bezeichnung der gleichgesetzten Grössen fehlt.

Die Bewegungsgrösse und die lebendige Kraft enthalten als gemeinsamen Faktor die Masse, wie der Antrieb und die Arbeit als gemeinsamen Faktor die Kraftäusserung enthalten. Neben der Masse ist aber in der Bewegungsgrösse der zweite Faktor die Geschwindigkeit, die durch den Antrieb von der Masse erreicht wird, in der lebendigen Kraft dagegen das halbe Quadrat der Geschwindigkeit. Neben der Kraftäusserung ist in dem Antrieb der zweite Faktor die Zeit, während deren die Kraftäusserung andauert, in der Arbeit die Strecke, durch welche hindurch die Masse von der Kraftäusserung geführt ist, oder die Veränderung des dynamischen Potentialniveaus, die durch eine Fallhöhe oder Hubhöhe ausgedrückt werden kann. Achtet man auf das Verhältnis der erlangten Geschwindigkeit zur Zeit, so gelangt man durch den Antrieb hindurch zur Bewegungsgrösse; achtet man dagegen auf das Verhältnis der erlangten Geschwindigkeit zum Wege, so gelangt man durch die Arbeit hindurch zur lebendigen Kraft. Antrieb und Arbeit verhalten sich zu einander etwa wie Zeitlohn und Stücklohn. So ist z. B. die Fähigkeit einer bewegten Masse, eine Kraftäusserung zu überwinden, der Zeit nach proportional ihrer Geschwindigkeit, dem Wege nach proportional dem Quadrate derselben; d. h. ein senkrecht in die Höhe geworfener Körper mit der Geschwindigkeit v steigt v mal so lange, aber v^2 mal so hoch wie einer mit der Geschwindigkeit 1. Weil man früher auf die Zeit als auf den Weg achtete, gelangte man früher zu dem Begriff der Bewegungsgrösse als zu denen der Arbeit und der lebendigen Kraft. — Man kann die Masse nunmehr auch noch anders definieren als durch das Verhältnis der Kraftäusserung zur Beschleunigung, nämlich durch das Verhältnis der Bewegungsgrösse zur Geschwindigkeit und durch das Verhältnis der lebendigen Kraft zum halben Quadrat der Geschwindigkeit. Ebenso kann man die Kraftäusserung nunmehr auch definieren als das Verhältnis der Bewegungsgrösse zur Zeit und als das Verhältnis der lebendigen Kraft zum Wege.*)

Dass Bewegungsgrösse und Antrieb, lebendige Kraft und Arbeit einander gleich sind, ergiebt zwei verschiedene, gleich brauchbare Ausgangspunkte für die Lösung mechanischer Probleme; die erste Art der Betrachtung ist insofern vollständiger, als sie über die Bewegung jeder Masse bis ins Einzelne Aufschluss giebt; die letztere ist bequemer, wenn die Geschwindigkeitsverhältnisse der Massen ohnehin bekannt sind und es nur auf eine Regel für das ganze materielle Gebilde ankommt. Um letztere Gleichung anwenden zu können, muss man entweder den ganzen Weg der bewegten Massen und die in jedem Wegteilchen entfaltete Kraftäusserung kennen, oder es muss die geleistete Arbeit nur von der Anfangs- und Endlage abhängig, von der Gestalt des zwischen beiden zurückgelegten Weges aber unabhängig sein. Dies ist der Fall, wenn nur anziehende und abstossende Centralkräfte wirksam sind, deren Wirkungsrichtung in die gerade Verbindungslinie der aufeinander wirkenden Punkte fällt, oder wenn die Kräfte solche mit Potential sind, und die geleistete Arbeit gleich dem Unterschied zwischen dem Potentialniveau der Anfangslage und dem Potentialniveau der Endlage ist. —

Als ökonomische Hilfsmittel zur Ersparung von Denkarbeit und Rechnung können zwei Prinzipien dienen, das der virtuellen Arbeit und das d'Alembertsche der verlorenen Kräfte. Ersteres ist besonders wertvoll für die Statik, letzteres für die Dynamik und

---

*) $m = \frac{m\gamma}{\gamma} = \frac{mv}{v} = \frac{\frac{1}{2}mv^2}{\frac{1}{2}v^2}$; $p = m\gamma = \frac{mv}{t} = \frac{\frac{1}{2}mv^2}{s}$. Nützlich zur Uebersicht sind auch die schematischen Mass-Formeln oder Formelschemata mit Weglassung der numerischen Koeffizienten, die gewöhnlich mit dem unglücklichen Namen „Dimensionsformeln" bezeichnet werden. In ihnen kommen nur die drei Masseinheiten Masse m, räumliche Länge l, und Zeit t vor.

Geschwindigkeit $[v] = l t^{-1}$
Beschleunigung $[\gamma] = l t^{-2}$
Kraftäusserung $[p] = m l t^{-2}$
Bewegungsgrösse $[mv]$, Antrieb $[pt]$ $\Big\} = m l t^{-1}$
Lebendige Kraft $[\frac{1}{2} mv^2]$, Arbeit $[ps]$ $\Big\} = m l^2 t^{-2}$.

seine Formel reduziert sich für den Fall des Gleichgewichtes auf die des ersteren. Wie die Ruhe und das Gleichgewicht nur ein Spezialfall der Bewegung und des Ungleichgewichts ist, so ist auch die Statik nur ein Spezialfall der Mechanik. Die Statik ist ursprünglich aus den statischen Momenten, d. h. den Produkten aus den Hebelsarmen und den an ihnen angreifenden Kraftäusserungen entwickelt worden, seit Galilei dagegen aus den bei etwaiger Bewegung geleisteten Arbeiten, d. h. den Produkten aus den die Kraftäusserungen repräsentierenden Gewichten und ihren Falltiefen. Das Prinzip der virtuellen Arbeit führt die erste Betrachtungsweise auf die zweite zurück, d. h. sie vergleicht die Arbeiten, die die verschiedenen Kraftäusserungen bei ihren virtuellen Verschiebungen leisten würden, miteinander. Die virtuellen Arbeiten sind die Produkte aus den Kraftäusserungen und den virtuellen Verschiebungen, d. h. den Wegen, die unter ihrem Einfluss ihre Angriffspunkte zurücklegen würden, wenn das Gleichgewicht zeitweilig aufgehoben würde.

Virtuelle Verschiebungen sind keine wirklichen, sondern bloss gedachte Verschiebungen; es sind aber auch nicht beliebig fingierte Verschiebungen, sondern nur diejenigen, welche nach den Naturgesetzen und den inneren Bedingungen des materiellen Gebildes und seiner starren Verbindungen im Falle wirklich eintretender Bewegung möglich sind. Kein Körper ist in völliger Ruhe, sondern seine Teilchen sind in Erzitterungen, die bald der Schwere, bald den Elastizitätskräften ein augenblickliches Uebergewicht verschaffen; deshalb ist die Annahme virtueller Verschiebungen nicht einmal eine unwirkliche Fiktion, wenn man sie auf kleinste Strecken beschränkt. Sind die Verbindungen der Teile doppelseitig (Zug und Druck), so sind in der Richtung dieser Verbindungen gar keine Verschiebungen möglich; sind sie einseitig (blosser Zug oder blosser Druck), so ist die Verschiebung nur nach der Richtung möglich, in welcher die innere Verbindung nicht wirkt. Virtuelle Verschiebungen in derselben Linie, die weder in der positiven noch in der negativen Richtung behindert sind, heissen umkehrbare, solche, die nur in der einen Richtung frei, in der entgegengesetzten aber durch einseitige Verbindungen behindert sind, heissen nicht umkehrbare virtuelle Verschiebungen.

Das Prinzip der virtuellen Arbeiten besagt nun: *Gleichgewicht besteht bei umkehrbaren* virtuellen Verschiebungen, wenn die Summe aller virtuellen Arbeiten gleich Null ist, bei nicht umkehrbaren virtuellen Verschiebungen, wenn diese Summe Null oder negativ ist; denn ihre negative Grösse wird dann aufgewogen durch die innere Arbeit der Verbindungen im Gebilde, die eine Umkehrung der virtuellen Verschiebungen verhindern. —

Die inneren Verbindungen der Teile des materiellen Gebildes, welche den Unterschied der virtuellen Verschiebungen von den überhaupt möglichen ausmachen, sind mechanisch nur durch Kräfte zu erklären, die sich in Druck oder Zug äussern und den Eintritt von Verschiebungen in bestimmten Richtungen verhindern. Falls also äussere Kräfte auf die Teile des Gebildes einwirken, die nicht bloss in der Richtung der virtuellen Verschiebungen angreifen, werden alle Komponenten dieser Kraftäusserungen, welche nicht in die Richtungen der virtuellen Verschiebungen fallen, durch den Druck oder Zug der inneren Verbindungskräfte kompensiert, und nur diejenigen ihrer Komponenten, die in die Richtungen ihrer virtuellen Verschiebungen fallen, können eine auch äusserlich erkennbare Wirkung durch Verschiebung des Gebildes hervorbringen. Die Gesamtheit der äusseren, auf das Gebilde einwirkenden Kräfte heisst das System der angreifenden Kräfte; die Gesamtheit der Komponenten, die einen äusseren Erfolg erzielen, heisst das System der wirklichen Kräfte; die Gesamtheit der Komponenten, die sich mit den inneren Verbindungskräften kompensieren, heisst das System der verlorenen Kräfte. Das d'Alembertsche Prinzip der verlorenen Kräfte besagt nun, dass die virtuelle Arbeit der verlorenen Kräfte nie positiv sein kann, für starre Verbindungen aber gleich Null ist. Nur das System der wirklichen Kräfte leistet molare Arbeit, während das System der verlorenen Kräfte sich in molekularer Arbeit erschöpft und deshalb für die molare Mechanik verloren ist. Vorausgesetzt ist dabei allerdings, dass die inneren Verbindungen mit der Zeit unverändert bleiben; denn wenn sie sich unter dem Einfluss der verlorenen Kräfte ändern, so sind diese eben nicht mehr verlorene Kräfte, sondern haben durch Dehnung, Pressung oder Deformation eine mechanische Arbeit geleistet, müssen also insoweit mit unter die wirklichen Kräfte gerechnet werden. — Für den Fall des molaren Gleichgewichts reduziert sich das Prinzip der verlorenen Kräfte auf das der virtuellen Arbeit.

Aus dem Prinzip der verlorenen Kräfte lassen sich die Lagrangeschen Bewegungsgleichungen ableiten und umgekehrt; sie sind deshalb nur als eine andere Fassung desselben Prinzips zu betrachten, haben aber vor ihm gewisse praktische Vorzüge. Alle drei, das Prinzip der virtuellen Arbeit, das der verlorenen Kräfte und die Lagrangeschen Bewegungsgleichungen, haben die Form von Differentialgleichungen oder Elementargesetzen, d. h. sie beziehen sich auf die gesetzmässigen Zusammenhänge der kleinsten Elemente der Bewegung untereinander.*)

3. Die Konstanz- und Minimumprinzipien.

Integriert man die Lagrangeschen Gleichungen, so gelangt man zu denjenigen Integralgesetzen, die sich als Beharrungsprinzipien darstellen, nämlich zu dem Gesetz der Beharrung des Schwerpunktes, dem Flächengesetz und dem Energiegesetz der Mechanik. Während die Differentialgleichungen oder Elementargesetze gestatten, die Zusammenhänge der kleinsten Teilchen bis ins Einzelne zu verfolgen, geben die Integralgesetze Aufschluss über die Gesamtergebnisse, die aus den gesetzmässigen Zusammenhängen der kleinsten Teilchen resultieren. Die Integralprinzipien zerfallen in Beharrungsprinzipien und Minimum- (oder Maximum-) Prinzipien.

---

*) K = Kraftäusserung, s = Weg, X, Y, Z = den Projektionen der Kraftäusserung auf die drei Axen, x, y, z = denen von s, m = Masse, t = Zeit. Prinzip der virtuellen Arbeit: $\Sigma K \delta s \leqq 0$ oder $\Sigma (X \delta x + Y \delta y + Z \delta z) \leqq 0$. Prinzip der verlorenen Kräfte:

$$\Sigma \left[\left(X - m\frac{d^2 x}{d t^2}\right) \delta x + \left(Y - m\frac{d^2 y}{d t^2}\right) \delta y + \left(Z - m\frac{d^2 z}{d t^2}\right) \delta z\right] \leqq 0.$$

Lagrangesche Bewegungsgleichungen für einen Massenpunkt oder ein Gebilde aus freien Massenpunkten: $m\frac{d^2 x}{d t^2} = X$; $m\frac{d^2 y}{d t^2} = Y$; $m\frac{d^2 z}{d t^2} = Z$; für ein Bedingungen unterworfenes Gebilde $f_1 (x\, y\, z) = 0 \ldots\ldots f_k (x\, y\, z) = 0$; $m\frac{d^2 x}{d t^2} = X + \lambda_1 \frac{\delta f_1}{\delta x} + \ldots\ldots + \lambda_k \frac{\delta f_k}{\delta x}$; und so entsprechend für alle Punkte. Die auf X folgenden Glieder sind die verlorenen Kräfte; ihre Koeffizienten λ_1 u. s. w. heissen Lagrangesche Multiplikatoren und sind aus den Gleichungen zu ermitteln.

Die Beharrungsprinzipien zeigen zunächst, wie schon oben bemerkt, Konstanz der Masse und Konstanz der Geschwindigkeit. Erstere gilt in einem geschlossenen Gebilde unbedingt, letztere nur soweit keine Ursachen der Beschleunigung (in positivem oder negativem Sinne) auftreten. Da Masse und Geschwindigkeit die Faktoren der Bewegungsgrösse sind, so muss auch dieses Produkt in demselben Sinne konstant sein wie seine Faktoren. Ebenso muss auch das halbe Produkt aus Masse und Geschwindigkeitsquadrat, oder die lebendige Kraft in einem geschlossenen Gebilde konstant sein, insoweit nicht die vorhandenen Kräfte Arbeit leisten oder erleiden. Beim elastischen Stoss zweier Körper erleiden z. B. die Teilchen durch Zusammendrückung genau soviel Arbeit, wie sie gleich darauf bei der elastischen Ausdehnung leisten; infolge dieser Kompensation der erlittenen und geleisteten Arbeit bleibt die lebendige Kraft nach dem Stoss dieselbe wie vor dem Stoss. In einem nicht geschlossenen Gebilde kann die lebendige Kraft nur um genau soviel wachsen oder abnehmen, als Arbeit von aussen her aufgenommen oder nach aussen hin abgegeben wird.

Was von dem einzelnen Massenpunkt gilt, dass er seine Bewegung nach Richtung und Geschwindigkeit beibehält, sofern ihm nicht durch Kräfte Beschleunigungen in gleicher oder abweichender Richtung erteilt werden, das nämliche gilt auch von dem Schwerpunkt eines materiellen Gebildes. Wie es dort äussere Kräfte sein müssen, die dem Einzelpunkt Beschleunigungen erteilen, so auch hier bei dem Schwerpunkt einer grösseren Masse. Durch innere Kräfte kann das Gebilde die verschiedenartigste Gruppierung der Teile um seinen Schwerpunkt herum annehmen, oder auch um ihn oscillieren; aber es kann nicht durch sich selbst in sich selbst seinen Schwerpunkt verrücken, denn alle inneren Kraftäusserungen müssen nach dem Gegenwirkungsprinzip gleich und entgegengesetzt sein, müssen sich also für die Bewegung des Gebildes als eines Ganzen kompensieren. Nur wenn das Gebilde sich auf Massen ausser ihm stemmt oder stützt, kann es durch Kraftäusserungen, die es selbst in Bezug auf diese äusseren Massen und in Gegenwirkung mit ihnen entfaltet, den Bewegungs- oder Ruhezustand seines Schwerpunktes verändern; oder was dasselbe sagt, nur durch Einwirkung äusserer Kräfte kann es als Ganzes Beschleunigungen empfangen. Das Prinzip der Erhaltung des

Schwerpunktes ist also nur eine Erweiterung des phoronomischen Beharrungsprinzips in seiner Anwendung auf Massengebilde.

Dieselbe Bedeutung, die das Schwerpunktsprinzip für das rechtwinklige Koordinatensystem hat, hat der Flächensatz oder das zweite Keplersche Gesetz für Polarkoordinaten. Wenn eine Masse mit konstanter Tangential-Geschwindigkeit von einem Kraftcentrum angezogen wird, so bliebe ihre Bewegung geradlinig, wenn die Grösse der Anziehung gleich Null wäre; dann wären in gleichen Zeiten die linearen Bahnabschnitte gleich, also auch die Dreiecke, die sie mit dem Kraftcentrum bilden. Ist nun die Grösse der Anziehung nicht gleich Null, so werden die linearen Bahnstrecken Diagonalen von Kräfteparallelogrammen und die von ihnen mit dem Kraftcentrum gebildeten Dreiecke sind gleich denen, die die geradlinige Fortsetzung der Bahn gebildet hätten, wie eine einfache geometrische Ueberlegung zeigt; d. h. bei jeder Bewegung um ein Kraftcentrum beschreibt der Radius Vector in gleichen Zeiten gleiche Flächen, oder die in der Zeiteinheit beschriebene Fläche bleibt trotz aller Veränderungen der Bahn in ihrem Inhalt konstant. — Für ein in Drehung befindliches Massensystem, bei welchem keine äussere Kraft vorhanden ist, die auf eine Beschleunigung der Drehung hinwirkt, ist die Summe aller Produkte aus den Teilmassen und den doppelten von ihnen in der Zeiteinheit beschriebenen Flächen konstant (oder mit anderen Worten: die Summe aller Produkte aus den Trägheitsmomenten und den Winkelgeschwindigkeiten der Teile ist konstant). —

Die Konstanz der Energie genügt nur in besonderen Fällen der Mechanik, um die wirkliche Bewegung eindeutig zu bestimmen, nämlich dann, wenn nach den gegebenen Bedingungen eine Bewegung nur in einer einzigen Richtung möglich ist. Bei allen anderen als den mechanischen Energieformen, wo nur der Gesamteffekt der in allen drei Raumdimensionen vorsichgehenden molekularen Aenderungen betrachtet wird, kann von verschiedenen Richtungen, in denen das Gesamtergebnis sich ändern könnte, nicht die Rede sein. Nur bei der mechanischen Energie kommt eine solche Mehrdeutigkeit im Ergebnis vor, wenn sie nicht durch besondere Bedingungen (Zwangläufigkeit) ausgeschlossen ist. Hier genügt es nicht, die Konstanz der Energie überhaupt zu betrachten, sondern man muss annehmen, dass die Energie nach jeder bestimmten Bewegungsrichtung hin konstant bleibt, insbesondere in der Richtung jeder der drei Koordinatenaxen, auf welche sich alle übrigen Richtungen durch Zerlegung zurückführen lassen. Will man sich diese Zerlegung ersparen und das Ergebnis mit einem Schlage erreichen, so muss man zu der Energiekonstanz noch eines der Minimumprinzipien hinzunehmen, um mit ihrer Hilfe die Richtung des Geschehens eindeutig zu bestimmen. —

Es war zeitig aufgefallen, dass bei aller Lichtbewegung der wirklich zurückgelegte Weg ein Minimum von Zeit erfordert. Wenn die Geschwindigkeit des Lichts sich gleich bleibt wie bei der Spiegelung, so fällt das Zeitminimum mit dem Minimum des zurückgelegten Weges zusammen. Wenn dagegen die Geschwindigkeit des Lichts sich durch den Uebergang in ein Medium von abweichender Dichtigkeit verändert, so folgt aus dem Innehalten des Zeitminimums das Brechungsgesetz. Auch bei krummliniger Lichtbewegung mit stetig wechselnder Dichtigkeit des Mediums bleibt das Zeitminimum gewahrt. Die Kettenlinie, d. h. die Linie, die eine frei hängende Kette annimmt, zeigt den möglichst tiefen Schwerpunkt der Kette bei den gegebenen Aufhängungspunkten; jede Flüssigkeit zeigt unter dem Einfluss ihrer Molekularkräfte ein Minimum von Oberfläche.

Die Summe der Geschwindigkeiten eines Punktes in allen kleinsten Teilchen seiner Bahn oder das Wegintegral der Geschwindigkeit ist ein Minimum, falls die Geschwindigkeit nur von dem (durch drei Koordinaten bestimmten) Orte abhängt, den der Punkt jeweilig einnimmt (Euler). Dieses „Prinzip der kleinsten Wirkung" gilt auch für ganze materielle Gebilde, wo dann die Summe aller Integrale für sämtliche Massenpunkte an die Stelle des einzelnen Integrals eines Massenpunktes treten muss (Lagrange). Besteht ein Zwang, der für die Bewegungen des Gebildes nur gewisse Bahnen frei lässt, so hält sich eine solche unfreie Bewegung der freien so nahe wie möglich; d. h. die Summe der Abweichungen aller Massenpunkte bei der wirklich eingeschlagenen unfreien Bewegung von der Bahn, die sie im Falle völlig freier Bewegung eingeschlagen hätten, ist ein Minimum (Gauss' „Prinzip des kleinsten Zwanges"). Für völlig frei bewegliche Gebilde ist sowohl die Bahn ein Minimum (Jacobi), als auch die Zeit (Maupertuis), als auch das Zeitintegral der Energie (Hamilton). Bezeichnet man den Unterschied der potentiellen und kinetischen Energie in einem Gebilde mit dem Ausdruck „kinetisches Potential“, so findet unter allen möglichen Uebergängen aus einem Zustande in einen anderen derjenige wirklich statt, bei welchem der für gleiche Zeit berechnete Mittelwert des kinetischen Potentials ein Minimum ist (Helmholtz). Kürzer, aber minder genau ausgedrückt: Die Natur erreicht ihre Wirkung mit dem kleinsten Kraftaufwand (Jacobi). Jedes freie Gebilde bewegt sich in derjenigen Bahn, deren Krümmung unter allen möglichen Bahnen am kleinsten ist, oder mit dem Minimum von Beschleunigung, die sich mit seiner Lage, seiner Geschwindigkeit und seinem Zusammenhange verträgt (Hertz).

Das „Prinzip der kleinsten Wirkung“ (Euler, Lagrange) gilt nur unter Voraussetzung des Satzes von der lebendigen Kraft, nach welchem diese um die erlittene Arbeit wächst, um die geleistete sinkt. Das Hamilton-Helmholtzsche Prinzip des kinetischen Potentials setzt dagegen das Prinzip der lebendigen Kraft nicht voraus, sondern gilt auch dann, wenn die potentielle Energie sich mit der Zeit von selbst verändern würde. Falls aber die Zeit ohne Einfluss auf die potentielle Energie ist, enthält das Prinzip des kinetischen Potentials das Energieprinzip bereits in sich. Ebenso schliesst das Hertzsche Prinzip der geradesten Bahn die Energiekonstanz ein, daneben aber auch das Beharrungsprinzip der Geschwindigkeit, sofern bei einem Punkte die gerade Bahn die geradeste ist. Das Gausssche Prinzip des kleinsten Zwanges lässt sich aus dem d'Alembertschen Prinzip der verlorenen Kräfte ableiten und umgekehrt, wenn nur umkehrbare virtuelle Verschiebungen bestehen; anderenfalls nicht. Das Prinzip des kinetischen Potentials ist dem d'Alembertschen Prinzip völlig gleichwertig, hat aber den Vorzug, die Verhältnisse der Energie in der Anfangs- und Endlage ohne Rücksicht auf ein Koordinatensystem zu bestimmen. Die Prinzipien der kürzesten Bahn und Zeit gelten nur für völlig freie (holonome) Gebilde, d. h. bei solchen, zwischen deren Lagen alle denkbaren Uebergänge auch möglich sind. Durch diese Beschränkungen der Gültigkeit und durch die Verschiedenheit der Gesichtspunkte erklären sich die Unterschiede der vielen Formulierungen, die das Integralprinzip des Minimums im Laufe der Zeit gefunden hat. Im Grunde ist es aber immer nur ein und dasselbe Prinzip, das in allen uns entgegentritt.*) —

Die Behauptung, dass die Integralprinzipien des Minimums sich aus den Differentialprinzipien ableiten lassen, bedarf noch einer Einschränkung. Wenn eine Differentialgleichung anzeigt, dass ein Differentialquotient oder eine Variation gleich Null ist, so folgt daraus zunächst nur, dass das Integral dieses Ausdrucks an dieser Stelle über einen Wendepunkt derjenigen Kurve hinweggeht, welche die möglichen Aenderungen des Integrals graphisch versinnbildlicht; aber es bleibt noch unbestimmt, ob es ein Wendepunkt oder ein Grenzpunkt ist, und ob der Wendepunkt ein Maximum oder ein Minimum darstellt. Alle drei Werte stellen „ausgezeichnete Fälle" dar, d. h. solche, die sich von der unendlichen Menge der sonst noch möglichen Fälle scharf abheben durch die Eigentümlichkeit, dass entweder ihre beiden Nachbarwerte in demselben Sinne von ihnen abweichen, oder dass der eine der beiden Nachbarwerte fehlt.**) Welcher von den drei ausgezeichneten Fällen von der Natur gewählt ist, um ihn zum Gesetz zu erheben, das ist a priori aus rein rationalen Erwägungen nicht zu bestimmen, darüber kann nur die Erfahrung Auskunft geben, und diese allein lehrt, dass es das Minimum ist. Will man diese Wahl zu verstehen suchen, so ist das nicht mehr nach logischen, sondern nur noch nach teleologischen Rücksichten möglich, nämlich in dem Sinne, dass die Natur das Minimum des Kraft-, Zeit- und Arbeitsaufwandes dem Maximum vorzieht, wenn sie die Wahl hat, dasselbe Endziel mit dem einen oder mit dem anderen zu er-

---

*) Vgl. Auerbach, Kanon der Physik S. 349—351. — Prinzip der kleinsten Wirkung für einen Massenpunkt: $m \int v\, d s =$ Minimum, für ein Gebilde von Massenpunkten: $\Sigma m \int v\, d s =$ Minimum. Prinzip des kleinsten Zwanges: $\Sigma m \left[\left(\frac{d^2 x}{d t^2} - \frac{X}{m}\right)^2 + \left(\frac{d^2 y}{d t^2} - \frac{Y}{m}\right)^2 + \left(\frac{d^2 z}{d t^2} - \frac{Z}{m}\right)^2\right] =$ Minimum. Hamilton-Helmholtzsches Prinzip: $\int_{t_0}^{t_1} (E_p - E_a)\, d t =$ Minimum, wobei E_p die potentielle, E_a die aktuelle Energie bedeutet, t_0 und t_1 die Anfangs- und Endzeit des Prozesses.

**) Vergl. Petzold, „Maxima, Minima und Oekonomie", Altenburg 1891, und die Fortsetzung in der „Vierteljahrsschrift für wissenschaftliche Phil.", Bd. 19, 1895.

reichen.*) Die Berufung auf den „ausgezeichneten Fall“ genügt also durchaus nicht, um das teleologische Moment in der Bestimmung des Naturgesetzes beiseite zu schaffen, da die drei ausgezeichneten Fälle rein logisch genommen gleich möglich sind. Wenn das oberste Naturgesetz, von dem alle reale Notwendigkeit abhängt, nicht durch reinen Zufall seinen Inhalt erhalten haben soll, so bleibt nichts übrig als die Annahme, dass es die Zweckmässigkeit war, die die Entscheidung zwischen den drei logisch gleichwertigen ausgezeichneten Fällen bestimmt hat.

In der That ist aber gar nicht abzusehen, was die drei ausgezeichneten Fälle vor den unendlich vielen möglichen nicht ausgezeichneten Fällen logisch voraushaben. Die Antiteleologen behaupten, dass es die eindeutige Bestimmtheit sei, was dieselben voraushaben, und glauben dadurch eine teleologische Entscheidung überflüssig zu machen. Nun liefert aber das Merkmal des ausgezeichneten Falles noch immer keine eindeutige, sondern erst eine dreideutige Bestimmtheit, und es ist doch nicht einzusehen, warum die Natur nicht ebensogut unter den unendlich vielen möglichen nicht ausgezeichneten Fällen wie unter den drei ausgezeichneten Fällen einen hätte auswählen können, um ihn dem Naturgesetz zum Inhalt zu geben und dadurch eine eindeutige Bestimmtheit alles Geschehens sicher zu stellen. Rein logisch ist jeder der unendlich vielen möglichen Fälle gleichwertig, gleichviel ob er zu den ausgezeichneten oder nicht ausgezeichneten Fällen gehört. Die Eindeutigkeit des Geschehens wäre eben so unverbrüchlich, wenn die Natur irgend einen nicht ausgezeichneten Fall herausgegriffen und zum Inhalt des Gesetzes gemacht hätte; nur die Formeln wären dann verwickelter geworden, durch welche wir uns den Inhalt des Gesetzes analytisch zum Bewusstsein zu bringen suchen. Die Einfachheit ist aber jedenfalls kein logischer, sondern höchstens ein teleologischer Bestimmungsgrund für die Wahlentscheidung. —

Man kann aber noch weiter gehen und die Voraussetzung in Frage stellen, dass die eindeutige Bestimmtheit alles Geschehens in der Natur etwas Selbstverständliches, eine rein logische Forderung sei. Dass auch eine mehrdeutige Bestimmtheit des Ge-

---

*) Auf diese teleologische Bedeutung des Minimumprinzips hatte ich bereits im Jahre 1887 in meiner „Philosophie des Schönen“ S. 163—164 hingewiesen auf Grund der Helmholtzschen Abhandlung von 1886 „Ueber die physikalische Bedeutung des Prinzips der kleinsten Wirkung“.

schehens noch gesetzmässig sein würde, ist gar nicht zu bestreiten. Eine eindeutige Bestimmtheit ist nur dann erforderlich, wenn kein Spielraum zwischen den gesetzlich möglichen Bestimmungsarten übrig bleiben soll, der durch Zufall oder Freiheit ausgefüllt werden müsste. Eine solche Forderung ist aber keinenfalls rein logisch zu begründen, da die strikte gesetzmässige Notwendigkeit vor einer Mischung von Notwendigkeit und Zufälligkeit logisch nichts voraus hat. Selbst wenn die Gesetzmässigkeit in jedem Falle unendlich viele Möglichkeiten offen liesse, so hätte die Logik dagegen keine Einwendungen zu erheben. Man könnte nicht einmal sagen, dass damit jede Gesetzmässigkeit aufgehoben wäre; eine solche würde vielmehr fortbestehen, solange noch unendlich viele oder auch nur endlich viele, ja sogar solange eine einzige logische Möglichkeit von der Verwirklichung ausgeschlossen bliebe.

Es ist klar, dass mit dem Grade der Mehrdeutigkeit des Naturgesetzes nichts anderes wächst als der Spielraum der Zufälligkeit; denn die Freiheit unterscheidet sich, rein logisch betrachtet, durch nichts von dem Begriff der Zufälligkeit. Die eindeutige Bestimmtheit ist also die mindest zufällige Bestimmtheit, die alles am Geschehen unter die Notwendigkeit stellt und gar nichts dem Zufall übrig lässt. Aus rein logischem Gesichtspunkt ist aber nicht abzusehen, was die Notwendigkeit des Geschehens vor seiner Zufälligkeit, und was ein Minimum von Zufälligkeit vor einem Maximum solcher voraus haben sollte; denn rein logisch genommen sind Notwendigkeit und Zufälligkeit völlig gleichberechtigte Kategorien. Es ist auch kein logischer Grund anzugeben, weshalb überhaupt eine Gesetzmässigkeit des Geschehens sein solle und nicht vielmehr Gesetzlosigkeit. Gewiss würde ein völlig gesetzloses Geschehen kein Prozess im Sinne eines geordneten Vorganges sein, und das, als was er sich darstellen müsste, wäre eher ein Chaos als eine Natur zu nennen; denn natura ist etwas, wobei etwas herauskommt, und bei einem gesetzlosen Geschehen könnte sicherlich nichts herauskommen. Das ist aber auch für die rein logische Betrachtungsweise ganz gleichgültig, solange nur das Durcheinanderwirbeln des Chaos sich im Rahmen des logisch Möglichen hält.

Ganz anders, sobald man einen teleologischen Gesichtspunkt herzubringt. Dann kommt gerade alles darauf an, dass etwas bei dem Getriebe herauskommt, dass der Prozess nicht ein Chaos, sondern eine Natur ist, dass in ihr Ordnung, Einfachheit und Harmonie herrscht. Aus teleologischem Gesichtspunkt ist also nicht nur überhaupt eine gewisse Gesetzlichkeit des Geschehens unentbehrlich, sondern auch eine mindest zufällige, d. h. eindeutige Gesetzlichkeit gefordert. Dass aber unter den unendlich vielen möglichen Fällen des eindeutigen Gesetzesinhalts gerade einer der drei ausgezeichneten Fälle gewählt wird, geschieht nicht, weil er ein ausgezeichneter Fall für unsere mathematische Reflexion ist, sondern nur, weil er den geringsten Aufwand erfordert und deshalb der zweckmässigste ist. So ist sowohl der Bestand einer Naturgesetzlichkeit überhaupt, als auch die Eindeutigkeit dieser Gesetzlichkeit, als auch die nähere Bestimmtheit dieser Eindeutigkeit nicht mehr logisch, sondern nur noch teleologisch verständlich. Es soll etwas bei dem Geschehen herauskommen und zwar mit möglichst geringem Aufwand an Mitteln (Kraftäusserung, Zeit und Weg) herauskommen; was aber dabei herauskommen soll, das kann nur dasselbe sein, wonach wir den Wert und die Wertlosigkeit der Energie abschätzen, nämlich die natürliche Gelegenheit zur Entstehung von Produkten einer höheren Zweckmässigkeit als es die des physikalischen Geschehens ist. Mit andern Worten, der mechanische Naturprozess ist so, wie er ist, eingerichtet als Mittel (μηχανή) zu einem supramechanischen Geschehen (Leben), das sein Daseinszweck ist.

Gewiss geschieht in jedem Falle nur das, was geschehen kann; es kommt nur darauf an, dass man dieses „kann“ richtig versteht. Denn es geschieht durchaus nicht alles, was logisch möglich ist, oder was keinen Selbstwiderspruch in sich trägt; sondern es geschieht unter allen den unendlich vielen logischen Möglichkeiten nur die einzige, naturgesetzlich mögliche oder reell mögliche. Warum aber von den unendlich vielen logischen Möglichkeiten nur eine einzige reell möglich ist, warum nur diese Eine zum Inhalt des Naturgesetzes geworden ist, das ist gerade das Problem, und dieses Problem wird dadurch nicht gelöst, dass man das logisch und das naturgesetzlich Mögliche miteinander konfundiert in dem Ausdruck: es geschieht das, was geschehen „kann“.*) —

Das Minimumprinzip bezieht sich ursprünglich nur auf die mechanische Energie, ist aber von Helmholtz von dieser auf die

*) Vergl. Mach, „Die Mechanik in ihrer Entwickelung“, 3. Aufl. S. 372.

Energie überhaupt ausgedehnt worden, indem er den Begriff des kinetischen Potentials von dem Unterschiede der Spannkraft und lebendigen Kraft auf den Unterschied der potentiellen und aktuellen Energie überhaupt erweiterte. In dieser Gestalt hat man es auch als Ausdruck der Energieentwertung oder des Entropiewachstums auffassen wollen; aber die Beziehungen zwischen diesen Prinzipien sind doch sehr indirekter Art und gestatten nicht ihre Gleichsetzung. Auf dem Gebiete der mechanischen Energie als solcher erscheint unter dem rein mechanischen Gesichtspunkt zunächst die Spannkraft und die lebendige Kraft als völlig gleichwertig; ob der Intensitätsfaktor an der Masse als Potential der Beschleunigung oder als halbes Geschwindigkeitsquadrat haftet, erscheint als gleichgültig, da jede der beiden Modalitäten in die andere umgesetzt werden kann. Wenn an einer Stelle Spannkraft in lebendige Kraft umgesetzt wird, so kann dafür an anderer Stelle diese lebendige Kraft wieder in Spannkraft zurückverwandelt werden, z. B. wenn ein sinkendes Gewicht eine Uhrfeder aufzieht.

Dass die kinetische Energie der potentiellen mechanischen Energie nicht völlig gleichwertig ist, ergiebt sich erst dann, wenn man entweder das rein mechanische Gebiet verlässt und die Umwandlungen der Energie in andere Erscheinungsformen mit berücksichtigt, oder innerhalb der rein mechanischen Betrachtungsweise den Unterschied zwischen dem Modalitätswechsel auf *molare* und dem auf *molekulare* Entfernungen in Erwägung zieht. Denn die kinetische Energie erleidet Verluste durch Umwandlung in Elektrizität, Wärme u. s. w., denen die potentielle mechanische Energie nicht ausgesetzt ist; die erstere ist also insofern minderwertig im Vergleich zur letzteren, als sie die Energie teilweise in noch minderwertigere Erscheinungsformen überführt, während die Spannkraft als solche die Wirkungsfähigkeit der Energie nach ihrem *ganzen* Betrage konserviert, ausser, wenn sie in lebendige Kraft übergeht und damit aufhört, Spannkraft zu sein.

Betrachtet man die übrigen Erscheinungsformen der Energie unter dem Gesichtspunkt der Molekularmechanik, so ist der Uebergang aus mechanischer Energie in sie gleichbedeutend mit dem Uebergang aus Molarmechanik in Molekularmechanik; d. h. der Wechsel zwischen Spannkraft und lebendiger Kraft, der sich in der Molarmechanik auf molare Entfernungen abspielt, wird nun auf molekulare Entfernungen eingeschränkt und vollzieht sich oscillatorisch in entsprechend kleinen Zeitteilchen. Dabei können zunächst noch Intensitätsunterschiede auf molare Entfernungen bestehen bleiben, insofern an verschiedenen Stellen die molekularen Oscillationen zwischen Spannkraft und lebendiger Kraft noch verschiedene Amplituden und Geschwindigkeiten haben; das Ergebnis davon sind Unterschiede der elektrischen, thermischen u. s. w. Intensität auf molare Entfernungen, die als elektrische Potentialdifferenzen, Temperaturdifferenzen u. s. w. wahrgenommen werden und durch die molare Grösse ihrer Distanzen die Energie auch noch zur Rückverwandlung in molare mechanische Energie befähigen. Indem aber diese Oscillationsunterschiede sich allmählich ausgleichen, bleibt zuletzt nur ein überall gleichmässiger Wechsel zwischen Spannkraft und lebendiger Kraft auf molekulare Entfernungen übrig, der keine Rückverwandlung in molare mechanische Energie mehr zulässt, d. h. die Entwertung der Energie ist vollendet.

Nun sagen aber sämtliche Minimumprinzipien gar nichts darüber aus, ob und in welchem Masse sich mechanische Energie in andere Erscheinungsformen umwandelt, oder ob und in welchem Masse mechanische Intensitätsunterschiede auf molare Entfernungen sich in solche auf molekulare Entfernungen umsetzen; deshalb können sie auch u n m i t t e l b a r n i c h t s über die E n t w e r t u n g der Energie aussagen. Sie geben nur an, in welcher Weise sich der Uebergang von einer gegebenen Anfangslage zu einer bestimmten Endlage vollzieht; aber darin liegt n o c h k e i n e r l e i A n d e u t u n g ü b e r d i e E n e r g i e e n t w e r t u n g und ebensowenig eine solche über ein etwaiges Entropiewachstum. —

Der m i t t e l b a r e Zusammenhang zwischen dem Minimumprinzip und der Energieentwertung wird erst dann deutlich, wenn man das Minimumprinzip in die Form eines Maximumprinzips bringt. Wenn zur Erreichung einer bestimmten Lagenveränderung in Wirklichkeit derjenige Weg eingeschlagen wird, der im Vergleich mit allen denkbaren Nachbarwegen ein Minimum von Aufwand erfordert, so kann man dies auch so ausdrücken, dass ein bestimmtes Mass von Aufwand in Wirklichkeit zu derjenigen Lagenänderung führt, die grösser ist als alle bei gleichem Aufwand auf denkbaren Nachbarwegen erreichbaren, d. h. es geschieht von allem Möglichen immer dasjenige, wobei die geleistete Arbeit oder der

Umsatz von Spannkraft in lebendige Kraft ein Maximum ist mit Bezug auf die verfügbare Kraft und Zeit und die beschreitbaren Wege.

Auch diese Formulierung lässt sich von der mechanischen Energie auf alle Erscheinungsformen ausdehnen und heisst dann „Prinzip des grössten Umsatzes". Von selbst tritt nur Umsatz aus potentieller in aktuelle Energie ein, während die umgekehrte Umwandlung stets durch einen an anderer Stelle oder in einer anderen Energieform erfolgenden oder in früherer Zeit erfolgten Umsatz aus potentieller in aktuelle Energie bedingt, also kompensatorisch erzwungen ist. Sind die beiden gleichzeitigen, sich kompensierenden Prozesshälften im Gleichgewicht, so geschieht nichts; nur wenn die Tendenz zur Umwandlung potentieller Energie in aktuelle in einem wenn auch nur minimalen Uebergewicht ist, geschieht etwas. Wenn dann auch der grösste Teil der freigewordenen aktuellen Energie wo anders wieder in potentielle zurückverwandelt wird, so ist doch jener minimale Ueberschuss, der zur Herbeiführung des ganzen Geschehens unentbehrlich ist, nicht wieder in potentielle Energie zurückverwandelt, oder wenigstens in eine minderwertige Energieform, wie Elektrizität oder Wärme, übergeführt, in der er sich zerstreut. Wenn z. B. ein Komet sich der Sonne nähert, setzt er seine potentielle Gravitationsenergie in aktuelle kinetische Energie um, und nur weil er dies gethan hat, kann er nachher, wenn er die Sonnennähe durcheilt hat, die erlangte kinetische Energie mit fortschreitender Entfernung von der Sonne allmählich wieder in potentielle Energie umsetzen, so weit sie nicht inzwischen durch Reibung an der Sonnenatmosphäre in minderwertige Energieformen umgewandelt ist.

Das Prinzip des grössten Umsatzes lehrt also, dass von selbst ein Maximum von Umwandlung potentieller Energie in aktuelle stattfindet und nur erzwungen eine Rückverwandlung. Nun wissen wir *unabhängig von diesem Prinzip*, dass die aktuelle Energie einen Verlust durch teilweise Umwandlung in minderwertige Energieformen und teilweise Zerstreuung derselben erleidet und dass sich dies bei jeder Rückverwandlung in potentielle Energie wiederholt. *Aus beidem zusammen* ergiebt sich, dass das Prinzip des grössten Umsatzes die Gelegenheiten schafft für das Wirksamwerden des Prinzips der Energieentwertung durch Zerstreuung und Ausgleich. *Mehr als ein Gelegenheits-*

macher für das Entwertungsprinzip ist aber das Minimumprinzip auch nicht in der Gestalt als Prinzip des grössten Umsatzes, und deshalb darf es nicht mit ihm identifiziert werden.

4. Das Potential und die Potentialkräfte.

Die potentielle Energie eines Gebildes bedeutet seinen potentiellen Arbeitsvorrat oder sein Arbeitsvermögen. Das Gewicht der aufgezogenen Uhr hat ein grösseres Arbeitsvermögen, als das der fast abgelaufenen; der Unterschied seines Arbeitsvermögens in beiden Lagen ist gleich der Arbeit, die es leistet, indem es aus der einen Lage in die andere herabsinkt. Insofern die Lage für die Grösse der potentiellen Energie massgebend ist, wird die potentielle Energie auch Energie der Lage oder konfigurative Energie genannt. Freilich ist es nicht die räumliche Lage träger Massen als solche, die fähig ist, Energie zu entfalten; vielmehr kann die Lage nur als eine Gelegenheit aufgefasst werden, die sich der Kraft bietet, Kraftäusserung zu entfalten und dadurch Arbeit zu leisten. Deshalb ist der Ausdruck „potentielle Energie" besser als Energie der Lage. Da die potentielle Energie aber eigentlich noch gar nicht Energie ist, sondern nur das Vermögen ist, solche zu werden, sobald die Hindernisse ihrer Umwandlung in aktuelle Energie aufgehoben werden, ist noch treffender der Ausdruck „Potential".

In zwei verschiedenen Lagen zu einem Kraftcentrum hat eine Masse einen Potentialunterschied, der gleich der Arbeit ist, welche erforderlich ist, um sie aus der einen Lage in die andere zu bringen (z. B. ein Uhrgewicht aufzuziehen). Wie wir nur Energieunterschiede durch Energievergleichung kennen, so auch nur Potentialunterschiede. Ueber die absolute Grösse eines Potentials lässt sich nur etwas aussagen, wenn man weiss, bis zu welcher Entfernung die betreffende Kraft überhaupt wirkt und wie gross ihre Kraftäusserung an der äussersten Grenze ihrer Wirksamkeit ist. Bei den anziehenden Kräften, die bis ins Unendliche wirken, nimmt zwar die Kraftäusserung mit der Entfernung ab, das Potential aber zu; bei den abstossenden Kräften dagegen nimmt sowohl die Kraftäusserung als auch das Potential mit der Entfernung ab. In einer endlichen Entfernung ist das Potential gleich der Arbeit, die zu leisten wäre, um die Masse gegen eine anziehende Kraft ins Unendliche zu entfernen oder gegen eine abstossende Kraft aus unendlicher Ferne heranzuholen. In einem konservativen System, z. B. beim Schwingen eines idealen Pendels oder dem ungestörten Umlauf eines Trabanten um einen Centralkörper, ist die kinetische Energie in der Nähe der Kraftquelle ein Maximum, in der Ferne von ihr ein Minimum; da nun die Summe der kinetischen und potentiellen Energie konstant ist, so muss die potentielle Energie oder das Potential der Gravitation in der Nähe der Kraftquelle ein Minimum, in der Ferne von ihr ein Maximum sein. Sie wird aber in unendlicher Ferne nicht etwa unendlich gross, sondern nähert sich einer Konstanten an.

Mathematisch ausgedrückt ist das Potential diejenige Funktion, deren Differentialquotient die Kraftäusserung in der Kraftrichtung ergiebt. Genauer ist dies die Definition des Kraftäusserungspotentials (die Physik sagt: Kräftepotentials), oder (wo die Kraftäusserung proportional der Masse ist) Massenpotentials (auch Kräftefunktion oder Potentialfunktion genannt). Setzt man die Masse, auf welche die Kraft wirkt, gleich Eins, so heisst das Potential Einheitspotential. Reflektiert man überhaupt nicht auf die Masse, so kann man auch von einem Beschleunigungspotential und einem Geschwindigkeitspotential sprechen; es sind dies die Funktionen, deren Differentialquotienten die Beschleunigung, beziehungsweise die Geschwindigkeit in der Bewegungsrichtung ergeben.*) Es ist üblich, das Potential als die Funktion anzusehen, deren negativer Differentialquotient die Kraftäusserung in der Kraftrichtung giebt, obwohl das positive Vorzeichen näher liegen würde; man bevorzugt das negative Vorzeichen, um sich die Kraftäusserung strömend vorzustellen, nämlich als ein Bündel von Kraftlinien, die von den Niveauflächen höheren Potentials zu denen niedrigeren Potentials hinfliessen. Dass das Potential anziehender Kräfte mit der Entfernung wächst, das abstossender Kräfte mit der Entfernung

*) Die Dimensionsformel des Kräftepotentials oder Massenpotentials ist gleich der der Arbeit und der lebendigen Kraft, also $= l^2 t^{-2} m$; die des Beschleunigungspotentials ist gleich der des Einheitspotentials also $= l^2 t^{-2}$; die des Geschwindigkeitspotentials ist $= l^2 t^{-1}$. Gewöhnlich wird die Kraftäusserung in der Kraftrichtung in ihre Komponenten nach den drei Koordinatenaxen zerlegt.

abnimmt, scheint im Widerspruch zu stehen mit dem gewöhnlichen Gebrauch, der Anziehungskraft ein positives Vorzeichen zu geben, weil dann auch das Potential der Anziehungskraft mit der Entfernung abnehmen müsste. Der Widerspruch schwindet, wenn man der den Abstand vergrössernden Kraftäusserung, d. h. der Abstossung, das positive Vorzeichen, der den Abstand verkleinernden Kraftäusserung, d. h. der Anziehung, das negative Vorzeichen giebt, wie es der Sinn der Begriffe Vergrösserung und Verkleinerung verlangt.*)

Wo die Kraftäusserung einer Masse als von einem Punkte derselben ausgehend betrachtet werden kann, oder wo sie von einer kugelförmigen Fläche ausgeht, da sind die Niveauflächen gleichen Potentials Kugeloberflächen. Wo dagegen die Kraftäusserung von einer Quelle ausgeht, die weder punktförmig noch kugelförmig ist, da sind auch die Niveauflächen gleichen Potentials krumme Flächen verschiedener Art. Aber wie auch die Niveauflächen gekrümmt sein mögen, immer steht an jedem Punkte die Richtung der Kraftäusserung senkrecht auf der Niveaufläche, in der der Punkt liegt. So ist z. B. das Niveau einer grösseren Flüssigkeitsmenge ein Stück Kugeloberfläche (genauer Rotationsellipsoidoberfläche) in Bezug auf die irdische Schwere, und diese wirkt an jedem Punkte senkrecht zum Niveau; innerhalb der Flüssigkeit giebt es lauter solche Niveauflächen gleichen Schwerepotentials, die sich nur nicht so sichtbar abheben wie die Oberfläche. Am Magneten kann man die Kraftlinien, die auf den Niveauflächen gleichen Potentials überall senkrecht stehen, durch Eisenfeilspäne sichtbar machen. —

Ein Potential können nur solche Kräfte haben, deren Kraftäusserungen in der geraden Verbindungslinie der wirksamen Kraftelemente verlaufen und nur von den Entfernungen zwischen diesen, aber nicht von der absoluten Zeit oder dem absoluten Ort im

*) Setzt man die Kraftäusserung der Anziehung, z. B. der Gravitation, $= -\gamma \frac{m m_{\prime}}{v^2}$, so ist $-\gamma \frac{m m_{\prime}}{v} + C$ das Potential derselben, wenn m und $m_{\prime}$ die Massen, v die Entfernung, γ die Beschleunigungskonstante der Kraft und C eine Integrationskonstante ist, die die Grösse des Potentials in unendlicher Entfernung darstellt. Da wir es praktisch nur mit Potentialdifferenzen auf endliche Entfernungen zu thun haben, so hebt sich diese Konstante stets weg; sie wird deshalb in den meisten Darstellungen gar nicht berücksichtigt. Vgl. Ostwald, „Vorlesungen über Naturphilosophie“, Leipzig, 1902, S. 178.

Raum abhängen. Gewöhnlich drückt man das so aus, dass nur Kraftäusserungen, die blosse Funktionen der Koordinaten sind, ein Potential haben können. Nur Potentialkräfte unterstehen dem Gesetz der Gleichheit von Wirkung und Gegenwirkung, und nur bei Potentialkräften ist die Arbeit unabhängig von der Form des Weges und nur abhängig von der Anfangs- und Endlage, d. h. von dem Unterschiede beider Potentialniveaus. Nur wo dies der Fall ist, kann man, auch ohne Kenntnis des Weges und der Kraftäusserung, in jedem Augenblick die Summe der geleisteten Arbeiten gleich der Summe der lebendigen Kräfte setzen; da man diese Kenntnis bei konkreten Naturvorgängen niemals hat, so ist die dritte Grundgleichung der Mechanik überhaupt nur auf Kräfte mit Potential anzuwenden.

Ebenso ist der erste Hauptsatz der Energielehre, die Konstanz der Energie, nur für den Fall aus den Prinzipien der Mechanik zu deduzieren, wenn es keine anderen Kräfte als solche mit Potential giebt. Wirkten Kräfte ohne Potential mit, so könnten diese auf jedem Potentialniveau, das die bewegte Masse durchschreitet, Verschiebungen in einer der vielen Richtungen des Potentialniveaus herbeiführen, die keine Arbeit in Bezug auf die Potentialkraft bedeuteten. Soweit die Energielehre unbedingt gelten und die Mechanik ausreichen soll, darf es keine Kräfte ohne Potential geben. Für eine Flüssigkeit z. B. gäbe es gar keinen Gleichgewichtszustand, wenn noch andere als Potentialkräfte in ihr wirkten; sie müsste dann in beständiger Rotation und Cirkulation bleiben.

Kräfte mit Potential sind nun aber ausschliesslich die Centralkräfte, die in der Normale, d. h. in der geraden Verbindungslinie zweier Massenpunkte wirken, und deren sämtliche Kraftäusserungsrichtungen sich in einem Punkte, dem Kraftcentrum, schneiden. Deshalb sind die Energielehre und Mechanik nur soweit gültig, als es gelingt, alle Kräfte auf Normalkräfte oder Centralkräfte zurückzuführen. Soweit Erscheinungen auftreten, welche Drehkräfte oder Tangentialkräfte oder Verschiebungskräfte zeigen, muss das Bemühen der Physik darauf gerichtet sein, sie in Centralkräfte aufzulösen. Wo dieses Bemühen eine prinzipielle Grenze fände, da wäre die Grenze der Energielehre und Mechanik erreicht. —

In der unorganischen Natur liegt kein Grund vor, die Existenz von solchen Kräften ohne Potential anzunehmen; in der organischen Natur aber ist die Physik als solche nicht mehr zuständig zur Entscheidung dieser Frage, sondern hier steht allein der Biologie das letzte Wort zu. Die Physik kann nur soviel behaupten: „wenn die in der organischen Natur wirksamen Kräfte durchweg Potentialkräfte oder Centralkräfte sind, dann giebt es auch in der organischen Natur keine anderen als mechanische und materielle Agentien, und auch die Biologie muss sich dann beim Fortschritt der Wissenschaft ohne Rest in Physik auflösen; wenn dagegen in der organischen Natur noch andere als mechanische, materielle Kräfte mitwirken sollten, so können nur Kräfte ohne Potential und ohne Kraftcentra in Frage kommen, die nicht dem Gesetze der Gleichheit von Wirkung und Gegenwirkung unterstehen". Diese nähere Bestimmung ist von erheblicher Bedeutung für die Biologie, indem sie das Feld ihrer Hypothesen einschränkt; diese Einschränkung kann aber noch weiter fortgesetzt werden.

Wenn es nämlich nichtmechanische Kräfte ohne Potential und ohne Gleichheit von Wirkung und Gegenwirkung giebt, die nicht in der Normale wirken und keinen gemeinsamen Schnittpunkt ihrer gleichzeitigen Kraftäusserungsrichtungen haben, so können solche auch nicht mehr materielle Kräfte heissen, d. h. sie können nicht die Erscheinung materieller Raumerfüllung hervorrufen, die eben erst durch die Beziehung auf bestimmte, bewegliche Kraftcentren entsteht. Kräfte ohne Potential müssen immaterielle Kräfte sein in noch ganz anderem Sinne wie die Kräfte mit Potential, die als Kräfte ja auch immateriell sind. Kräfte mit Potential sind materiierende, die Erscheinung der Materie erzeugende Kräfte; solche ohne Potential sind, wenn es solche giebt, nicht materiierende Kräfte.

Nun sind zwei Fälle möglich. Im ersten Falle sind die Kräfte ohne Potential Gesetzen unterworfen, die auf die Erhaltung der Energie keine Rücksicht nehmen; im zweiten Falle sind sie Gesetzen unterworfen, die die Kraftäusserungen der Kräfte ohne Potential in der Weise beschränken, dass die Energiekonstanz unverletzt bleibt. Im ersten Falle gilt das Gesetz der Energiekonstanz nicht allgemein für die gesamte Natur, sondern nur für ihren unorganischen Teil, sei es nun, dass die Abweichungen von ihm in der organischen Natur erheblich aber noch nicht exakt bestimmt, sei es, dass sie gegen das konstante Energiequantum der unorganischen Natur verschwindend klein sind, sei es endlich, dass sie nach ihrem positiven und negativen Betrage an verschiedenen Stellen und an demselben Organismus zu verschiedenen Zeiten sich kompensieren, so dass im Ganzen ihr Einfluss gleich Null ist, obwohl er im Einzelnen überall und jederzeit eine positive oder negative Grösse hat.

Im zweiten Falle, wo die Gesetze der Kräfte ohne Potential die Energiekonstanz des Universums respektieren, sind wieder zwei Möglichkeiten zu unterscheiden: entweder es wird nur die Konstanz der Gesamtenergie jedes Gebildes respektiert, oder auch die Energiekonstanz in jeder beliebigen Richtung, oder nach jeder der drei Koordinatenaxen, oder die Verbindung des Konstanzprinzips mit dem Minimumprinzip. Wenn nur die Konstanz der Gesamtenergie respektiert zu werden braucht, so steht es den Kräften ohne Potential frei, die Richtung einer Bewegung unter Belassung ihrer Geschwindigkeit zu ändern, oder ihren Angriffspunkt auf demselben Potentialniveau zu verschieben, oder ihn beim Durchschreiten wechselnder Potentialniveaus gleichzeitig innerhalb jedes Potentialniveaus ein wenig zu verschieben. Wenn dagegen die Energiekonstanz in jeder Richtung oder nach allen drei Axen oder die Vereinigung des Konstanz- und Minimumprinzips gewahrt werden soll, dann sind alle Richtungsänderungen und Verschiebungen innerhalb der Potentialniveaus ausgeschlossen und es bleibt den Kräften ohne Potential nur die D r e h u n g ihrer Angriffspunkte als einziges Wirkungsgebiet übrig.

Die Physik hat sich niemals angemasst zu entscheiden, welcher der angeführten Fälle in der Natur seine gesetzmässige Verwirklichung gefunden habe. Die materialistische und mechanistische Weltanschauung hat ihre eifrigsten Verfechter immer nur in den Kreisen der Biologen gefunden, wo sie noch zur Zeit die herrschende Auffassung ist, wenn auch neuerdings wieder mehr und mehr Stimmen sich gegen sie erheben. Die moderne Physik hat sich gerade in jüngster Zeit immer mehr der Vorsicht und Zurückhaltung befleissigt, und vor übereiltem Absprechen in solchen Fragen gewarnt, die vom physikalischen Gesichtspunkte aus noch lange nicht spruchreif sind.*)

*) Vgl. z. B. Hertz' „Mechanik" S. 45, 165—166; Ostwald, „Die Ueberwindung des wissenschaftlichen Materialismus", Leipzig 1895, S. 34—35.

V. Die Imponderabilien u. die Theorie der elastischen Wellenbewegung.

Wenn mechanische Energie durch den Druck einer Stange oder den Zug eines Seiles an einen anderen Ort überführt wird, so ist es offenbar etwas Unwägbares, was durch den Raum wandert. Die Energie wandert zwar mit dem Druck, aber gegen den Zug, und selbst beim Druck legt sie bei einer ganz minimalen Verschiebung der wägbaren Druckstange die ganze Länge dieser Stange zurück. Dies erklärt sich daraus, dass jede Schicht der Stange oder des Seiles die nächstfolgende drückt oder zieht, ihre Elastizitätskräfte ins Spiel setzt und sie nötigt, die Energie an die dritte Schicht weiter zu geben, bis sie auf diesem Vermittelungswege bei der letzten ankommt. Während also die Energieübertragung durch Wurf oder Schuss an der Materie haftet, die ihren Ort um eine molare Entfernung verändert, schreitet die Energieänderung beim Druck oder Zug durch die vermittelnde Materie mit Hilfe bloss molekularer Verschiebungen hindurch. Ein Druck oder Zug von minimaler Dauer muss sich in der Stange oder dem Seile als Welle fortpflanzen. Uebermittelt die Luft dem Ohre einen solchen einmaligen Druck von kleinster Dauer, so wird er als Knall empfunden; übermittelt sie eine Reihe solcher rasch aufeinander folgender Drucke, so wird ihre Summe als Schall, und bei gleichen Zeitintervallen innerhalb gewisser Grenzen als Ton empfunden.

So leitet die Uebertragung der mechanischen Energie durch Druck zur akustischen Energie hinüber, die von jeher als ein Imponderabile gegolten hat, obwohl sie nicht nur an wägbare Materie gebunden ist, sondern auch ausschliesslich durch solche übertragen wird. Aber die Schallgeschwindigkeit ist doch schon so gross, dass ihre Unabhängigkeit von der Ortsveränderung der Materie im Ganzen einleuchtet. Gäbe es einen reinen Augenblicksimpuls ohne Zeitdauer, so wäre die durch ihn zu erlangende Geschwindigkeit der Impulsstärke proportional; die Leistung des Impulses wäre also nur ein Differential der Energie, d. h. gleich der Bewegungsgrösse. Da es in Wirklichkeit keine Augenblicksimpulse giebt, die Schallimpulse aber doch meist schon von recht kurzer Dauer sind, so hält sich die Schallstärke erfahrungsmässig in der Mitte zwischen der ersten und zweiten Potenz der Geschwindigkeit der schwingenden Luftteilchen; der Potenzexponent ist im Durchschnitt etwa 1,3.

Die Schwingungen der Schallerreger sind stehende, diejenigen des Mediums, das den Schall leitet, fortschreitende Wellen; so weist die Lehre vom Schall auf die Wellentheorie zurück, die ein besonderer Teil der Mechanik ist. Eine Wellenbewegung ist bestimmt durch die Dauer einer ganzen Schwingung, durch die Ausschlagsweite der Schwingung aus der Ruhelage, durch das Gesetz, nach welchem während einer Schwingung die Geschwindigkeit sich ändert, und durch die Form der Bahn, welche die Schwingung beschreibt. Die Zahl der Schwingungen in der Zeiteinheit ist reciprok der Schwingungsdauer; die Phase, d. h. die Zusammengehörigkeit eines bestimmten Ortes der Schwingungsbahn mit einem bestimmten Zeitpunkt, hängt von dem Schwingungsgesetz ab. So z. B. ist die Sinuskurve der Kosinuskurve in allen Stücken gleich ausser in der Phase. Jede Schwingung nach komplizierterem Schwingungsgesetz ist durch eine bestimmte Uebereinanderlagerung von Schwingungen nach dem Sinusgesetz darzustellen. Die Schwingungsform kann geradlinig, kreisförmig oder elliptisch, und die geradlinige kann Längsschwingung oder Querschwingung sein.

Wie Sinusschwingungen verschiedener Geschwindigkeit durch Ueberlagerung zu einer Schwingung von komplizierterem Geschwindigkeitsgesetz verschmelzen können, so auch Schwingungen verschiedener Form zu einer Schwingung von komplizierterer Form, z. B. geradlinige Schwingungen von verschiedener Richtung innerhalb einer Ebene in eine elliptische Schwingung. Kreisförmige und elliptische Schwingungen können die gleiche Bahn in einem und in entgegengesetztem Sinne durchlaufen. Der einen geradlinigen Art von Längsschwingungen stehen unendlich viele

Arten von Querschwingungen gegenüber, die senkrecht oder schräg zur Fortpflanzungsrichtung liegen können, und unter Umständen auch Dreh- oder Torsionsschwingungen. Da alle Arten von Schwingungen verschmelzbar sind, können auch alle gleichzeitig durch dasselbe punktuelle Teilchen hindurchgehen, indem jede in der Richtung weitergeleitet wird, welche sie vor dem Auftreffen auf diesen Punkt hatte.

Stehende Schwingungen sind solche, bei denen alle nebeneinanderliegenden Massenpunkte (z. B. die Teile einer schwingenden Saite) dieselbe Phase haben; fortschreitende Schwingungen sind solche, bei denen jeder folgende Punkt einen Phasenunterschied zeigt (z. B. die Wellenfortschreitung auf der See oder die in der Luft beim Schall). In einem gleichmässig zusammengesetzten (homogenen) Medium hebt sich die Wirkung aller seitlich fortgepflanzten Schwingungen auf einen bestimmten Punkt durch Interferenz auf, und nur die Wirkung der geradlinig fortgepflanzten Schwingung bleibt übrig. Die geradlinige Energieübertragung durch Wellenbewegung in einem in sich homogenen Medium heisst Strahlung, jede Fortpflanzungsrichtung ein Strahl.

Die Fortpflanzung des Schalles ist nicht Leitung, sondern Strahlung; denn die Schallbrechung erfolgt nach dem allgemeinen Gesetz der Strahlung, das für Licht, Wärme und Elektrizität ebensogut gilt, und nach welchem der Berechnungsindex oder das Verhältnis der Fortpflanzungs-Geschwindigkeiten in beiden Medien gleich dem Verhältnis der Sinusse des Einfalls- und Brechungswinkels ist. Bei der Leitung dagegen ist (sowohl bei der Wärme als auch bei der Elektrizität) das Verhältnis der Leitungsfähigkeiten gleich dem Verhältnis der Tangenten des Einfall- und Brechungswinkels, wofür es beim Schall kein Analogon giebt. Es ist also ungenau, die Schallfortpflanzung Schallleitung zu nennen, statt Schallstrahlung; gleichwohl hat sie, weil sie sich in wägbarer Materie vollzieht, die Aehnlichkeit mit der Leitung, dass die Energie an jeder Stelle, die sie durchschreitet, schon ihre spezifische Erscheinungsform hat, während bei der Energiestrahlung durch den Aether die Energie gar keine spezifische Erscheinungsform hat, sondern solche erst da erlangt, wo sie wieder auf wägbare Materie trifft und diese mit in Erregung versetzt.

Allerdings könnte man auch die Bezeichnung der akustischen Energie auf stehende Wellen beschränken, die ebensowohl Längswie Querschwingungen sein können, sie aber den fortschreitenden Schwingungen der Gase, die nur Längsschwingungen sein können, versagen. Dann müsste man zwei Arten strahlender Energie unterscheiden, solche in wägbarer Materie und solche im Aether. Diese Auffassung wäre vielleicht genauer; die übliche aber, welche die strahlende Energie auf Aetherstrahlung beschränkt und die akustische Energie auf die Strahlung in der Luft ausdehnt, hat dagegen die grössere Einfachheit für sich. —

In Gasen und Flüssigkeiten pflanzen sich nur geradlinige Längsschwingungen fort, in festen Körpern auch Quer- und Drehschwingungen, aber nicht so, dass in gleichen Zeiten gleiche Strecken zurückgelegt werden. Die von Licht, Wärme und Elektrizität erregten Schwingungen können dagegen nur Querschwingungen sein; denn sie sind polarisierbar. Die Polarisation kann eine geradlinige in verschiedenen Schwingungsebenen, eine rechtszirkulare oder eine linkszirkulare sein; alles dies ist bei Längsschwingungen unmöglich. Während die Schallgeschwindigkeit je nach dem Medium einige hundert bis einige tausend Meter in der Sekunde beträgt, ist die Fortpflanzungsgeschwindigkeit von Wellen, die durch Licht, Wärme oder Elektrizität erregt sind, etwa 300 000 Kilometer in der Sekunde, also etwa eine Million mal so gross. Dies deutet darauf hin, dass sie ein ganz anderes Medium zu ihrem Träger haben als die Schallwellen, und dass das Medium für alle übrigen Imponderabilien, ausser dem Schall, ein und dasselbe ist. Dieses Medium muss die materiellen Stoffe durchdringen; die Strahlung in ihm wird durch atmosphärische Luft nur sehr unerheblich behindert und verlangsamt, von anderen Stoffen in verschiedenem Masse, je nach ihrem Brechungsindex.

Dieses hypothetische Medium heisst Aether. Er war zuerst für die Lichtstrahlung angenommen worden; als dann die Reflexion, Brechung, Interferenz und Polarisation der Wärme und die Identität der beide fortpflanzenden Strahlen erkannt war, wurde der Lichtäther zugleich zum Wärmeäther. Als ferner Maxwells elektromagnetische Theorie des Lichts zur allgemeinen Anerkennung gelangt war, konnte nichts anderes mehr als der Lichtäther zugleich das Medium der elektrischen Wellen sein, was man bis dahin nur vermutet hatte.

Die Wellenlängen des Aethers sind sehr verschieden. Am grössten sind die durch Elektrizität erregten, die bis zu 30 km Länge haben, während die kleinsten elektrischen Erreger solche von etwa 3 cm liefern; sie halten sich also den Schallwellen am nächsten, die 100 m bis 3 cm Länge haben. Die durch Wärme erregten Aetherwellen sind meistens 0,0004 bis 0,008 mm, ausnahmsweise auch bis zu 0,02 mm, die durch Licht erregten 0,000375 bis 0,00075 mm lang. Die chemisch wirksamen Aetherwellen verlieren sich in noch weit kleinere Abmessungen; die allerkürzesten aber sind die Röntgen-Strahlen und die Becquerel-Currie-Strahlen. Die Röntgenstrahlen entstehen durch eine Art fluoreszierender Umwandlung von Kathodenstrahlen, die selbst wieder nach den überwiegenden Ansichten auf Fortführung elektrisch geladener materieller Teilchen beruhen. Die Röntgenstrahlen haben so kleine Wellenlänge, dass nur noch sehr dichte Stoffe (Metalle und Metallsalze) eine Schirmwirkung gegen sie üben, die meisten Körper aber sie durchlassen, und dass sie wenig oder gar nicht gebrochen werden. Die Becquerel-Currie-Strahlen werden von den Schwermetallen, Radium Polonium und Aktinium ausgesandt; sie sind ebenso wie die Röntgenstrahlen nur durch ihre photochemischen Wirkungen und durch fluoreszierende Umwandlung in Licht nachweisbar und machen die Luft leitend für Elektrizität, so dass elektrisch geladene Körper in ihrer Nähe sich entladen. Die Energiequelle ihrer fortdauernden Strahlung kann nur in strahlender Energie zu suchen sein, die von anderen Körpern (z. B. der Sonne) ausgeht und von ihnen absorbiert und wieder ausgestrahlt wird.

Je niedriger die Temperatur eines ausstrahlenden Körpers ist, desto länger sind im allgemeinen die Wellen, in denen das Minimum der von ihm ausgestrahlten Energie liegt, und nur die Erscheinungen der Phosphoreszenz ergeben darin eine Abweichung. Stoffe, die für Wärmestrahlen von bestimmter Wellenlänge durchlässig sind, erscheinen für dieselben diatherman und durchsichtig zugleich. Denn die Energieformen, in welche sich Aetherwellen beim Auftreffen auf materielle Körper umwandeln, hängen nur von ihrer Wellenlänge und der Beschaffenheit des Körpers ab. Deshalb sind die Aetherwellen stets geneigt, sich wieder in dieselbe Energieform umzuwandeln, aus der sie entstanden sind, namentlich, wenn sie auf ähnliche materielle Bedingungen treffen wie die, aus denen sie entsprungen sind. Dies macht es erklärlich, dass man ungenau von elektrischen, Wärme- und Lichtstrahlen spricht, obwohl es doch nur e i n e Art strahlender Aetherenergie giebt, die sich bloss durch ihre Wellenlängen und die zugehörigen Schwingungszahlen unterscheidet. —

Wenn ein Schallerreger (Stimmgabel, Saite, Pfeife) durch seine stehenden Schwingungen fortschreitende Schwingungen in der Luft erregt, so müssen sich diese wiederum in stehende Schwingungen umsetzen, wenn sie auf einen festen Körper treffen, der zu stehenden Schwingungen von ähnlicher Schwingungszahl geeignet ist (Resonanz). Auch zu einer Schallempfindung können die fortschreitenden Luftschwingungen nicht unmittelbar führen, sondern nur mittelbar dadurch, dass sie stehende Wellen im Trommelfell und den inneren Teilen des Ohres hervorrufen. Aehnlich ist es auch mit der Wärme. Die stehenden thermischen Wellen eines materiellen Körpers werden in fortschreitende Aetherwellen umgewandelt, und diese wiederum in stehende thermische Wellen in einem Körper, auf den sie in ihrem Laufe treffen (thermische Resonanz). Freilich wird, wie beim Schall, nur derjenige Teil der Strahlung in stehende Wellen verwandelt, der weder reflektiert noch gebrochen weiter geleitet, sondern absorbiert wird; nur die absorbierte Strahlung erzeugt akustische oder thermische Resonanz, nur sie kann sich dem Thermometer oder dem Wärmesinn der Haut spürbar machen.

Wie eine Saite nur auf Schallschwingungen von solcher Schwingungszahl resoniert, die ihrem Eigenton entspricht, so absorbiert auch ein Gas nur strahlende Energie von einer Schwingungszahl, die seinen Eigenschwingungen entspricht (dunkle Fraunhofersche Linien im hellen Spektrum). Und wie eine schwingende Saite nur solche fortschreitende Schallschwingungen in der Luft hervorruft, deren Schwingungszahl ihrer eigenen gleich ist, so setzen sich auch die Wärmeschwingungen eines Körpers nur in strahlende Energie von einer Schwingungszahl um, die der eigenen gleich ist (helle Fraunhofersche Linien auf dunklem Grunde). Die chemisch wirksamen Strahlen wirken ebenfalls dadurch, dass sie sich in der Materie in stehende Wellen von gleicher Länge umsetzen (Photographie, Farbenphotographie). In optischer Hinsicht dagegen interessiert uns der absorbierte Teil der Strahlen nur insoweit, als er entweder unmittelbar in unseren Augen absorbiert und dort photochemisch in Lichtempfindung umgewandelt wird, oder als er von anderen Körpern in stehenden Wellen aufgespeichert und durch diese später in Lichtstrahlung zurückverwandelt wird (Fluoreszenz). Sonst interessiert uns gerade beim Licht nur der reflektierte Teil der Strahlen, der uns, wenn er in unsere Augen gelangt, eine gewisse Kenntnis von den reflektierenden Oberflächen vermittelt, und daneben bei den optischen Instrumenten der gebrochene Teil der Strahlen, der uns das Ferne näher bringt und das Kleine erkennbar macht. —

Mit unseren Vorstellungen von den stehenden Wärmeschwingungen fester Körper stimmt die obige Erklärung der Erwärmung als Resonanzerscheinung ganz wohl überein, nicht aber mit der Annahme der mechanischen Gastheorie, dass die Gasmoleküle sich geradlinig fortbewegen, bis sie irgendwo abprallen, und dass mit steigender Temperatur nur die Geschwindigkeit ihrer geradlinigen Bewegung wächst. Bei dieser Annahme bleibt es in der That völlig unverständlich, wie die fortschreitenden Aetherwellen bei der Licht- und Wärmeabsorption durch Gase in eine geradlinige Molekularbewegung von entsprechender Geschwindigkeit umgesetzt werden sollen, und umgekehrt, wie bei der Licht- und Wärmeemission durch Gase die geradlinige Molekularbewegung in Aetherwellen von bestimmter Länge umgesetzt werden soll.*)

Genau betrachtet ist aber die Annahme der geradlinigen Fortschreitung der Gasmoleküle nur ein denkbar einfachster Fall, der ebensogut mit der komplizierteren Annahme stehender Schwingungen vertauscht werden kann. Die mittlere Schwingungsgeschwindigkeit tritt dann bei jedem Gasmolekülc an Stelle der geradlinig fortschreitenden Geschwindigkeit, und die Proportionalität der inneren Energie mit der absoluten Temperatur bleibt für ein ideales Gas in Kraft. Auch die Kollisionen der Moleküle untereinander und mit den Gefässwänden bleiben bei dieser Annahme wesentlich dieselben. Die kinetische Gastheorie berechnet die mittlere Wegelänge eines Luftmoleküles bis zum Zusammenstoss mit einem anderen bei 0° C. und 76 cm Barometerstand zu 0,000095 mm und die eines Wasserstoffmoleküles, das als das dünnste von allen Gasen auch die längsten Molekülewege hat, zu 0,000186 mm. Die Schwingungsausschläge der Moleküle brauchen also nur etwas

*) Paul du Bois-Reymond, Prof. der Mathematik, „Ueber die Grundlagen der Erkenntnis in den exakten Wissenschaften", Tübingen 1890, S. 58—60.

grösser als diese durchschnittlichen Weglängen derselben zu sein, damit alle Folgerungen der kinetischen Gastheorie in Kraft bleiben. Da schon die der Lichtwellenlängen im Aether grösser sind als die mittleren Wegelängen der Gasmoleküle, die Längen dunkler Wärmewellen aber noch viel grösser, so würde der Annahme nichts im Wege stehen, dass die stehenden Wellen der Gasmoleküle ähnliche Abmessungen haben, wie die fortschreitenden Wärmewellen des Aethers bei der Temperatur, in der das Gas sich befindet. Unter dieser Voraussetzung würde der Einfluss der Strahlung auch auf die Temperatur von Gasen erklärlich sein; allerdings ist derselbe geringer als bei festen und flüssigen Körpern, weil die Absorption viel geringer ist. So dürfte die ältere Auffassung, die die Wärme im gasförmigen Aggregatzustand ebenso wie im festen und flüssigen als stehende Schwingungen auffasste, doch gegen die kinetische Gastheorie mit ihrer geradlinigen Molekülebewegung Recht behalten, ohne die Errungenschaften der kinetischen Gastheorie zu schmälern. Beide Auffassungen nähern sich einander in dem Masse, als man sich die Wirkungssphäre der Gasmoleküle für ihre gegenseitige elastische Abstossung grösser denkt. —

Durch die Amplitude der stehenden Schwingungen ist bei gleicher Schwingungszahl in der Zeiteinheit die mittlere Geschwindigkeit bestimmt; dem Quadrate dieser aber ist der Intensitätsfaktor der Energie proportional. So hängt die absolute Temperatur und das absolute elektrische Potential von der Amplitude der stehenden Schwingungen ab. Wie wir die absolute Grösse der Energie nicht kennen, so auch nicht die des elektrischen Potentials, während die der Temperatur theoretisch bestimmt ist. Wie die Menschheit den empirischen Nullpunkt der Temperatur ungesucht mit der Temperatur des menschlichen Körpers gleichgesetzt hat, so setzen wir heute noch den empirischen Nullpunkt des elektrischen Potentials mit dem des menschlichen Körpers gleich, das mit dem der Erde übereinstimmt. Während die Physik den empirischen Nullpunkt der Temperatur auf die genauer bestimmbare des schmelzenden Eises verlegt hat, hat sie den empirischen Nullpunkt des elektrischen Potentials bei dem Potential der Erde belassen, weil wir einen festeren Punkt nicht kennen. Die Folge davon ist, dass wir von positiver und negativer Wärme, positiver und negativer Elektrizität in Bezug auf den empirischen Nullpunkt reden, obwohl es absolut genommen, weder negative Wärme noch negative Elektrizität giebt. Wie ein Liter Flüssigkeit von — 10° und ein Liter Flüssigkeit von + 10° bei der Mischung zwei Liter von ± 0° geben, so geben zwei gleiche Elektrizitätsmengen, deren Potentiale positiv und negativ gleich weit vom Erdpotential abweichen, beim Ausgleich das Erdpotential oder den empirischen Nullpunkt, d. h. sie neutralisieren sich. So gewiss aber die Temperatur von — 10° absolut genommen noch positiv ist, so gewiss ist ein elektrisches Potential, das hinter dem der Erde zurückbleibt, immer noch positiv im absoluten Sinne.

Wenn wir eine Glasscheibe und ein Lederkissen aneinander reiben, so *steigt* die Temperatur *beider*, aber das elektrische Potential der *einen steigt* und das des *anderen sinkt*. Dieses Beispiel zeigt, dass dieselbe Ursache (die Reibung) eine ganz verschiedene Wirkung hat, je nachdem die mechanische Energie in thermische oder in elektrische umgewandelt wird. Die Imponderabilien, soweit sie sich als *stehende* Wellen auf wägbarer Materie darstellen, sind also *keineswegs identisch*, sondern *scharf unterschiedene* Erscheinungsformen der Energie von nicht bloss gradueller Verschiedenheit. Trotzdem ist die *strahlende* Energie des Aethers, in die alle sich umsetzen, und die sich in sie zurückverwandeln kann, *eine und dieselbe* Energieform, die nur noch *graduelle* Unterschiede in der Wellenlänge und den zugehörigen Schwingungszahlen zeigt, ähnlich wie die Schallwellen der Luft sich nur noch durch ihre Tonhöhe unterscheiden. Aus den fortschreitenden Aetherwellen wird eben beim Umsatz in stehende Wellen etwas ganz Verschiedenes, je nachdem ihre Wellenlänge sich zu der Beschaffenheit der Materie verhält, auf welche sie auftreffen. Der Aether, der an der Materie, an ihrer Oberfläche und in ihrem Innern haftet, ist an diesen stehenden Wellen jedenfalls mitbeteiligt, bei der Elektrizität vielleicht allein beteiligt; die Art und Weise seiner Beteiligung ist aber in allen Fällen mitbestimmt durch die spezifische Beschaffenheit der Materie, an welcher er haftet. Dies zeigt sich z. B. daran, dass Körper, deren elektrische Potentiale in gleichem Sinne von dem des Erdpotentials abweichen, sich abstossen, solche, deren Potentiale in ungleichem Sinne vom Erdpotential abweichen, sich anziehen, während eine positive oder negative Abweichung der Temperatur der Körper von der Erdtemperatur keine ähnliche Erscheinung hervorbringt.

Hier steckt die moderne Physik noch in den Kinderschuhen. Ihr Wissen beschränkt sich meist darauf, dass unter gewissen Umständen gewisse Energieumwandlungen in bestimmten Massverhältnissen stattfinden; was aber dabei eigentlich vorgeht, davon hat sie vorläufig noch kaum einen Begriff. Wenn wir z. B. wissen, dass die Pflanze bei ihrer Kohlensäurezerlegung sich noch nicht den hundertsten Teil der strahlenden Energie der Sonne, die auf sie fällt, assimiliert, so wissen wir doch gar nichts von dem inneren Vorgang dieser Umwandlung, und dasselbe gilt, wo ein elektrischer Strom in Wärme, oder Temperaturunterschiede in einen elektrischen Strom umgewandelt werden. Helmholtz' Bemerkung, dass Wärme „ungeordnete Bewegung" sei, sagt viel zu wenig, solange wir die Art und Weise der Ordnung nicht kennen, durch die sich die Bewegung anderer Imponderabilien von der der Wärme unterscheidet. Auch die Thermochemie hat in dieser Hinsicht noch keinerlei Aufschlüsse gebracht, so schätzbar es auch sein mag, dass wir die Unabhängigkeit der Wärmetönung von der Art der chemischen Uebergänge aus einem bestimmten chemischen Anfangszustand in einen bestimmten Endzustand kennen. —

Eine erfreuliche Ausnahme macht die Hypothese der Ionen und ihrer Wanderung bei der elektrischen Zersetzung von Flüssigkeiten. Es ist ein alter Satz, dass die Stoffe nur gelöst aufeinander chemisch wirken; neu aber ist die Annahme, dass dies deshalb so ist, weil in hinreichend verdünnten Lösungen die chemischen Bestandteile der Verbindungen nicht mehr verbunden sondern getrennt herumschwimmen, und dass alle verdünnten Lösungen bei gleichem Druck und gleicher Temperatur die gleiche Zahl gelöster Moleküle in der Raumeinheit enthalten, und zwar dieselbe Anzahl wie ein Gas von gleichem Druck und gleicher Temperatur. Je konzentrierter die Lösung, desto mehr Moleküle bleiben ungespalten; in einem Säurenhydrit sind gar keine ungespaltenen Moleküle vorhanden, dafür ist es aber auch chemisch unwirksam, ausser, wo es Gelegenheit hat, Wasser an sich zu reissen. Die Trennstücke der Moleküle von chemischen Verbindungen heissen Ionen; sie zeigen bei der elektrischen Zersetzung einer verdünnten Lösung elektrische Ladung und zwar entgegengesetzte. Die elektropositiv geladenen Ionen werden von der Kathode oder negativen Elektrode, die elektronegativ geladenen von der Anode oder positiven Elektrode angezogen und so wandert eine jede Gattung derselben an ihren Platz, indem sie ihre elektrische Ladung mit sich überführt. Ein chemisch einwertiges Ion hat eine einfache, ein chemisch zwei- oder mehrwertiges eine zweifache oder mehrfache elektrische Ladung positiven oder negativen Vorzeichens, so dass jeder chemischen Valenz die gleiche Ladung entspricht. Ob die elektrischen Potentialunterschiede der Ionen dauernd bestehen, oder ob sie erst durch besondere Umstände, z. B. elektrischen Strom oder die Anwesenheit entgegengesetzter Ionen erregt werden, bleibt dabei noch offene Frage. Auch sonst bleiben noch viele Schwierigkeiten für die elektrochemische Erklärung bestehen, aber es ist doch ein Weg, der das Verständnis der inneren Vorgänge fördert, damit eröffnet, und es sind nicht bloss, wie bei den thermochemischen Gesetzen, Beziehungen zwischen den chemischen und thermischen Gesamtergebnissen eines Vorganges aufgedeckt.

Was bis jetzt hauptsächlich fehlt, ist die Brücke zwischen der molekularen Erklärung der chemischen Prozesse und inneren Energie der Gase einerseits und der dynamischen Auffassung der elektrischen Vorgänge andererseits. Dort ist die Zerlegung in unzusammenhängende bewegte Körperchen der leitende Gesichtspunkt, hier die stetige Kraftströmung durch Kraftlinienbündel, die sich bald verengern, bald erweitern und überall die Niveauflächen gleichen Potentials senkrecht durchsetzen. Dort herrscht eine hylokinetische Auffassung, die ohne eigentliche Kräfte auszukommen sucht, hier eine dynamische Auffassung, die nur die Gesamtwirkungen der Centralkräfte beachtet, aber die Kraftcentra beiseite lässt, welche die Fortpflanzung der Kraftäusserungen vermitteln und so erst den Schein einer stetigen Kraftströmung erzeugen. Dort führt die eine, hier die andere Betrachtungsweise schneller zu praktisch brauchbaren Formeln, und die Spezialisierung der Physik hat bisher verhindert, dass diese Ungleichmässigkeiten in ihren verschiedenen Zweigen den theoretisch unentbehrlichen Ausgleich gefunden haben.

Die in den letzten Jahren aufgetauchte Theorie der positiven und negativen Elektronen dürfte, wenn sie allgemeineren Anklang findet, die atomistische und die undulatorische Betrachtungsweise in nähere Berührung bringen und beide zu einem Ausgleich ihrer Kollisionen nötigen. Wenn die elektrische Ladung eines Moleküles in seiner Behaftung mit Elektronen gesucht wird, so kann sie nicht mehr bloss in stehenden Wellen bestehen. Wenn die Kathodenstrahlen Elektronenströmungen sind, so tritt eine elektrische Emissionstheorie neben die elektrische Undulationstheorie. Es entsteht dann die Aufgabe, das Verhältnis der Elektronenansammlung zu stehenden Wellen bei der statischen Elektrizität und das Verhältnis der Elektronenströmung zu den fortschreitenden elektrischen Wellen zu untersuchen und den Anteil der Elektronen und Undulationen bei der Wechselwirkung elektrischer Ladungen und elektrischer Strahlung klar zu stellen. Soll die Identität der strahlenden Energie für Licht und Elektrizität festgehalten werden, so eröffnet sich die Aussicht auf eine höhere Synthese der Huyghensschen Undulationstheorie und der Newtonschen Emissionstheorie des Lichtes an Stelle der bisherigen Alleinherrschaft der ersteren. Wir sehen in der That am Meere und der Atmosphäre, dass jede dauernde Ursache der Wellenbewegung auch zu schwächeren oder stärkeren Strömungen führt und dass kaum eine Ursache der Strömung so stetig wirken kann, dass sie nicht nebenbei irgend welche Wellen erregte. Wenn dieses Verhältnis auch für den Aether gilt, so dürfte die Synthese der Emissions- und Undulationstheorie auch für Licht, Wärme und Elektrizität auf die Dauer nicht zu umgehen sein.

VI. Der Aether und die elektromagnetische Wellentheorie.

Es fragt sich nun, wie beschaffen der hypothetische Aether gedacht werden muss, um für die Erklärung dasjenige zu leisten, wozu diese Hypothese aufgestellt ist. Schon Newton hielt den Aether für korpuskular oder atomistisch konstituiert, für 600 Millionenmal dünner als Wasser, und seine Elastizität für 490 000 Millionenmal so gross als die der Luft. Er nahm ferner an, dass seine Elastizität ein Produkt der Abstossung seiner Atome sei, und dass er in den Poren der Körper dünner als ausserhalb derselben sei. Nach Thomson ist der Aether viel dünner als Luft, die durch eine gute Luftpumpe möglichst verdünnt ist, kann aber ein Volumen Aether gleich dem der Erde nicht weniger Masse enthalten als 2775 Pfund. Indessen werden die Voraussetzungen, auf welche Thomsons Berechnung sich stützt, hinfällig, wenn die elektromagnetische Theorie des Lichts richtig ist. Man weiss über die Masse des Aethers nichts, als dass sie äusserst gering sein muss.

Ob der Aether Schwere hat, hängt davon ab, ob die Aetherteilchen und Körperteilchen (d. h. die Teilchen der wägbaren Materie) einander anziehen oder abstossen; im ersteren Falle allein hätte er Schwere, im letzteren könnte man höchstens von negativer Schwere sprechen. Er kann auch auf kleinere Entfernungen negative, auf grössere positive Schwere haben, und dies dürfte am wahrscheinlichsten sein, wie sich sogleich zeigen wird.

Beharrungsvermögen muss der Aether jedenfalls haben, wenn nicht eine unendlich kleine Kraft eine endliche Wirkung und eine endliche Kraft eine unendlich grosse Wirkung in ihm soll hervorbringen können, wenn also überhaupt gesetzmässige Schwingungen in ihm möglich sein sollen. Das Mass des Beharrungsvermögens drückt sich auch im Aether durch die Masse aus; er muss also eine wenn auch sehr geringe Masse haben, gleichviel ob seine Schwere positiv oder negativ oder Null ist.

Wenn Aetherteilchen und Körperteilchen sich auf molekulare Entfernungen anziehen, so muss der Aether innerhalb der Körper dichter sein als ausserhalb derselben; wenn dagegen der Aether innerhalb der Körper dünner ist als ausserhalb derselben, wie Newton annahm, so müssen Aetherteilchen und Körperteilchen sich, wenigstens auf molekulare Entfernungen, abstossen. Die Vorstellung, dass die Körperatome und Körpermoleküle mit Aetherhüllen umgeben seien, schien zunächst die letztere Ansicht zu begünstigen; indessen lässt auch die erstere Ansicht solche Aetherhüllen zu. Beide Ansichten haben deshalb ihre Vertreter. Nach der ersteren Ansicht verhalten sich die Körpermoleküle gleichmässig anziehend zu Körpermolekülen und Aethermolekülen, die Aethermoleküle aber ungleichmässig zu beiden Molekülarten, nämlich zu ihres Gleichen abstossend, zu den Körpermolekülen aber anziehend; nach der letzteren Ansicht dagegen verhalten sich die Aethermoleküle gleichmässig abstossend zu beiden Molekülarten, die Körpermoleküle aber ungleichmässig, nämlich zu ihres Gleichen anziehend, zu den Aethermolekülen aber abstossend.

Die Körpermoleküle ziehen einander im umgekehrt quadratischen Verhältnis der Entfernung an, die Aethermoleküle stossen sich im umgekehrten Verhältnis einer höheren Potenz der Entfernung, wahrscheinlich der vierten, ab. Auch die, sei es positive, sei es negative, Wirkung der Körpermoleküle und Aethermoleküle aufeinander scheint nicht dem umgekehrten quadratischen Verhältnis der Entfernung proportional zu sein, sondern einer höheren Potenz, vielleicht der dritten. Diejenige Molekülart, welche auf die beiden Molekülarten ungleichmässig wirkt, muss entweder auch nach ungleichem Gesetz auf beide wirken, oder ihre Wechselwirkung mit der anderen Molekülart muss sich aus den Wirkungsgesetzen beider wirkenden Atomarten zusammensetzen. Letztere Annahme ist jedenfalls die einfachere; wenn man sich ihr zuwendet, so liegt aber auch der Gedanke nahe, dass die ganze Wechselwirkung verschiedener Molekülarten sich aus den

Einzelwirkungen beider zusammensetzt, und nicht bloss die gesetzmässige Aenderung mit der Entfernung.

Wenn ein Körpermoleküle nur anziehend, ein Aethermoleküle nur abstossend wirkt, so wird das Körpermoleküle streben, die Entfernung zwischen sich und dem Aethermoleküle zu verkleinern, das Aethermoleküle aber suchen, sie zu vergrössern. Sind in der bestehenden Entfernung beide entgegengesetzte Kraftäusserungen gleich, so ist das Resultat, dass die Entfernung zwischen beiden Molekülen unverändert bleibt; überwiegt die eine, so tritt die entsprechende Bewegung ein. Da nun die Abstossung des Aethermoleküles mit verminderter oder vergrösserter Entfernung viel rascher wächst oder abnimmt als die Anziehung des Körpermoleküles, so muss auf Entfernungen, die kleiner als die Gleichgewichtsentfernung sind, zwischen beiden überwiegende Abstossung bestehen, auf solche aber, die grösser sind, überwiegende Anziehung. Die wachsende Abstossung zwischen Aether- und Körpermolekülen auf kleinste Entfernungen erscheint unentbehrlich, um den Schein der Undurchdringlichkeit der Materie und der materiellen Raumerfüllung zu erklären; die wachsende Anziehung zwischen beiden auf grössere Entfernungen erscheint ebenso unentbehrlich, um der Abstossung der Aetheratome untereinander das Gleichgewicht zu halten und die unendliche Zerstreuung des Aethers zu verhindern. Die Gleichheit von Wirkung und Gegenwirkung zwischen zwei verschiedenartigen Molekülen bleibt auch bei dieser Annahme gewahrt. Denn das Körpermoleküle zieht nicht nur das Aethermoleküle zu sich hin, sondern auch sich zu dem Aethermoleküle hin, und das Aethermoleküle stösst nicht nur das Körpermoleküle von sich ab, sondern auch sich von dem Körpermoleküle ab. Die Gesamtgegenwirkung ist die Summe dieser beiden Einzelgegenwirkungen, und sie ist ebenso der Gesamtwirkung gleich, wie jede Einzelgegenwirkung der entsprechenden Wirkung gleich ist. —

Die Weltkörper finden am Aether keinen nachweisbaren Widerstand ihrer Bewegung; soweit ein solcher in der Nähe der Sonne angenommen werden muss, kommt er nicht auf Rechnung des Aethers, sondern der Atmosphäre unseres Planetensystems, die in der Nähe der Sonne immer dichter werden muss. Der Aether leistet also Verschiebungen seiner Teile keinen merklichen Widerstand oder verhält sich in dieser Hinsicht wie eine vollkommene

Flüssigkeit. Nun sind aber Querschwingungen in einer Flüssigkeit nur insoweit möglich, als sie eine gewisse Zähigkeit oder Viscosität hat, die einer Verschiebung der Teilchen widersteht; in einer vollkommenen Flüssigkeit sind sie unmöglich. Da ferner der Aether eine anscheinend vollkommene Elastizität in Bezug auf Querschwingungen hat, so verhält er sich in dieser Hinsicht wie ein vollkommen elastischer fester Körper.

Beide Eigenschaften stehen nun aber in einem unlösbaren Widerspruch miteinander. Eine vollkommene Elastizität und Festigkeit ist mit einem völlig widerstandslosen Ausweichen und vollkommener Flüssigkeit unvereinbar, auch nicht durch die Vorstellung einer unermesslich dünnen und unermesslich festen Gallerte. Es kommt hinzu, dass ein solcher Aether nach Art eines festen Körpers neben den Querschwingungen notwendig auch Längsschwingungen aller Wellenlängen haben müsste, die in ihm eine ebenso grosse Rolle spielen müssten, wie die Schallschwingungen in der Luft, und dass von solchen bisher auch nicht die leiseste Spur entdeckt werden konnte. Die Rechnungen Thomsons (Lord Kelvins) ergaben, dass ein Medium mit solchen Eigenschaften, wie sie der Aether haben sollte, überhaupt nicht stabil ist, also keine physikalische Existenz haben kann.

Durch diese Widersprüche und Paradoxien war die Hypothese des Aethers eine Zeit lang sehr in Misskredit geraten, und diese berechtigten Zweifel klingen auch jetzt noch in wissenschaftlichen und namentlich in den (gewöhnlich um eine Poststation rückständigen) populären Schriften vielfach nach, trotzdem sie durch die elektromagnetische Theorie des Lichts vollständig behoben sind. Denn diese setzt gar keine Elastizität des Aethers gegen seitliche Verschiebung seiner Atome, also auch keine Analogie mit einem festen Körper voraus, sondern nur die Fähigkeit zu dielektrischer Polarisation.*) Sie lässt die vollkommene Flüssigkeit des Aethers ungestört bestehen, und weist rechnungsmässig nach, dass bei ihren Voraussetzungen Längsschwingungen im Aether unmöglich sind. Der Aether verhält sich also gegenüber einem elektromagnetischen Impuls wie ein Stück weiches Eisen, dessen vorher wirr durcheinander ge-

*) von Helmholtz, „Vorlesungen über theoretische Physik", Band V, 1897, S. 43.

richtete Teilchen plötzlich in eine polare Stellung gedreht werden, oder wie ein gasförmiger Isolator, dessen Teilchen unter dem elektrischen Impuls dielektrisch polarisiert werden. Die Querschwingungen der Teilchen sind im Aether nun nicht mehr geradlinige Hinundherbewegungen oder Umläufe der Moleküleschwerpunkte in kreisförmigen oder elliptischen Bahnen, sondern Drehschwingungen der Aethermoleküle um ihren Schwerpunkt und um die Fortpflanzungsrichtung als Axe gleich denen einer Magnetnadel oder eines im Fluge um seine Axe pendelnden Geschosses. Es leuchtet auch ohne Rechnung ein, dass diese Schwingungen in allen anderen Richtungen möglich sind, ausser in der Fortpflanzungsrichtung, weil die Schwerpunkte der Atome ihre Orte bei den Schwingungen gar nicht verändern, dass es also unter diesen Voraussetzungen keine Längsschwingungen im Aether geben kann. —

Ein Aethermoleküle kann freilich unter dieser Voraussetzung nicht mehr ein einfaches Atom sein, wie dies zur Zeit vor der Herrschaft der elektromagnetischen Wellentheorie als einfachste Hypothese angenommen werden musste, sondern es muss aus mindestens zwei Atomen zusammengesetzt sein, und diese Atome müssen verschieden sein, im einfachsten Falle also ein Körper- und ein Aetheratom, da es zweier entgegengesetzter Pole bedarf, um die Polarisierbarkeit des Moleküles begreiflich zu machen.*) Die Zusammensetzung eines abstossenden und eines anziehenden Atoms zu einem Aethermoleküle würde sogar die Abweichung des Entfernungsgesetzes beim Aether von den Körpern erklären. Ein solches Punktpaar muss nämlich, wie aus dem Coulombschen Gesetze folgt, auf einen Massenpunkt im umgekehrten Verhältnis der dritten Potenz der Entfernung, auf ein ebensolches Punktpaar in dem der vierten wirken, wenn man von der Wirkungsrichtung absieht**), d. h. ein Aethermoleküle würde ein Körperatom im umgekehrten Verhältnis der dritten Potenz der Entfernung, ein anderes Aethermoleküle in dem der vierten ab-

---

*) Nach den Vorträgen von Nernst und Kaufmann auf der Naturforscherversammlung zu Hamburg 1901 wird jetzt angenommen, dass die elektrischen Ladungen der Ionen in positiven und negativen Elektronen bestehen, die 2000 mal kleiner als ein Wasserstoffmoleküle sind. Die einfachste Annahme wäre wohl, dass diese Elektronen die Ionen der Aethermolekule selbst seien.

**) Auerbach, „Kanon der Physik", Leipzig 1899, S. 59, 154.

stossen. Dabei ist vorausgesetzt, dass jeder einzelne seiner Polpunkte im umgekehrt quadratischen Verhältnis der Entfernung wirkt, und dass der Abstand der Polpunkte voneinander verschwindend klein ist im Verhältnis zu der Entfernung, auf die sie wirken. —

Solange man die Aetherschwingungen als Querschwingungen im gewöhnlichen Sinne auffasste und aus der Elastizität des Aethers gegen Verschiebung ableitete, konnte man nur zu einfachen Wellen gelangen. Die Fresnelsche Lichttheorie nimmt an, dass die Elastizität des Aethers, die Neumannsche, dass seine Dichtigkeit in allen Körpern gleich sei; die erstere nimmt an, dass der Aether nach verschiedenen Richtungen des Raumes verschiedene Trägheit, die letztere, dass er verschiedene Elastizität habe. Die erstere kommt zu dem Ergebnis, dass die Schwingungsebene des polarisierten Lichtes senkrecht zur Polarisationsebene (d. h. zur Einfallsebene des Lichtstrahles bei der polarisierenden Spiegelung) stehe, die letztere zu dem, dass die Schwingungsebene in der Polarisationsebene liege. Die Wellen, die beide Theorien liefern, stehen also ebensowohl aufeinander senkrecht wie auf der Fortpflanzungsrichtung, und es war schwer zu entscheiden, welche den Vorzug verdiente.

Die elektromagnetische Theorie des Lichtes fasst nunmehr die Ergebnisse beider zusammen; denn sie liefert immer einen doppelten Wellenzug zugleich, deren einer senkrecht zur Polarisationsebene, und deren anderer in ihr schwingt. Der erstere stellt die elektrischen, der letztere die magnetischen Wellen dar. Es ist wahrscheinlich, aber noch nicht sicher festgestellt, dass die Lichtwirkung dem elektrischen und nicht dem magnetischen Wellenzuge zukommt, und dass demgemäss die Schwingungsrichtung des Lichtes senkrecht zur Polarisationsebene liegt. Ob dem magnetischen Wellenzuge ebenfalls noch andere als magnetische Eigenschaften zukommen, und ob insbesondere Licht und Wärme auf denselben Wellenzug oder auf die zwei zusammengehörigen Wellenzüge zu beziehen sind, darüber fehlt noch jeder Aufschluss. Zur Erklärung der Doppelbrechung in Krystallen braucht die elektromagnetische Lichttheorie nur noch die Annahme, dass die Dielektrizitätskonstante des Aethers in solchen Körpern nach den verschiedenen Richtungen des Raumes verschieden sei, aber nicht die, dass seine Elastizität oder seine Trägheit nach den verschiedenen Richtungen verschieden sei.*)

Die elektromagnetische Lichttheorie giebt die Erläuterung für die erfahrungsmässige Thatsache, dass ein unendlich kleiner elektrischer Kreisstrom einem in seiner Axe belegenen magnetischen Polpaar, eine Reihe solcher aufeinander geschichteter Kreisströme (Solenoïd) einer gleichlangen magnetischen Linie und ein Gebilde aus solchen Solenoïden einem Magnetstab gleichwertig ist, ebenso wie ein Ringmagnet einen geradlinigen durch seine Axe gehenden elektrischen Strom ersetzen kann. Der Streit, ob ein Magnet aus molekularen magnetischen Polpaaren oder aus molekularen elektrischen Kreisströmen bestehe, wird durch die elektromagnetische Theorie gegenstandslos; denn beides bedeutet jetzt dasselbe, weil immer beide aufeinander senkrechte Wellenzüge vorhanden sind. Nicht identisch aber sind feste Polpaare und Kreisströme für die Konstitution des Aethers; denn irgendwo muss man doch auf etwas kommen, was die doppelten dielektrischen und magnetischen Polarisations-Schwingungen ausführt, und das können nicht wieder solche doppelte Schwingungen sein. Die Aethermoleküle, aus deren dielektrischen und magnetischen Polarisationsschwingungen die Imponderabilien bestehen, müssen entweder feste Polpaare (im einfachsten Falle Punktpaare) oder aber Cykel oder Wirbel sein, die durch ihre Rotation oder Wirbelung solche Pole erzeugen. Zu welcher von beiden Ansichten man sich entscheidet, hängt von weiteren Erwägungen ab, insbesondere davon, ob man letzten Endes eine stetige oder atomistische Konstitution der Materie annimmt. —

Durch seine elektromagnetischen Formeln hat Maxwell das für die strahlende Energie geleistet, was Lagrange durch seine Formeln für die mechanische Energie geleistet hatte. Es ist dadurch das Interesse an dem elektrischen Gesetze Webers zurückgedrängt worden, welches für die Elektrizitätslehre das zu leisten versucht, was Newton für die Mechanik geleistet hat. Das Coulombsche elektrostatische Gesetz für r u h e n d e elektrische Ladungen war einfach die Uebertragung des Newtonschen Gravitationsgesetzes von mechanischen Massen auf Elektrizitätsmengen gewesen und drückt die Abhängigkeit der elektrischen Kraft-

*) Vgl. v. Helmholtz a. a. O. S. 355.

äusserung von dem Produkt beider wirkenden Elektrizitätsmengen und dem umgekehrten Quadrat ihrer Entfernung aus. Weber übertrug dieses Gesetz auf b e w e g t e Elektrizitätsmengen, indem er einen Faktor hinzufügte, der die Abhängigkeit der Kraftäusserung von der relativen Geschwindigkeit beider Elektrizitätsmengen und von ihrer Beschleunigung gegeneinander ausdrückt. Dieses Webersche Gesetz ist aber ein empirisches Gesetz, das nur aus bestimmten Erfahrungsgebieten abgezogen ist und für gewisse andere Fälle keine Bestätigung findet. Das Gleiche gilt auch für den Ersatz desselben durch andere Formeln, den andere Physiker (Grassmann, Clausius u. a.) versucht haben. Sie alle überspringen die Vermittelung der elektrischen Wirkung durch den Aether, während die Maxwellschen Formeln gerade auf sie gebaut sind.

Die Maxwellschen Formeln sind ein interessantes Beispiel von der Art, wie wissenschaftliche Fortschritte von einschneidender Bedeutung sich manchmal vollziehen. Sie waren ursprünglich nur für Elektrizität bestimmt, und erst die nachträgliche Entdeckung, dass auch alle Vorgänge der Lichtbewegung aus ihnen ableitbar seien, führte auf den Gedanken, dass die Lichtbewegung selbst weiter nichts als elektrische Bewegung sein könnte; aber diese Vermutung schwebte für solange völlig in der Luft, bis die Hertzschen Versuche über elektrische Wellen sie in überraschender Weise bestätigten. Es zeigte sich also, dass die abgeleiteten Formeln auch für solche Erscheinungen passten, an die bei ihrer Ableitung gar nicht gedacht war, dass mit anderen Worten die Voraussetzungen, welche in ihnen in rechnerischen Ansatz gebracht waren, in der Natur eine weitere Geltung besassen, als anfänglich angenommen war. Das Merkwürdigste aber ist, dass Maxwell seine Formeln aus einer ganzen Anzahl unhaltbarer Voraussetzungen abgeleitet hat, und dass diese Irrtümer für die Richtigkeit der Ergebnisse zufällig ohne Einfluss geblieben sind. Nach dem Vorgange von Hertz pflegt man sich daher jetzt eine Ableitung der Formeln zu ersparen und sich auf den Hinweis zu beschränken, dass die übernommenen Formeln durch die Erfahrung bestätigt werden. —

Dadurch, dass die strahlende Energie als eine einzige erkannt worden ist, gleichviel, ob sie Licht, Wärme, Elektrizität oder Magnetismus überträgt, ist die Hypothese des Aethers stark befestigt worden. So wenig Schallschwingungen von einem Orte zum anderen übertragen werden können, wenn beide Orte durch einen luftleeren Raum getrennt sind, ebensowenig könnten Licht-, Wärme-, elektrische oder magnetische Schwingungen von einem Ort an einen anderen übertragen werden, wenn beide durch einen ätherleeren Raum getrennt wären. So wenig der Aether Schall übertragen kann, ebensowenig kann die Luft oder ein anderer Körper von wägbarer Materie Licht, Wärme, Elektrizität oder Magnetismus übertragen, wenn nicht seine Poren mit Aether gefüllt sind. Selbst die Wärme**leitung** gilt als eine Strahlung von Moleküle zu Moleküle vermittelst des zwischengelagerten Aethers.

Genau in demselben Sinne, wie die Schallstrahlung als mechanische Molekularenergie der Luft angesehen werden muss, ist auch die strahlende Energie eine mechanische Molekularenergie des Aethers. Genau in demselben Sinne, wie die bewegte oder schwingende wägbare Masse der Extensitätsfaktor der molaren und molekularen mechanischen Energie der Materie ist, genau in demselben Sinn ist auch die schwingende Aethermenge der Extensitätsfaktor der strahlenden Energie, welche in ihren Schwingungen besteht. Der Extensitätsfaktor solcher Energieformen, bei denen wägbare Materie und Aether zusammenwirken, wird demgemäss als eine mehr oder minder verwickelte Zusammensetzung von wägbarer Masse und Aether zu betrachten sein, für deren nähere Beschaffenheit unserer Kenntnis bis jetzt alle Anhaltspunkte fehlen. Nur soviel können wir annehmen, dass die Zwischenlagerung von Aethermolekülen zwischen die wägbaren Körpermoleküle mindestens soweit hinabreichen muss, wie die Dissociierbarkeit der Moleküle durch strahlende Energie.

Für quantitative Bestimmungen des Extensitätsfaktors sind wir ohnehin überall auf die Division der messbaren Energie durch den messbaren Intensitätsfaktor, also auf eine mittelbare Bestimmung angewiesen (Gewicht durch Beschleunigung, Bewegungsgrösse durch Geschwindigkeit, lebendige Kraft durch halbes Geschwindigkeitsquadrat, elektrische Stromstärke durch elektrische Spannung, Wärme durch Temperatur geteilt u. s. w.). Eine unmittelbare Wahrnehmung, Messung, Erkenntnis des Extensitätsfaktors ist bei allen Energieformen gleich unmöglich; überall wird der Extensitätsfaktor lediglich **erschlossen**, hat also überall gleichmässig **hypothetischen** Charakter. Die Existenz einer wägbaren Masse ist genau in demselben Sinne Hypothese wie die Existenz eines Aethers. Wer etwas anderes annimmt, der verwechselt die Wahrnehmung von Kraftäusserung (Druck und Zug) und Energie (Stosswucht) mit der Wahrnehmung von Masse, und übersieht, dass er letztere nur mittelbar aus den ersteren, allerdings in instinktiver Weise und ohne sich des Schlussverfahrens bewusst zu sein, erschliesst.

Der Aether darf hiernach als eine ebensogut fundierte Hypothese gelten wie die wägbare Masse. Die Versuche, den Aether als eine unhaltbare Hypothese zu verwerfen und als eine überflüssige Hypothese auszuscheiden, stützen sich entweder auf die oben erwähnten Schwierigkeiten im früheren Aetherbegriff, die durch die elektromagnetische Theorie des Lichts beseitigt sind, oder sie suchen eine substantielle Energie an Stelle des Aethers zu setzen, oder sie verzichten grundsätzlich auf alle Erklärungen, die hinter die mathematischen Formeln zurückgehen. —

Die Annahme einer substantiellen Energie (Ostwald) kommt auf die Newtonsche Emissionshypothese zurück, nur dass das Emittierte nicht mehr als Stoff, sondern als substantielle Energie gedacht wird. Es taucht dabei erstens die alte Schwierigkeit von neuem auf, wie bei dieser Voraussetzung die Fortpflanzungsgeschwindigkeit der strahlenden Energie unabhängig von ihrer Intensität sein kann, und zweitens werden die Querschwingungen zu einer nebenherlaufenden Bestimmung, die nicht etwa den Grund für die Energieübertragung, sondern eine für sie gleichgültige Komplikation darstellt, gleich den Schwingungen eines Wasserstrahles, der aus einem hin und her bewegten Schlauchmundstück entströmt. Es geht aber nicht an, die Schwingungen als eine unwesentliche Zuthat beiseite zu schieben. Die Strahlung durch wirklich leeren, d. h. auch ätherleeren Raum, die allgemein als ausgeschlossen gilt, müsste vollständig unbehindert stattfinden, wenn Strahlung Energieströmung wäre und in der fortschreitenden Bewegung der Substanz bestände, welche nebenbei die Schwingungen ausführte.*)

Die rein relativistische Energetik wiederum (Helm, Mach) mutet dem Menschen einen Denkverzicht zu, der zeitweilig, um von übereilten Hypothesen loszukommen, nützlich sein mag, auf die

*) Ostwald, „Lehrbuch der allg. Chemie", 2. Aufl., Bd. II, S. 1015—1018.

Dauer aber unerträglich und mit dem menschlichen Erkenntnisdrang unvereinbar ist. Es ist gewiss berechtigt, den Anspruch, der eine Zeitlang unter F. A. Langes Einfluss sich erhoben hatte, zurückzuweisen, als ob nur die räumlich sinnliche Anschauung Erkenntnis gewähre und selbst die rein logischen Denkvorgänge sich ganz auf solche stützen müssten, und einer solchen Einseitigkeit gegenüber den Erkenntniswert begrifflicher Beziehungen zu betonen. Aber diese ganz auf mathematische Formeln zu beschränken und jede Anschauungsgrundlage als unter der Würde der Wissenschaft stehend zu verschmähen, ist doch ebenso einseitig. Die mathematischen Formeln haben nur dann einen Wert, wenn ihnen klare Begriffe zu Grunde liegen, und je mehr diese Begriffe sich auf Anschauung stützen können, desto besser für die Erkenntnis. Der menschliche Erkenntnistrieb wird sich das Recht niemals rauben lassen, nach den inneren Zusammenhängen und tieferen Gründen der Erscheinungen zu forschen, deren gesetzmässige quantitative Beziehungen zu einander in den Formeln niedergelegt sind. Praktisch sind vielleicht die letzteren sehr viel wichtiger; aber aus theoretischem Gesichtspunkt die ersteren interessanter zu finden, kann man niemandem wehren. Die Wissenschaft braucht beides und hat Raum für beides, wenn auch gegenwärtig eine agnostische Zeitströmung es für der Weisheit letzten Schluss ausgiebt, sich bei innerlich unverstandenen Formeln bescheiden zu lernen.

Beide Richtungen der Energetik, die ontologische und die agnostisch relativistische, sind inkonsequent, wenn sie zwar die wägbare Masse als Extensitätsfaktor der mechanischen Energie beibehalten, den Aether aber als Extensitätsfaktor der strahlenden Energie verwerfen. Mag immerhin die wägbare Masse nichts weiter sein als ein Faktor der Energie, ein aus ihr herausgezogenes Teilstück oder eine Abstraktion von ihr, so hat doch, solange ihr diese Daseinsberechtigung zugestanden wird, der Aether genau dieselbe Daseinsberechtigung. Man kann nicht bei einigen Energieformen die Zerlegbarkeit in einen Intensitäts- und einen Extensitätsfaktor behaupten und bei anderen sie leugnen, ohne die Einheitlichkeit und Gleichmässigkeit des Energiebegriffs zu zerstören. Mit der Leugnung des Aethers verschwindet jede Möglichkeit, einen Extensitätsfaktor der strahlenden Energie anzugeben. Soll die Energie als eine in allen ihren Erscheinungsformen ihr innerstes Wesen behauptende gedacht werden, so darf auch der strahlenden Energie der Extensitätsfaktor nicht fehlen, so ist auch der Energetik die Aetherhypothese unentbehrlich.

Nimmt man die Aetherhypothese an, so wird, wie schon bemerkt, die strahlende Energie zu einer besonderen Unterart der mechanischen Energie des Aethers, nämlich zu oscillatorischer Energie; diese besteht in fortwährendem Umsatz zwischen potentieller und kinetischer Energie auf Entfernungen, die sich in den Grenzen halten, welche wir für die Wellenlängen der strahlenden Energie kennen (vergl. oben S. 118). Da ferner optische, thermische, elektrische und magnetische Energie aus strahlender Energie entspringen kann, so würde ihnen jede Verständlichkeit geraubt, wenn sie etwas anderes wären, als stehende Schwingungen der wägbaren Materie oder des an ihr haftenden Aethers oder der Verbindung beider. Wenn Mayer noch zweifelhaft darüber war, ob Wärme Molekularbewegung sei, so muss dieser Zweifel nunmehr als überwunden gelten. Die Energetiker, welche bestreiten, dass Wärme Molekularbewegung sei, setzen an Stelle eines einleuchtenden Zusammenhanges einen unverständlichen Machtspruch und die Forderung, im Interesse der Energetik auf Begreifen und Erklären zu verzichten. —

Wenngleich nun auch die Aetherhypothese als eine der bestbegründeten naturwissenschaftlichen Hypothesen und für ebenso sicher wie die Annahme einer körperlichen Masse gelten darf, so muss doch zur Zeit der Versuch, den Aether als die einzige Masse und als die Grundsubstanz auch der wägbaren Masse hinzustellen, als eine höchst gewagte, keineswegs wohlbegründete und in die grössten Schwierigkeiten verwickelnde Hypothese beurteilt werden. Obwohl dieser Versuch von Zeit zu Zeit immer wieder aufgetaucht ist, so waren es doch gewöhnlich naturwissenschaftliche Dilettanten, von denen er ausging; ich würde ihn deshalb hier gar nicht erwähnen, wenn nicht Heinrich Hertz ihn am Schlusse eines weit verbreiteten Vortrags wieder aufgenommen hätte.*)

Der Aether zeigt bloss abstossende Kräfte, und aus solchen allein ohne anziehende Kräfte lässt sich die Welt nicht konstruieren. Entweder giebt es ausser den abstossenden

---

*) Hertz, „Ueber die Beziehungen zwischen Licht und Elektrizität“. 10. u. 11. Aufl., Bonn 1900, S. 29.

Aethermolekülen noch anziehende Körpermoleküle, die alsdann die Grundlage der wägbaren Masse bilden; oder aber die wägbaren Körpermoleküle bestehen aus Gruppen verdichteter oder wirbelnder Aethermoleküle, dann bedarf es eines zweiten dünneren Mediums neben dem Aether zur Erklärung der Gravitation, da der Aether selbst, wie wir sehen werden, unfähig ist, diese Erklärung zu liefern. Im ersteren Falle bleibt die gewöhnliche Annahme, dass Aethermoleküle und wägbare Körpermoleküle nebeneinander bestehen, in Kraft und ein besonderes Gravitationsmedium erscheint überflüssig; im letzteren Falle umfasst der Aether die Grundbestandteile nicht nur der strahlenden Energie, sondern auch der wägbaren Masse, während neben ihm das Medium der Gravitation auftaucht und ihm gegenüber ungefähr dieselbe Rolle spielt wie im ersteren Falle er selbst gegenüber der wägbaren Masse.

Man kommt also schlechterdings nicht ohne zwei Arten von Grundbestandteilen des Weltbaues aus; sie heissen nur im ersteren Falle Körper- und Aethermoleküle, im letzteren Falle Aethermoleküle und Moleküle des Gravitationsmediums. Im ersteren Falle sind die Körpermoleküle die Träger der Anziehungskräfte, im letzteren Falle sind die Moleküle des Gravitationsmediums die Vermittler des Zustandekommens einer Anziehung; in beiden Fällen sind die Aethermoleküle Träger der Abstossungskräfte. Solange es unmöglich scheint, ohne Kräfte mit entgegengesetztem Vorzeichen auszukommen, solange wird man auch zwei Arten von Grundbestandteilen des Weltbaues nicht entbehren können, es sei denn, dass man zu der noch viel künstlicheren Hypothese von Kräften seine Zuflucht nimmt, die mit der Entfernung ein- oder mehrere Mal ihr Vorzeichen wechseln. Wer mit Boscovich diese Annahme vorzieht, der hat es dann allerdings nur noch mit einer Art von Grundbestandteilen zu thun; aber es geht dann kaum noch an, dieselben Aetheratome oder Körperatome zu nennen, da Aether und wägbare Masse dann beide nur noch bestimmte Gruppierungsweisen der gleichen Uratome heissen können.

In der That besteht weder die wägbare Masse bloss aus anziehenden Atomen, noch der Aether bloss aus abstossenden Atomen. Wie einerseits zwischengelagerte Aethermoleküle und umgebende Aetherhüllen erforderlich sind, um die Dissociierbarkeit der Körpermoleküle und den Widerstand der Masse gegen Eindringen sicher zu stellen, so ist andrerseits dem Aethermoleküle die Zusammengesetztheit aus mindestens zwei Atomen mit entgegengesetzten Kräften unentbehrlich, um ihm die Polarisierbarkeit zu verbürgen, deren er nach der elektromagnetischen Wellentheorie als Träger der strahlenden Energie bedarf. Ein Körpermoleküle ist danach eine aus anziehenden und abstossenden Atomen gebildete Atomgruppe, bei der auf kleinste Entfernungen die Abstossung, aber schon auf grössere molekulare Entfernungen meistens die Anziehung überwiegt; ein Aethermoleküle ist dagegen eine Gruppe aus anziehenden und abstossenden Atomen, bei der wir nur Abstossung kennen, die aber auf grössere, kosmische Entfernungen vielleicht auch ein Uebergewicht der Anziehung entfaltet.

Nicht nur die Anordnung der anziehenden und abstossenden Atome, sondern auch das Zahlenverhältnis beider wird im Körpermoleküle ein anderes sein, als im Aethermoleküle, und schon deshalb wird man nicht sagen können, dass die wägbare Masse aus verdichtetem Aether bestehe. Man wird vielmehr sagen müssen, dass die letzten Teilchen sowohl der wägbaren Masse als auch des Aethers aus zwei entgegengesetzten Gattungen von Urbestandteilen zusammengesetzt sind, aus anziehenden und abstossenden Uratomen, die aber nun nicht mehr im eigentlichen Sinne des Wortes Körper- und Aetheratome heissen können. Eine abweichende Auffassung scheint nur dann möglich, wenn man der Hypothese huldigt, dass die Aethermoleküle Wirbel einer stetigen vollkommenen Flüssigkeit sind; diese Hypothese ist aber noch nicht über das Stadium eines geistreichen Aperçus hinausgelangt und entbehrt noch gänzlich der Durcharbeitung, die der Atomistik bisher zu teil geworden ist.

VII. Fernwirkung und Nahwirkung.

Alle Kräfte der unorganischen Natur sind, wie wir oben gesehen haben, Potentialkräfte, Centralkräfte oder Normalkräfte, d. h. Kräfte, die ein Potential haben, deren gleichzeitige Kraftäusserungen nach verschiedenen Richtungen hin sich in einem mathematischen Punkte, dem Kraftcentrum, schneiden, und die in der Normale, d. h. in der geraden Verbindungslinie zweier Kraftcentren wirken. Ihre Kraftäusserung hängt von der Entfernung der beiden Kraftcentren ab; wird diese Entfernung gleich Null, so hört jede Kraftwirkung auf. Dies folgt daraus, dass die Kraftäusserung irgend welcher Potenz der Entfernung umgekehrt proportional ist, dass also die Entfernung im Nenner steht, dass eine Division durch Null unmöglich ist*), und dass demnach bei der Entfernung Null die Formel der Kraftäusserung jeden Sinn verliert.

Wenn die Entfernung unendlich klein wird, so wird die Kraftäusserung unendlich gross; die Folge davon ist, dass im Falle der Abstossung jede endliche kinetische Energie durch die wachsende Kraftäusserung überwunden, also die Annäherung der Kraftcentra aneinander in Entfernung voneinander umgekehrt wird, so dass eine Berührung oder ein Durcheinanderhindurchgehen abstossender Kraftcentra unmöglich ist. Im Falle der Anziehung hingegen wächst die Kraftäusserung um so mehr, je mehr sie ihren Erfolg erreicht; die beiden Kraftcentra schwingen also mit sogenannter unendlicher Geschwindigkeit durcheinander hindurch, falls sie keine seitliche Geschwindigkeit mitbringen, die sie aneinander vor-

*) Vgl. meine „Kategorienlehre", S. 259—261.

beiführt. Dabei hat die Geschwindigkeit der Annäherung in jeder noch so kleinen endlichen Entfernung eine endliche Grösse, und nur in dem Augenblick, wo sie in einen Punkt fallen, würde sie unendlich gross werden, w e n n der Punkt eine A u s d e h n u n g in ihrer Bewegungsrichtung hätte. Da er diese aber n i c h t hat, so ist die unendliche Durchgangsgeschwindigkeit eine Fiktion. Denn in dem Augenblick, wo die Kraftcentra durcheinander hindurchgegangen sind und eine, wenn auch noch so kleine Entfernung zwischen sich gesetzt haben, wirkt auch schon wieder ihre Anziehung im umgekehrten Sinne ihrer Bewegung und verlangsamt dieselbe.

So wenig wir am Himmel ein Beispiel sehen, dass zwei Gestirne geradlinig aufeinander zustürzen, ebensowenig ist dies bei Kraftcentren anzunehmen. Kein Meteorstein würde die Erde treffen, wenn sie nicht dicker wäre als ihr Schwerpunkt. Wenn die Masse der Erde in ihrem Schwerpunkt und die jedes Meteorsteins in dem seinigen konzentriert wäre, so wäre es ein unendlich unwahrscheinlicher Fall, dass die Bahn eines Meteorsteins jemals die der Erde schnitte. Ebenso unwahrscheinlich ist es, dass zwei anziehende Kraftcentra genau durcheinander hindurchschwingen, anstatt bei einander vorbeizufliegen; sie werden in zwei Hyperbelästen seitlich aneinander vorbeistreichen oder elliptisch umeinander herumschwingen, während zwei abstossende Kraftcentra immer die zwei Aeste einer hyperbelähnlichen Kurve durchlaufen müssen, wenn sie in schräger Richtung durch ihre mitgebrachten Geschwindigkeiten sich zu nähern gezwungen sind. Da also ein wirkliches Zusammentreffen bei abstossenden Kraftcentren unmöglich, bei anziehenden unendlich unwahrscheinlich ist, so können wir hier auch die Frage noch beiseite lassen, ob die Masse, die in den Kraftcentren vorausgesetzt wird, ihre etwaige Durchdringung hindern würde.

Festzuhalten ist, dass zwei Kraftcentra in dem Augenblicke, wo sie in einen Punkt fallen würden, zu jeder Kraftäusserung aufeinander unfähig wären, dass vielmehr jede Wirkung zwischen ihnen eine zwischen ihnen bestehende Entfernung zur Voraussetzung hat. Dächte man sich das Unmögliche verwirklicht, dass zwei ausgedehnte Moleküle sich an einem Punkte berührten, so wären doch die Kräfte, mit denen sie aufeinander wirkten, Fernkräfte, gleichviel, ob man sie sich in den beiden Schwerpunkten konzentriert oder auf ihre ganze Masse verteilt denkt. Die in den

Schwerpunkten konzentrierten Kräfte würden auf eine dem Abstand beider Schwerpunkte entsprechende Entfernung wirken. Wenn dagegen die Kräfte gleichmässig über die Masse der beiden Moleküle verteilt wären, so würden alle sich nicht berührenden, also voneinander entfernten Punkte der Moleküle aufeinander wirken, nur die beiden Punkte nicht, in denen sie sich berühren.

Dies wird noch deutlicher, wenn man sich die Moleküle gleich als mathematische Punkte denkt und nun die Berührung beider voraussetzt. Wenn beide Punkte sich anziehen, d. h. das Bestreben haben, sich einander zu nähern, so ist die bewegende Wirkung ihrer anziehenden Kräfte gleich Null, weil das Bestreben, sich einander zu nähern, nicht mehr befriedigt werden kann, vielmehr schon beide Punkte in einen fallen. Wenn dagegen die Punkte sich abstossen, d. h. das Bestreben haben, sich voneinander zu entfernen, so kann dieses Bestreben als Nahwirkung nur einen Augenblicksimpuls geben. Denn im zweiten Augenblicke, wo schon eine minimale Entfernung zwischen den Punkten liegt, müssen entweder die Abstossungskräfte ganz aufhören zu wirken, oder sie müssen als Fernkräfte weiter wirken. Ein Augenblicksimpuls hat aber keine Realität, da immer eine gewisse, wenn auch noch so kleine Zeit zur Entfaltung einer Wirkung gehört. Die Nahwirkung würde demnach sowohl in Gestalt der Anziehung wie in Gestalt der Abstossung schlechthin unwirksam als Ursache von Bewegung sein. Mit anderen Worten: Die einzigen Kräfte, die es in der unorganischen Natur giebt, die Potential-, Normal- oder Centralkräfte sind nur als Fernkräfte denkbar; sie sind entweder Fernkräfte, oder sie sind überhaupt nicht. —

Die Grösse der Entfernung, solange sie sich in endlichen Grenzen bewegt, macht für den Begriff der Fernkraft keinen anderen Unterschied, als dass die Intensität der Kraftäusserung sich nach Massgabe des in der Formel ausgedrückten Gesetzes ändert. Für den Begriff der Fernwirkung ist es dagegen ganz gleichgültig, ob sie sich auf molare oder molekulare Entfernungen erstreckt, ob sie das Weltgebäude umspannt oder ob sie eine merkliche Grösse nur auf solche kleinste Entfernungen zeigt, bei denen unsere besten Mikroskope bereits versagen. Es ist ein grundsätzlicher Irrtum, wenn man bei der Mechanik des Atoms und den Molekularkräften der Physik vergisst, dass man es ebensogut mit Fernkräften zu thun hat wie bei der Mechanik der Himmelskörper; wer die molekularen Entfernungen ignoriert, weil sie klein sind im Vergleich mit der Grösse des menschlichen Organismus, und die Molekularkräfte für Nahkräfte hält, bloss weil ihm die molekularen Entfernungen als keine Entfernungen erscheinen, der thut den Begriffen Gewalt an.

Es ist aber ein ganz gewöhnlicher Missbrauch, die nur auf molekulare Entfernungen spürbaren Fernkräfte mit der Bezeichnung Nahkräfte zu belegen und unter Fernkräften nur solche zu verstehen, die auf grössere molare Entfernungen beträchtliche Wirkungen ausüben. Wenn die Physik Fernkräfte und Nahkräfte einander entgegengesetzt, so hat sie in der Regel nur den Gegensatz von Fernkräften auf molare Entfernungen und solchen auf molekulare Entfernungen im Sinne. Wenn man z. B. Physiker behaupten hört, dass es nur Nahkräfte, keine Fernkräfte gebe, so bedeutet das weiter nichts, als dass es nur Fernkräfte auf molekulare, aber nicht solche gebe, deren Wirkung auch auf molare Entfernungen noch merklich sei. Wenn man sagt, dass die Physik im Laufe der Zeit mehr und mehr Fernkräfte (Schall, Licht, Elektrizität, Magnetismus) in Nahkräfte aufgelöst und als Summationseffekte solcher dargethan habe, so besagt das nur, dass mehr und mehr Fernwirkungen auf molare Entfernungen als vermittelt durch eine Reihe von Fernwirkungen auf molekulare Entfernungen begriffen worden sind. Wenn es gelänge, auch die letzte noch unerklärte Fernwirkung, die Gravitation, in Nahkräfte aufzulösen, so würde das nur bedeuten, dass auch sie durch Zusammensetzung molekularer Fernwirkungen zu stande komme. —

Die physikalische Theorie bedient sich bald der molaren Fernkräfte, bald der molekularen Fernkräfte, die missbräuchlich auch Nahkräfte genannt werden. Je nach den Umständen hat bald die erste, bald die zweite Behandlung den Vorzug der Einfachheit. Solange der Nachweis, dass die Fernwirkung durch ein Medium vermittelt ist und Zeit beansprucht, nicht erbracht ist, hat man die Wahl, ob man die erste oder die zweite Auffassung, wenn beide rechnungsmässig durchführbar sind, als die dem wirklichen Zusammenhang der Dinge entsprechende ansehen will. Sobald dagegen die Zeitlichkeit und Vermitteltheit der Wirkung erwiesen ist, kann nur noch die letztere als Rekonstruktion der Wirklichkeit in Betracht kommen, während die erstere dann bloss noch die Bedeutung einer rechnungsmässigen Zusammenfassung des Ergebnisses der Vermittelung behält.

Die Fernwirkungsgesetze sind mit anderen Worten Integralgesetze, die allein einer unmittelbaren Bestätigung durch die Erfahrung zugänglich sind. Die Nahwirkungsgesetze hingegen sind Differentialgesetze, deren Integration zu den Integralgesetzen führt, die aber nicht empirisch zu bestätigen sind, und bei deren mathematischer Formulierung es immer zweifelhaft bleibt, ob sie einem wirklichen Zusammenhange in der Natur entsprechen.*) Ueberall wo die Integralgesetze Bestätigung finden, verdienen sie schon ihrer Einfachheit wegen den Vorzug; das ist aber überall da der Fall, wo die Kraft entweder durch ein homogenes Medium hindurch wirkt, oder wo ihre Wirkung von der Beschaffenheit des Mediums unabhängig ist (wie z. B. bei der Gravitation). Wo dagegen eine Kraft, z. B. Elektrizität, durch verschiedenartige Medien hindurchwirkt, müssen zunächst die Grenzbedingungen beim Uebergang über die Trennungsfläche des einen Mediums hinweg ins andere hinein berücksichtigt werden, und dies ist bei Benutzung von Differentialgleichungen leichter; die Ermittelung des Fernkraftgesetzes ist in solchen Fällen eine sehr schwierige, manchmal in geschlossener Form unlösbare Aufgabe.**) —

Wenn die Physik molekulare Fernkräfte so oft mit Nahkräften verwechselt, so liegt das nicht bloss daran, dass die molekularen Entfernungen gegenüber den molaren zu vernachlässigen sind, sondern auch daran, dass die Differentialgleichungen der Fernwirkungen auf gewissen Fiktionen beruhen. Sie nimmt nämlich an, dass Ferngesetze oder Integralgleichungen sich auf die gegenseitige Abhängigkeit der mannigfachen Zustände v e r s c h i e d e n e r Punkte im Raume beziehen, Nahgesetze oder Differentialgleichungen aber auf die gegenseitige Abhängigkeit verschiedener

---

*) So sind z. B. die dem Newtonschen Gesetze folgenden Fernkraftäusserungen das Intregral des Nahewirkungsgesetzes: $\frac{\delta X}{\delta x} + \frac{\delta Y}{\delta y} + \frac{\delta Z}{\delta z} = 4 \pi \rho$, wo X, Y, Z die Kraftkomponenten nach den drei Axen und ρ die elektrische, magnetische oder materielle Dichtigkeit bedeuten. Vgl. Drude, „Ueber Fernwirkungen", Beilage zu den Annalen der Physik und Chemie, neue Folge, Bd. 62, 1897, S. XV.

**) Drude a. a. O. S. XV—XVI.

Zustände an demselben Punkte des Raumes, und dass die Identität des Raumpunktes, die zur Nahwirkung im strengsten Sinne gehört, bei Körpermolekülen allerdings nicht bestehen kann, weil diese sich nur scheinbar berühren können, wohl aber bei Aethermolekülen und durch ihre Vermittelung auch für Körpermoleküle.*)

Dem ist zu entgegnen, dass, was für zwei Körpermoleküle unmöglich ist, die Gemeinsamkeit eines Raumpunktes, auch für zwei Aethermoleküle und für ein Aether- und ein Körpermolekül unmöglich sein muss. Der Begriff des Differentials täuscht hier, indem er dazu verleitet, den minimalen Abstand zweier Raumpunkte mit Null-Abstand zu verwechseln. Bezöge sich wirklich das Nahwirkungsgesetz auf einen identischen Berührungspunkt, so könnte es nie die Vermittelung der Fernwirkung erklären, weil sich aus noch so vielen abstandslosen Punkten keine stetige Linie zusammensetzen lässt. Es muss da die weitere Fiktion aushelfen, dass die Moleküle zwar eine Dicke haben, dass sie aber in sich kompakt, stetig, und nicht etwa aus Atomen in Abständen zusammengesetzt sind. Im letzteren Falle würde ja die zwischen den Molekülen mit Gewalt beseitigte Fernwirkung von neuem zwischen den das Molekül konstituierenden Atomen auftauchen; im ersteren Falle aber muss die kompakte Masse des Moleküles als ein starres einheitliches Ganzes angesehen werden, das ohne innere Verbindungskräfte jede Wirkung, die einen Punkt seiner Oberfläche trifft, unmittelbar auf alle seine Punkte überträgt. Die Wirkungen, die sich an den gemeinsamen Berührungspunkten zutragen sollen, werden dann durch die Uebertragung von einem Berührungspunkt zum andern befähigt, mit Hilfe der summierten Dicke sämtlicher Moleküle eine Fernwirkung zu vermitteln. Der erste Fehler, die angenommene Identität zweier Punkte in zwei Molekülen, wird also unschädlich gemacht durch einen zweiten Fehler, die angenommene Dicke starrer Moleküle. —

Die moderne Physik bietet zwar rechnungsmässig ermittelte Angaben über Molekülgrössen dar; aber genauer besehen kann sich die Rechnung immer nur auf die Grösse der Wirkungssphären der Moleküle erstrecken, d. h. desjenigen Gebietes, an dessen Grenzen ihre Abstossungskraft eine merkliche Grösse erlangt, also z. B.

*) Drude a. a. O. S. XIV--XV, XI—XII.

ausreicht, um ein schwingendes Gasmoleküle zur Umkehr zu nötigen, oder ein verflüssigtes Gas vor weiterer Zusammendrückung zu schützen. Diese Wirkungssphäre wird nämlich entweder aus der van der Waalsschen Gasdruckformel berechnet oder aus dem Raum, den ein Gas einnimmt, wenn es verflüssigt wird. Man kann aber weder wie bei harten elastischen Kugeln das Volumen des Moleküles mit seiner Wirkungssphäre noch den Durchmesser des Moleküles mit dem halben Durchmesser seiner Wirkungssphäre gleichsetzen, wie Clausius thut.*) Vielmehr müssen die Moleküle sowohl im gasförmigen wie im flüssigen Aggregatzustande sehr viel kleiner als ihre Wirkungssphären gedacht werden.**) Der Beweis liegt schon darin, dass Ionen in einer stark verdünnten Lösung sich genau so bewegen, wie sie sich als Gasmoleküle im leeren Raum bewegen würden, dass sie also durch das Vorhandensein der Moleküle des flüssigen Lösungsmittels so wenig behindert werden, als ob diese gar keinen Raum einnähmen. Denn daraus folgt, dass auch im flüssigen Aggregatzustande die Moleküledurchmesser noch immer verschwindend klein im Vergleich zu ihren mittleren Abständen sein müssen.***) Ueber die wirklichen Grössen der Moleküle und ihr ziffermässiges Verhältnis zu ihren Wirkungssphären weiss die Physik bis jetzt noch gar nichts. Aber wenn wir auch annehmen, dass demnächst die Durchmesser der verschiedenen Moleküle in einwandfreier Weise genau berechnet würden, so würde damit doch noch keineswegs etwas für die stoffliche Solidität der Moleküle bewiesen sein. Vielmehr würden die berechneten Durchmesser nur angeben, wie weit die äussersten der Uratome, aus denen das Moleküle zusammengesetzt ist, voneinander abstehen. Und da diese Rechnungen sich wohl immer auf Abstossungswirkungen der Moleküle stützen werden, so würden sie nicht einmal etwas über den Abstand der Körperatome des Moleküles voneinander lehren, sondern nur über den Durchmesser seiner Aetherhülle. —

*) Clausius, „Die mechanische Wärmetheorie", Bd. III, Braunschweig 1889—1891, S. 212—213, 242—243. Der auf S. 58 von ihm angegebene Grund, dass der Abstand der Mittelpunkte nicht kleiner werden könne als der einfache Radius der Wirkungssphären, ist nicht stichhaltig. Vielmehr können die Mittelpunkte sich unendlich nahe kommen, unbekümmert darum, wie gross die Wirkungssphären sind, wofern nur die Grösse der Moleküle selbst kein Hindernis bildet.

**) Auerbach, „Kanon der Physik", Leipzig 1899, S. 135.

***) Auerbach a. a. O. S. 141, 136, 94, 142.

Dies genügt aber schon, um die Annahme der Berührung zweier Moleküle als die Fiktion eines unmöglichen Falles zu durchschauen. Denn wenn die Moleküle sich soweit einander genähert haben, dass ihre Centra nur noch um die Summe der Radien ihrer Wirkungssphäre voneinander entfernt sind, oder kürzer: dass ihre Wirkungssphären sich berühren, so stossen sie einander ab, und diese Abstossung wächst, wenn sie durch äussere Gewalt mehr genähert werden, in so starker Progression, dass sie lange vor ihrer Berührung jede Gewalt überwindet. Sie können deshalb niemals dazu kommen, sich zu berühren, d. h. sich bis auf die Summe ihrer halben Moleküledurchmesser zu nähern. Aethermoleküle können einander noch weniger berühren wie Körpermoleküle. Denn die Aethermoleküle sind weit kleiner als jedes Körpermoleküle und ihre Abstände viel grösser zu denken, weil der Aether viel dünner als irgend ein körperliches Gebilde ist; wenn aber zwei Aethermoleküle sich einander nähern, so wächst ihre Abstossung im umgekehrten Verhältnis der vierten Potenz der Entfernung. Deshalb können sich auch die Aetherhüllen zweier Körpermoleküle niemals berühren. Selbst wenn die Annahme richtig wäre, dass die Aetherhüllen ihre Körpermoleküle berühren, so könnte doch keine mittelbare, durch die Aetherhüllen vermittelte Berührung der Körpermoleküle zu stande kommen; um so weniger ist dies möglich, wenn die Aetherhüllen ihre Körpermoleküle in einem gewissen Abstand umgeben.

Ebenso fiktiv wie die Annahme der Moleküleberührung ist die zweite Annahme, dass ein Moleküle eine stetige, starre, kompakte und einheitliche Masse sei. Denn die Physik selbst nimmt ja an, dass das Moleküle einer chemischen Verbindung aus Elementmolekülen (bei organischen Verbindungen bis zu vielen tausenden), besteht, dass ein mehrwertiges Elementmoleküle selbst im gasförmigen Zustande aus mehreren Elementatomen, im festen Aggregatzustande sogar aus einer grösseren Menge solcher, zusammengesetzt ist, und dass endlich die Atome der chemischen Elemente schwerlich einfach sind. Je zwei Bestandteile müssen wiederum durch zwischengelagerte Aethermoleküle auseinandergehalten sein, weil sonst ihre Dissociierbarkeit durch Aetherschwingungen unverständlich bliebe.

Dies alles zeigt zur Genüge, dass die Fernwirkungen auch innerhalb der Moleküle ebenso gut wie zwischen denselben die wichtigste Rolle spielen, dass aber der Versuch, die Differentialgleichungen im Sinne von eigentlichen Nahwirkungen zu deuten, gänzlich verfehlt ist. Schon Laplace, Biot und Fourier wussten, dass man zu einer Differentialgleichung für Wärmeleitung ohne Widersprüche nur gelangen kann, wenn man eine Wärmemitteilung zwischen Punkten von endlicher, wenn auch sehr kleiner Entfernung annimmt.*) Dasselbe gilt aber auch für Differentialgleichungen auf allen anderen Gebieten. — Der eigentliche und strenge Begriff der unmittelbaren Nahwirkung verwickelt, wenn man ihn ausdenkt, in ganz unlösbare Schwierigkeiten, und führt, wenn man unhaltbare Fiktionen vermeiden will, immer auf den der molekularen und atomistischen Fernwirkung zurück. Der Versuch, den Atomen blosse Oberflächenkräfte beizulegen, ist nicht von Physikern, sondern nur von Philosophen gemacht worden (Kant, Ulrici). Die Physik kennt allerdings sogenannte Oberflächenkräfte oder Flächenenergie, z. B. in der Oberfläche tropfbarer Flüssigkeiten; aber sie ist sich darüber völlig klar, erstens dass dieser Ausdruck ungenau ist, dass die Kräfte oder Energien nicht der mathematischen Fläche, sondern einer verhältnismässig dünnen Schicht der Oberfläche anhaften, und zweitens, dass diese Oberflächenschichtenergie nur das Ergebnis einer Summe aller in dieser Schicht enthaltenen Molekularenergien, also bloss ein zusammenfassender, die Rechnung erleichternder Ausdruck ist. Jene Philosophen haben den Begriff der Nahkraft unvermerkt ad absurdum geführt, indem sie seine strengen Konsequenzen zogen; nach ihnen müsste das Moleküle einer hohlen elastischen Blase mit einer dickelosen Wandung gleichen, die alle Kraft des Moleküles in sich trägt.**)

Die Abneigung gegen die Anerkennung irgend welcher Fernwirkung fliesst aus zwei Quellen zusammen, aus der unvermerkten Befangenheit in den Gewohnheiten und Vorurteilen der sinnlichen Anschauung und aus der Scheu vor jeder Grenzüberschreitung des Physischen und vor dem unwillkürlichen Hineingezogenwerden in eine metaphysische Betrachtungsweise.

Wenn man einen Stuhl aufzuheben beabsichtigt, so versucht man dies nicht durch magische Künste aus der Ferne, sondern man legt die Hand an ihn. Wo man die Berührung zu empfinden

*) Mach, „Princ. der Wärmelehre", 2. Aufl., S. 80.

**) Vgl. meine „Gesammelten Studien und Aufsätze", 3. Aufl., S. 526—541.

oder zu sehen glaubt, da bewegt man sich mit der Auffassung einer Wirkung in gewohnten Assoziationen; wo dagegen eine scheinbare Fernwirkung auftritt, da fühlt man sich aus seinen Anschauungsgewohnheiten herausgeworfen, und sucht nach einer Vermittelung, die diesen Gewohnheiten gerecht wird. Man übersieht dabei nur, dass die scheinbare Berührung keine ist, dass es lediglich molekulare Fernkräfte der Handoberfläche sind, die mit den molekularen Fernkräften der Stuhloberfläche zusammenwirken, um die Wirkung auf die übrigen Teilchen des Stuhles zu übertragen, dass also die vermeintliche Gewissheit der sinnlichen Anschauung von einer unmittelbaren Nahewirkung auf einer blossen Täuschung durch unsere allzugroben Sinneswahrnehmungen beruht. Diesen Thatbestand erkennt jeder Physiker bereitwillig an, ebenso wie er die Thatsache anerkennt, dass die Winkelgrösse des Mondes am Horizont derjenigen des Mondes hoch am Himmel gleich ist. Trotzdem steht er unter dem Einfluss des associativen Vorurteiles, als ob eine Nahwirkung durch Berührung verständlicher und weniger wunderbar wäre als eine Fernwirkung ohne Berührung, gerade so wie ihm trotz seines besseren Wissens der Mond am Horizonte grösser zu erscheinen fortfährt als hoch am Himmel. Er glaubt bei der Annahme einer Nahwirkung auf dem festen Boden klarer Anschauung zu beharren, fürchtet dagegen, bei der Annahme einer Fernwirkung sich in das nebelhafte Gebiet metaphysischer Spekulationen zu verlieren.

Diese Selbsttäuschung war begreiflich, solange die Physik den höchsten Wert auf die Anschaulichkeit ihrer Erklärungen legte; sie ist aber als ein Anachronismus stehen geblieben in einer Zeit, wo die Physik mit Missachtung auf die Anschauung und ihre Ansprüche hinunterblickt und sich rühmt, sich auf abstrakt begriffliche, wo möglich rein mathematische Beziehungen zu beschränken. Rein begrifflich und für die mathematische Feststellung der quantitativen Beziehungen zwischen Ursache und Wirkung hat der Begriff der Nahwirkung vor dem der Fernwirkung nicht das Mindeste voraus. Die Physik ist deshalb neuerdings auch immer skeptischer gegen die Verständlichkeit der Nahwirkung geworden; es ist aber noch soviel von den alten Vorurteilen an ihr hängen geblieben, dass sie nicht in gleichem Masse von dem Misstrauen gegen den Begriff der Fernwirkung zurückgekommen ist.*) —

*) Vgl. Auerbach, „Kanon der Physik", S. 44.

Die Physik hat es nur mit den räumlich-zeitlichen Kraftäusserungen, nicht mit den unräumlich-unzeitlichen Kräften zu thun, von denen diese ausgehen; sie braucht also, wenn sie diese Grenze beachtet, nicht zu fürchten, dass sie Uebergriffe ins metaphysische Gebiet begehe; wohl aber macht sie sich solcher schuldig, wenn sie a priori zu bestimmen sich unterfängt, wo eine Kraftäusserung auftreten könne und wo nicht, anstatt die Entscheidung hierüber gänzlich der Erfahrung, beziehungsweise den induktiven Schlussfolgerungen aus ihr anheimzugeben. Die Kraftäusserung ist physisch, nur die Kraft ist metaphysisch. Die Kraftäusserung ist zweifellos nur da, wo sie wirkt und nirgends anders; die Kraft ist weder hier noch dort, weil sie als unräumliche überhaupt kein Dasein im physischen Sinne hat. Es hat keinen Sinn, darüber zu streiten, ob die Kraft da ist, wo sie wirkt, oder da, wo ihre gleichzeitigen Wirkungsrichtungen sich schneiden, ob sie im Endpunkt oder im Ausgangspunkt ihrer Kraftäusserung ihren „Sitz" hat; wer eine solche Alternative überhaupt zulässt, zeigt damit schon, dass er das metaphysische Wesen von seiner physischen Erscheinung nicht zu unterscheiden vermag. Die Kraft hat gar keinen „Sitz", weil Sitz ein räumlicher, phänomenaler Begriff ist; die Summe zusammengehöriger Kraftäusserungen von gemeinsamem Ausgangspunkt hat wiederum keinen Sitz, weil sie nichts Starres, Ruhendes ist, sondern nur ein Wirkungsgebiet. Ihr Wirkungsgebiet umfasst potentiell den unendlichen Raum (falls ihr Wirken nicht schon auf endliche Entfernung gleich Null wird), aktuell den mit ihresgleichen erfüllten Raum; nur ein einziger Punkt ist von ihrem potentiellen Wirkungsgebiet ausgenommen, das ist der gemeinsame Schnittpunkt ihrer gleichzeitigen Wirkungsrichtungen, denn in ihm ist die Kraft wirkungsunfähig. Wäre im Kraftcentrum der „Sitz" der Kraft, so wäre sie allein da unwirksam, wo sie „ist" und nur da wirksam, wo sie „nicht ist".

Zöllner hatte diesen Gedanken richtig erfasst,*) aber indem er ihn unrichtig formulierte, machte er es den Gegnern leicht, ihn als Sophisma zu bekämpfen.**) Zöllner sagt nämlich statt: „Die Kraftäusserung ist da, wo sie wirkt" unrichtig: „Ein Körper ist da, wo er wirkt", z. B. der Mond an der Erdoberfläche

*) „Wissenschaftliche Abhandlungen", Bd. I.

**) Drude a. a. O. S. X.

in dem Flutphänomen. Der Sprachgebrauch nimmt an, dass ein Körper da „ist“, wo die Wirkungssphäre seiner molekularen Abstossungskräfte das Phänomen der Undurchdringlichkeit erzeugt, wo man seine Oberfläche tastet, wo das Licht von ihm reflektiert wird, und wo ein eindringender Körper den Widerstand seiner Elastizität zu überwinden hat; aber er nimmt nicht an, dass er da ist, wo seine Gravitation, seine elektrischen, magnetischen u. s. w. Kräfte Wirkungen ausüben. Die räumlichen Grenzen, innerhalb deren ein Körper „da ist“, sind also bestimmt durch die Summe der Wirkungssphären einiger ganz bestimmter unter seinen Molekularkräften, keineswegs durch die Summe der Wirkungssphären aller seiner Kräfte. Dabei ist die Wirkungssphäre noch in dem empirischen Sinne verstanden als das Gebiet, innerhalb dessen die betreffenden molekularen Kraftäusserungen stark genug sind, um für uns merkliche Wirkungen hervorzubringen, nicht aber als das Gebiet, innerhalb dessen überhaupt eine, wenn auch minimale und unmerkliche Kraftäusserung entfaltet wird.

Da die so verstandenen Wirkungssphären der Molekularkräfte sehr klein sind im Vergleich zu der Wahrnehmungsfähigkeit unserer Sinne, so wird ihr Unterschied von dem Durchmesser der Moleküle selbst meist ausser Acht gelassen und die Daseinsgrenzen des Körpers mit den durch seine Oberflächenmoleküle bestimmten Flächen gleichgesetzt, anstatt mit den durch ihre Wirkungssphären bestimmten Flächen; daraus entspringt dann eben die Verwechselung molekularer Fernwirkung mit Nahwirkung und der irrtümliche Glaube an Berührung. Die Daseinsgrenzen körperlicher Raumerfüllung sind durch Abstossungswirkungen bestimmt, die eine Phalanx von molekularen Elastizitätskräften hinter sich haben; anziehende Fernwirkungen, oder solche abstossende, die keine Phalanx von Elastizitätskräften (keinen Eindringungswiderstand) hinter sich haben, gelten als ausserhalb der materiellen Erfüllung des Raumes durch den Körper belegen. Dieser Sprachgebrauch ist nicht willkürlich, sondern entspricht durchaus dem praktischen Bedürfnis, aus dessen Befriedigung er erwachsen ist; man soll deshalb an ihm nicht rütteln. Die Physik aber muss sich darüber klar sein, dass die sogenannte körperliche oder materielle Raumerfüllung selbst weiter nichts ist, als eine dynamische Raumerfüllung, nur nicht diejenige durch alle von dem Körper ausgehenden

Kraftäusserungen, sondern bloss die durch eine bestimmte Auswahl von molekularen Kraftäusserungen.

In diesem Sinne hat also die Physik ganz recht, dass ein Körper nicht bloss da zu wirken scheint, wo er ist, sondern in mancherlei Weise auch da, wo er nicht ist, und dass er nicht überall da „ist“, wo er wirkt. Das ändert aber nichts an der Thatsache, dass die Wirkungssphäre eines Teiles seiner Kraftäusserungen ausserhalb des Raumes fällt, den er materiell erfüllt, oder wo er ist, nämlich alle diejenigen, welche nicht an der sprachgebräuchlichen Bestimmung des von ihm erfüllten Raumes Anteil haben. Es lässt ebenso den Satz unangetastet, dass eine Kraftäusserung da und nur da ist, wo sie wirkt. Die Kraftäusserungen sind also teils in dem vom Körper erfüllten Raume, teils ausserhalb desselben; die Kräfte, von denen sie ausgehen, sind dagegen weder innerhalb noch ausserhalb dieses Raumes, sondern wenn sie sind, so sind sie nirgend, d. h. sie haben überhaupt kein Dasein im räumlichen Sinne des Wortes „da“. —

Ob es Fernwirkungen giebt, deren unmittelbare Wirkungssphäre über die körperlichen Raumerfüllungsgrenzen hinausreicht, bleibt dabei offene Frage. Aber die Behauptung, dass ihre Existenz undenkbar, widerspruchsvoll, unmöglich sei, ist ein völlig unbegründetes metaphysisches Vorurteil, das ein Physiker schon wegen seines metaphysischen, spekulativen, apriorischen und negativ dogmatischen Charakters von sich abweisen sollte. Dieses metaphysische Vorurteil ist schliesslich weiter nichts als die negative Verkleidung des sinnlichen Vorurteils, als ob die Nahwirkung durch Berührung, und nur sie, verständlich und einleuchtend wäre. Es kann ja sein, dass die Physik künftig alle molaren Fernwirkungen auf molekulare, und damit die Wirkungssphäre jedes Körpers auf den von ihm erfüllten Raum zurückführt; aber Fernwirkungen bleiben darum doch alle Wirkungen, die von dem Körper auf andere ausgehen und die sich innerhalb des Körpers zwischen seinen Teilen abspielen.

Das Paradoxe der Fernwirkung schwindet, sobald man sich klar macht, dass materielle und dynamische Raumerfüllung zwei verschiedene Begriffe sind, dass zwei Körper nur hinsichtlich der materiell von ihnen erfüllten Räume einander fern sind, hinsichtlich der dynamisch von ihnen erfüllten Räume aber nicht. Jedes Atom erfüllt potentiell-dynamisch den unendlichen Raum, aktuelldynamisch den ganzen Weltraum, soweit Ausgangspunkte von Potentialkräften in ihm vorhanden sind. So sind die Körper zwar ihrem materiellen Dasein nach ausser einander, ihrem Wirken nach aber ineinander; denn materiell erfüllen sie zwar verschiedene Räume, dynamisch aber einen und denselben Raum. Nur durch die Ausgangspunkte ihrer Wirkungsrichtungen nehmen sie innerhalb desselben Weltraumes eine verschiedene Stellung ein, und nur in Bezug auf diese fiktiven Ausgangspunkte ihres Wirkens, die einzigen, die von ihnen nicht erfüllt werden, kann man sagen, dass sie eine Entfernung voneinander haben. Sie sind alle ineinander, weil sie in demselben potentiellen und aktuellen Raume sind, aber mit einem verschiedenen Grade von Exzentrizität.

Will man selbst daran noch Anstoss nehmen, so schwindet der letzte Rest von der Paradoxie der Fernwirkung, wenn man von der physischen Seite des Problems auf die metaphysische hinüberblickt. Denn eben dasselbe, was physisch als räumliche Fernwirkung zwischen zwei Centralkräften von verschiedener Exzentrizität im räumlichen Weltgebäude erscheint, ist metaphysisch doch nur eine unräumliche Beziehung unräumlicher Käfte aufeinander; bei dem Hinübertreten auf das metaphysische Gebiet hört also mit der Räumlichkeit der Beziehung auch der Unterschied von Nah und Fern auf. Die Kraft, die in einem Atom des Sirius wirkt, ist der Kraft, die in einem Atom der Erde wirkt, nicht ferner als die Kräfte in zwei Nachbaratomen sich sind; letztere sind sich aber auch nicht um ein Haarbreit näher als erstere, weil sie alle unräumlich ihrem Wesen nach sind. Die Vorurteile gegen die Fernwirkung, die sich auf apriorische metaphysische Ueberzeugungen zu stützen behaupten, sind also noch haltloser, als diejenigen, die sich auf vermeintliche sinnliche Evidenz berufen. Wer sich überhaupt auf die metaphysische Seite der Sache einlässt, muss sogleich einsehen, dass für die metaphysische Seite der Kraft der Unterschied von Fernwirkung und Nahwirkung seine Anwendbarkeit verliert. Die ganze Scheu vor der Fernwirkung ist somit ein Gewebe von lauter Vorurteilen, Missverständnissen und Verwechselungen.*)

*) Vgl. meine „Kategorienlehre“ S. 146—165.

VIII. Die Gravitation.

Die Gravitation ist die einzige noch stehen gebliebene unmittelbare Fernwirkung auf molare Entfernungen. Die Versuche, sie auf Nahwirkungen zurückzuführen, sind sehr alt und haben natürlich neuerdings durch das Gelingen dieser Bemühungen bei der Elektrizität und dem Magnetismus eine starke Ermutigung und neuen Antrieb erhalten. Trotzdem ist das Ergebnis bis jetzt völlig negativ. Es folgt daraus natürlich nicht, dass künftige Versuche nicht doch gelingen könnten, wohl aber, dass die bisher beschrittenen Wege nicht zum Ziele führen. Es ist deshalb lehrreich, über den gegenwärtigen Stand des Gravitationsproblems kurze Umschau zu halten.

Zunächst entsteht die Frage, ob die Gravitation eine Fortpflanzungsgeschwindigkeit hat oder nicht; ersteres würde auf eine Vermittelung, letzteres auf unmittelbare Fernwirkung hindeuten, und die Grössenordnung, der die Fortpflanzungsgeschwindigkeit angehört, würde Rückschlüsse auf die Beschaffenheit des Trägers der Vermittelung gestatten.

Nach Laplace müsste die Fortpflanzung der Gravitation mindestens zehn Millionenmal schneller als die des Lichtes erfolgen, nach J. v. Hepperger mindestens 500 mal, nach Oppenheim mindestens 12 Millionenmal schneller. Diese Berechnungen stützen sich auf die Annahme, dass bei einer zeitlichen Fortpflanzungsgeschwindigkeit der Gravitation Anomalien in der Bewegung der Himmelskörper eintreten müssten, die den durch die Aberration des Lichtes bewirkten analog wären. Die Anomalien, die bei einzelnen Himmelskörpern, z. B. dem Merkur, dem Enckeschen und Winneckeschen Kometen beobachtet sind, darf man aber nicht auf eine solche Ursache zurückführen, weil dieselbe Ursache dann ähnliche Störungen auch an anderen Himmelskörpern hervorrufen müsste, wo sie thatsächlich fehlen. Auf die Zahlen ist kein Gewicht zu legen, da die Unterlagen der Rechnungen von zu zweifelhafter Natur sind. Nur so viel ist als sicher anzusehen, dass die etwaige Fortpflanzungsgeschwindigkeit der Gravitation nicht von der gleichen Grössenordnung wie die der strahlenden Energie des Aethers sein kann. Hieraus ist mit Sicherheit zu schliessen, dass das etwaige Medium der Gravitationsvermittelung ein ganz anderes und viel dünneres Medium sein müsste als der Aether. Zu diesem Schlusse war bereits Newton gelangt, während noch Huyghens das Gravitationsmedium und den Aether zu identifizieren versuchte. —

Die gegen die Form des Newtonschen Gravitationsgesetzes aufgetauchten Bedenken und die Versuche, es zu berichtigen, sind ebensowenig stichhaltig, wie die Behauptung einer erweislichen Fortpflanzungsgeschwindigkeit der Gravitation. Soweit sich diese Bedenken auf Anomalien an den Bewegungen von Himmelskörpern stützen, steht ihnen entgegen, dass diese Anomalien auch auf ganz andere Weise erklärbar sind. Soweit sie dagegen rein theoretischer Natur sind, gehen sie von der Voraussetzung aus, dass die Welt unendlich gross und überall mit Sternen besetzt sei. Unter dieser Voraussetzung würde allerdings die Wirkung nach dem Newtonschen Gesetz unbestimmt sein; es folgt aber daraus nicht, dass dieses Gesetz, sondern dass jene Voraussetzung revisionsbedürftig ist. Eine unendliche Welt ist ein in sich widerspruchsvoller Gedanke, und er kann dadurch nicht gerechtfertigt werden, dass man Gravitationsformeln ausdenkt, bei denen dieser Widerspruch latent bleibt (vgl. oben S. 30—31, 33—34, 81—82).

Wir wissen, dass diejenigen Fernwirkungen, welche durch Aetherschwingungen vermittelt sind, wie die elektrischen, nicht bloss von der Entfernung der wirkenden Kräfte voneinander, sondern auch von ihren Geschwindigkeiten und Beschleunigungen abhängig sind. Nach Analogie müsste man annehmen, dass auch die Gravitation, wenn sie durch Aetherwellen vermittelt wäre, dieselben Komplikationen zeigen müsste, und zwar nicht nur dann, wenn sie durch den Aether der Wärme-, Licht- und elektromagnetischen Wellen, sondern auch wenn sie durch ein anderes, viel dünneres Medium vermittelt wäre. Bis jetzt haben aber alle

Untersuchungen, die auf die Abhängigkeit der Gravitation von den Geschwindigkeiten und Beschleunigungen der Körper gerichtet waren, ein negatives Resultat ergeben. Diese Gegeninstanz gegen die Entstehung der Gravitation durch Aetherwellen wiegt weit schwerer als die Ausbreitung aller Wellen im umgekehrt quadratischen Verhältnis der Entfernung, die für solche Vermittelung geltend gemacht wird; denn die Ausbreitung einer Wirkung im umgekehrt quadratischen Verhältnis der Entfernung braucht keineswegs auf die Ausbreitung von Wellen beschränkt zu sein. —

Die Vermittelung, durch die die Gravitation zu stande kommen soll, kann entweder als eine solche durch Zug oder Druck, oder als eine solche durch Stoss gedacht werden. Die Druckvermittelung ist seit Huyghens von sehr vielen Autoren versucht worden; aber teils ist sie nur angedeutet, ohne nähere Durchführung, teils leitet sie auf Widersprüche oder unlösbare Schwierigkeiten in ihrer Durchführung hin. Ernstlich in Betracht kommen kann nur eine Hypothese, die sich darauf stützt, dass das Differentialgesetz der Strömungskomponenten an der der Quell- oder Sinkstelle einer Flüssigkeit mit der Differentialgleichung des Newtonschen Gesetzes*) identisch ist. Nach Riemann soll der Aether beständig in die Körpermoleküle einströmen und dort verschwinden, nach Yarkovski sich daselbst zu Materie verdichten; nach Helm soll er in den Körpermolekülen flüssig, zwischen denselben fest sein und Zug ausüben. Weder das Verschwinden, noch der beständige Zuwachs der Körper an Materie durch einströmenden Aether, noch die Rückkehr zu der durch die elektromagnetische Wellentheorie glücklich beseitigten Starrheit des Aethers können heute noch als zulässige Hypothesen gelten.

Sehr kleine Kugeln, die in einer unzusammendrückbaren Flüssigkeit mit gleicher Oscillationsdauer und Phase pulsieren, ziehen sich nach dem Newtonschen Gesetze an, stossen sich aber bei entgegengesetzter Phase ab. Aber diese Anziehungen und Abstossungen weichen einerseits von elektrischen im Vorzeichen ab und sind nicht auf die Maxwellschen Grundgleichungen der Elektrizität zurückzuführen, und andererseits ist die Pulsation der Moleküle des Gravitationsmediums mit gleicher Oscillationsdauer und Phase, die ungestört von irgend welchen Temperatur- und sonstigen

*) Vgl. oben S. 144 Anm.

Einflüssen stetig andauern müsste, eine äusserst künstliche Voraussetzung. Es fehlt zu ihr jede Analogie sowohl in der wägbaren Materie als auch im Aether; in beiden kommen vielmehr beständig wechselnde Schwingungen jeder Oscillationsdauer, Form und Phase durcheinander vor, aber von Pulsationen der Moleküle, d. h. von rhythmischen Volumänderungen derselben haben wir sonst noch keinerlei Anzeichen gefunden. Insbesondere bei einatomigen Molekülen, z. B. des Quecksilbergases, die doch auch der Gravitation unterworfen sind, wäre solche Volumveränderung nicht verständlich. —

Alle Druck- und Zug-Vermittelung setzt an Stelle eines einfachen Vorganges einen äusserst verwickelten, an Stelle eines Problems ein ganzes Bündel von Problemen. Deshalb hat sich die Mehrzahl der Erklärungsversuche auf eine Stossvermittelung gerichtet, die zuerst von Le Sage aufgestellt worden ist. Da jede Stosswirkung eines Molekülehagels proportional der getroffenen Oberfläche, die Gravitation aber proportional dem Volumen bei gleicher Dichtigkeit ist, so muss man annehmen, dass die stossenden Moleküle in die wägbare Materie eindringen und überall auch im Innern die Körpermoleküle treffen. Diese Theorie ist also nur bei einer atomistischen Konstitution der Materie anwendbar, bei welcher die Molekularoberflächen im Körper sehr klein im Vergleich zu ihren Abständen voneinander sind. Die Gravitation entsteht dann dadurch, dass zwei Körper aufeinander eine Schirmwirkung gegen die von aussen kommenden Stösse des Gravitationsmediums ausüben, so dass ihre einander zugekehrten Seiten weniger Stösse empfangen als ihre einander abgekehrten. Dagegen darf eine Schicht desselben Körpers keine Schirmwirkung auf die andere ausüben, weil sonst die Proportionalität der Gravitation mit der Masse aufhörte. Beide Voraussetzungen sind nicht zu vereinigen.

Wenn der Zusammenstoss der beiderseitigen Moleküle vollkommen elastisch gedacht wird, so ergiebt sich eine Reflexionswirkung, und der Rückstoss der zurückgeworfenen Moleküle des Gravitationsmediums muss die ursprüngliche Stosswirkung genau aufheben. Wenn der Stoss dagegen unelastisch gedacht wird, so muss die Materie durch die an ihr haften bleibenden Moleküle des Gravitationsäthers beständigen Zuwachs erhalten, und es muss die kinetische Energie der stossenden Moleküle des Gravitationsmediums sich in innere Energie der gestossenen Körpermoleküle

(Rotations- oder Vibrationsbewegung) umsetzen. Entweder muss dann die Gravitation mit der Zeit schwächer werden und allmählich aufhören, während die innere Energie der Materie wächst; oder es muss eine Rückverwandlung der inneren Energie der Körpermoleküle in kinetische Energie stattfinden, die in weitere Schwierigkeiten verwickelt; oder die Energiekonstanz muss geleugnet werden, um die Gravitation durch unelastische Stossvermittelung erklären zu können. Haben die Körpermoleküle bereits eine innere Energie, so kann dieselbe durch Stösse unter Umständen auch in freie kinetische Energie zurückverwandelt werden, und solche Stösse gingen dann für die Gravitationserklärung verloren. Endlich müsste die Gravitation zweier Körper aufeinander durch Dazwischentreten eines dritten stark beeinflusst werden, was mit der Erfahrung (z. B. bei Mondfinsternissen) im Widerspruch steht, und sie müsste von der Geschwindigkeit der gravitierenden Körper abhängig sein, wofür bisher jeder empirische Anhalt fehlt.

Nach alledem wissen wir die Gravitation „noch nicht folgerichtig anders denn als eine reine Fernkraft zu erklären"*) und keiner der bisher aufgestellten Erklärungsversuche kann als annehmbar gelten**), am allerwenigsten solche, die von der Hypothese eines besonderen Gravitationsmediums Abstand nehmen und dasselbe mit dem Aether identifizieren zu können glauben. Aber gesetzt auch, es gelänge morgen, eine befriedigende Erklärung durch Druck- oder Stossvermittelung aufzustellen, so würde doch damit nichts weiter erreicht sein. als dass das letzte Beispiel molarer unmittelbarer Fernwirkung beseitigt und in eine Summe von molekularen Fernwirkungen umgewandelt wäre. Dies bedarf genauerer Begründung. —

Ein elastischer Stoss zwischen zwei einfachen Atomen kann nur zu stande kommen, wenn die sich einander annähernden sich schon vor der Berührung abstossen; denn gelänge es ihnen erst, sich zu berühren, so wäre die Abstossung der sich deckenden Berührungspunkte unmöglich und es träten vielmehr die Folgen des unelastischen Stosses für diese beiden Atome ein, weil sie beim Mangel von Teilen unzusammendrückbar wären. Das gestossene Atom würde mit dem stossenden vereint sich fort-

*) Helmholtz in seiner Vorrede zu Hertz' Mechanik S. XVIII.

**) Vgl. Drude, „Ueber Fernwirkungen", S. XXV—XLIX; P. du Bois-Reymond a. a. O. S. 30—48, 100—101.

bewegen. Wenn es dem Verbande mehrerer Atome zu einem Moleküle angehörte, so könnten alsdann die beiden vereint fortschreitenden Atome von anderen Atomen des Moleküles elastisch abgestossen werden, aber wiederum nur solange, als sie noch von ihnen entfernt sind, also die Elastizität des Moleküles sich als Fernwirkung seiner Atome aufeinander äussert. Dieselbe Erwägung gilt für mehrere Moleküle, die miteinander zu einem elastischen Körper verbunden sind. Elastischer Rückstoss ist innerhalb eines Körpers ebenso wie von seiten der Grenzatome seiner Oberfläche nur als Fernwirkung auf molekulare Entfernungen denkbar.

Der unelastische Stoss erscheint bei oberflächlicher Betrachtung einfacher als der elastische; aber dieser Schein hält nur solange vor, wie das Gesetz der Energiekonstanz beim Stoss ausser acht gelassen wird. Sobald dieses berücksichtigt wird, sind die Vorgänge beim unelastischen Stoss viel verwickelter; denn die verloren gehende kinetische Energie der fortschreitenden Bewegung der Massenteilchen muss in irgend welche Form innerer Energie (kinetische Schwingungsenergie der Teilchen oder potentielle Energie der Lage) umgesetzt werden. Bei einfachen Atomen, die keine Bestandteile mehr haben, ist der Umsatz in innere Energie unmöglich; demnach muss entweder der unelastische Stoss für sie unmöglich sein oder die Energiekonstanz für sie keine Geltung haben.*) Sie können, wie oben gezeigt, allenfalls durcheinander hindurchschwingen, aber nicht dauernd ineinander fallen. Erst bei zusammengesetzten Molekülen wird der unelastische Stoss möglich, weil sie erst innere Energie haben können. Diese besteht dann aber eben nicht in ruhender Aneinanderlagerung und Berührung der Atome, sondern in oscillatorischer oder dauernder Aenderung ihrer Abstände voneinander oder ihrer Stellung zu einander, also in Fernwirkungen ihrer Teile aufeinander.

*) Wir werden Huyghens keinen Vorwurf daraus machen, dass er auf dieses damals noch unbekannte Gesetz keine Rücksicht nahm, wohl aber seinem Verherrlicher Lasswitz, wenn er noch heute diese Ausserachtlassung zu rechtfertigen sucht. (Vgl. Lasswitz, „Geschichte der Atomistik vom Mittelalter bis Newton", 1890, Band II, S. 367, 370—371, 374—375, 381.) Dasselbe gilt gegen Isenkrahe, der „das Rätsel der Schwerkraft" (Braunschweig, 1879) durch unelastische Stösse lösen zu können glaubt, und, um dies zu ermöglichen, die Energiekonstanz verwirft.

Bei absolut harten Körpern oder Molekülen wäre ein unelastischer Stoss unmöglich; denn absolute Härte ist nur als vollkommene Elastizität mit unendlich grossem Kompressions- und Deformationswiderstand zu denken, die es natürlich nicht in Wirklichkeit geben kann. Der Stoss absolut harter Körper wäre also gerade ein vollkommen elastischer Stoss; nur der Stoss deformierbarer und zusammendrückbarer Körper kann ein unelastischer Stoss sein. Dass die Aenderung, welche beim unelastischen Stoss zwischen den Wirkungen der Teilchen des Körpers oder Moleküles vorgeht, durch Nahwirkung im strengen Sinne von seiten des stossenden Moleküles herbeigeführt sei, ist ein ebenso falscher Schein wie der, dass zwei nach dem Stosse miteinander verbundene unelastische Körper sich berühren und nicht bloss durch molekulare Fernkräfte ihrer Oberflächen zusammengehalten werden. Einen vollkommen elastischen Stoss kann es nur bei einfachen Atomen geben; bei Körpern und zusammengesetzten Molekülen giebt es weder einen vollkommen elastischen noch einen vollkommen unelastischen Stoss, sondern nur einen unvollkommen elastischen. Selbst wenn ein solcher fähig wäre, die Gravitation zu erklären (was er nicht ist), so wäre doch er selbst nur durch molekulare und atomistische Fernwirkung erklärlich. Für Zug und Druck gelten analoge Erwägungen. —

Es ist nun noch zu erörtern, wie sich die Gravitation zu den anziehenden Molekularkräften verhält. Die Gravitation zweier Grammmassen aufeinander beträgt in 1 cm Abstand 0,0668 Mikrodynen oder 0,0000000668 Dynen, oder sie erteilen sich in 1 Sekunde eine Beschleunigung von 0,000000668 mm. Dieselbe Beschleunigung müssen sich auch je zwei andere gleiche Masseneinheiten in 1 cm Abstand in der Sekunde erteilen, also auch zwei Körpermoleküle oder zwei Körperatome. Diese Kraftäusserung erscheint uns beim ersten Blick recht geringfügig; bedenkt man aber die Kleinheit molekularer Entfernungen und das Wachstum der Gravitation im umgekehrten quadratischen Verhältnis der Entfernung, so ergiebt sich, dass die Gravitation zwischen den Molekülen und Atomen eine sehr bedeutende Kraftäusserung entfalten muss, sobald diese so dicht aneinander gerückt werden, wie es im flüssigen und festen Aggregatzustand der Fall ist. Einige Forscher nehmen sogar an, dass die Gravitation auf molekulare Entfernungen stärker wächst als im umgekehrten quadratischen Verhältnis; doch bedarf es nicht einmal einer solchen Annahme.

Wenn gleichwohl die immer sich selbst gleiche Gravitation nicht ausreicht, um für sich allein die Mannigfaltigkeit der molekularen Anziehungserscheinungen zu erklären, so ist ihr doch gewiss eine bedeutende Mitwirkung bei ihrem Zustandekommen zuzuschreiben. Neben ihr verlangen aber auch die elektrischen Ladungen Berücksichtigung, wie wir sie bei den Ionen kennen gelernt haben. Bei allen sogenannten Molekularkräften sind elektrische Differenzierungen nachzuweisen (z. B. bei den Kapillarerscheinungen) oder nach Analogie vorauszusetzen; die Analogie führt uns hinauf bis in die organische Natur, wo Fortpflanzungszellen derselben Art sich nur anziehen, wenn sie entgegengesetzten Geschlechts sind. Wie die molekularen Abstossungserscheinungen sich aus der Abstossung der Aetheratome und derjenigen gleichnamig geladener Teilchen oder gleichgerichteter elektrischer Strömungen zusammensetzen, so die molekularen Anziehungserscheinungen aus der Gravitationsanziehung der Körperatome und derjenigen ungleichnamig geladener Teilchen oder entgegengesetzter elektrischer Strömungen. Andere Quellen brauchen damit nicht ausgeschlossen zu sein; doch dürfte es ratsam sein, nicht eher zu weiteren Hypothesen zu greifen, bis die Tragweite der ohnehin angenommenen völlig erschöpft ist. Davon kann aber bis jetzt keine Rede sein, da das ganze Gebiet der Molekularkräfte noch ein ziemlich unerforschtes Land ist. Jedenfalls wird die Gravitation der Körperatome neben den Leistungen des Aethers ihren Platz auch bei der künftigen Erklärung der Molekularkräfte behaupten, ganz unabhängig davon, ob künftig einmal die Gravitation auf die Vermittelung eines hypothetischen Gravitationsmediums zurückgeführt wird, oder ob sie als unmittelbare Fernkraft bestehen bleibt.

IX. Die Konstitution der Materie.

1. Die Stetigkeitshypothese und die Wirbelatome.

In der Auffassung der Materie ist die Physik von der sinnlichen Anschauung ausgegangen und zwar entweder von der Anschauung flüssiger, oder von derjenigen fester Körper. Die erstere führt zu der Annahme, dass die Materie aus einer vollkommenen und gleichmässigen Flüssigkeit als Grundsubstanz bestehe, in welcher sich Teile der Flüssigkeit bewegen, die auf irgend eine Weise gegen die Grundsubstanz verändert sind; die letztere zu der Annahme, dass sie aus diskreten, gesonderten festen Teilchen bestehe. Das Ausgehen von dem Flüssigen leitet also zur Stetigkeitshypothese, das vom Festen zur Unstetigkeitshypothese oder Korpuskulartheorie hin. Beide haben das gemein, dass sie die Teile, aus denen die Materie sich zusammensetzt, nach Analogie der sinnlichen Anschauung denken, die der flüssige oder feste Aggregatzustand der Materie in uns hervorruft, und nur die Eigenschaft der Flüssigkeit oder Festigkeit bis zur Vollkommenheit oder Absolutheit steigern. Beide verzichten demnach auf eine Erklärung des Aggregatzustandes, von dem sie ausgehen, setzen vielmehr nur dasselbe gedanklich in den kleinsten Teilen noch einmal, was die sinnliche Anschauung von der Materie im Ganzen zeigt. Beide bedürfen der Verabsolutierung der Eigenschaft (Flüssigkeit oder Festigkeit), die die sinnliche Anschauung nur in relativem und unvollkommenem Masse zeigt. Nur mittelst dieser höchst bedenklichen Hypothese gelingt es ihnen, von dem als ursprünglich vorausgesetzten Aggregatzustand den anderen zu erklären. Werden beide Aggregatzustände nebeneinander als ursprünglich angenommen, so hört jeder Erklärungsversuch des einen aus dem anderen auf; absolut feste Teilchen bewegen sich dann in einer absoluten Flüssigkeit, oder eine vollkommene Flüssigkeit füllt die Zwischenräume und Lücken zwischen absolut festen Teilchen aus.

Flüssigkeit eines Körpers bedeutet Mangel jeden Widerstandes gegen Verschiebung seiner Teile; Festigkeit oder Starrheit unendliche Grösse des Widerstandes gegen den Versuch einer solchen Verschiebung. Beides sind imaginäre oder fiktive Grenzfälle, deren Annahme zu Widersprüchen führt. In Wirklichkeit giebt es weder etwas absolut Festes noch etwas absolut Flüssiges, sondern nur Zwischenstufen zwischen beiden, d. h. Körper, deren Teile der Verschiebung einen grösseren oder geringeren Widerstand entgegensetzen. Beide Aggregatzustände gehen stetig ineinander über, indem die unvollkommene Flüssigkeit immer grössere Zähigkeit oder Viskosität annimmt und der scheinbar feste Körper sich zur Plastizität erweicht. Gesteine, die in Bruchstücken äusserst hart erscheinen, verhalten sich doch in geologischen Schichten wie halbflüssig gegen sehr langsame Verschiebungen.

Der Unterschied zwischen tropfbar flüssigem und gasförmigem Aggregatzustand besteht überhaupt nur unterhalb der kritischen Temperatur, während oberhalb derselben die Differenz unangebbar ist; deshalb ist hier der flüssige Aggregatzustand als Einheit behandelt und dem festen gegenübergestellt. Der Begriff einer vollkommenen oder idealen oder absoluten Flüssigkeit kann keinenfalls auf eine tropfbare Flüssigkeit, soweit sie von einem Gas verschieden oder unterhalb der kritischen Temperatur befindlich ist, angewendet werden, da in solchem Zustande immer eine merkliche Zähigkeit und innere Reibung besteht. Dem Begriff einer vollkommenen Flüssigkeit steht die sinnliche Anschauung eines Gases jedenfalls viel näher als die einer tropfbaren Flüssigkeit, wenngleich beide ihm immer noch fern genug bleiben. Nur der Aether nähert sich so sehr dem Begriff einer vollkommenen Flüssigkeit, dass seine Zähigkeit und Reibung unmerklich werden; leider fehlt uns nur vom Aether jede sinnliche Anschauung. —

Das Widerspruchsvolle am Begriff der absoluten Flüssigkeit liegt nun nicht darin, dass der Widerstand ihrer Teilchen gegen Verschiebung verschwindend klein wird, sondern darin, dass die sinnliche Anschauung sie trotz der Verschiebbarkeit ihrer Teile als einen den Raum schon durch sein blosses Dasein stetig erfüllenden Stoff auffasst. Denkt man sich die diskreten Teile des Aethers sehr klein und ihre mittleren Abstände voneinander sehr gross, so begreift man, dass ihr Widerstand gegen Verschiebung durch sehr viel kompaktere Körper verschwindend klein sein kann. Hält man aber an der sinnlichen Anschauungsgrundlage fest, dass die Flüssigkeit zugleich etwas Stetiges und schon durch ihr blosses Dasein den Raum Erfüllendes sei, dann tritt sofort der Widerspruch zu Tage, der in der widerstandslosen Verschiebbarkeit der Teile gegen diese Voraussetzungen liegt.

Ein Teilchen kann nur dann einem Eindringling Platz machen, wenn es einen Platz findet, nach dem hin es ausweichen kann; aber alle Plätze in seiner Nachbarschaft sind in lückenloser Stetigkeit besetzt. Soll der Begriff der stofflichen Raumerfüllung überhaupt einen Sinn haben, so muss es der sein, dass ein Raumteilchen schon durch Ein gleich grosses Stoffteilchen ausgefüllt ist, und dass nicht zwei raumausfüllende Stoffteilchen gleichzeitig dasselbe Raumteilchen erfüllen können. Das eine muss zuvor von seiner Stelle rücken, damit das andere seinen Platz einnehmen könne. Dieses eine kann aber nicht ausweichen, ehe ihm nicht seine Nachbarn Raum geben, wohin es ausweichen könne; diese wiederum sind von der gleichen Bedingung in Bezug auf ihre Nachbarn abhängig und so fort. In einem unendlichen, stetig mit Stoff erfüllten Raume wäre sonach jede Bewegung eines noch so kleinen Teilchens unmöglich; nur wenn die Welt endlich ist, und die äussersten Teilchen jederzeit ins Leere ausweichen können, bleibt sie unter diesen Voraussetzungen möglich. Da nun die materielle Welt auch aus anderen Gründen als endlich angenommen werden muss, so wäre an einer solchen Pulsation ihrer Grenzschicht nach Massgabe ihrer inneren Verschiebungen noch nichts Widerspruchsvolles. Es ist aber dabei vorausgesetzt, dass die Dichtigkeit der raumerfüllenden Flüssigkeit überall und jederzeit die gleiche ist, weil einerseits niemals durch Verschiebungen eine Lücke entstehen kann, die nicht sofort durch Nachrücken und Nachdrängen der Flüssigkeit von den Weltgrenzen her ausgefüllt würde, und weil andererseits niemals ein Raumteilchen mit mehr als Einem gleich grossen Teilchen der stetigen Flüssigkeit besetzt sein kann. —

Nun ist es aber aus der Anschauung bekannt, dass man alle Körper zusammenpressen und ausdehnen, verdichten und verdünnen kann. Es ist daraus zu folgern, dass ein und derselbe Raumteil mit mehr oder weniger Materie angefüllt sein kann, und dies widerspricht schlechterdings der gemachten Annahme, dass er von einer gleichmässigen Flüssigkeit stetig angefüllt sei. Wenn eine bestimmte Gewichtsmenge Gas in einer Röhre auf ein Hundertstel ihres vorherigen Rauminhaltes zusammengedrückt wird, so zeigt die Wage an, dass noch ebensoviel wägbare Materie in dem kleineren Raum enthalten ist als vorher in dem grösseren. War der erste Raum stetig erfüllt, so muss entweder in dem zweiten jeder Raumteil von hundert sich durchdringenden Stoffteilchen erfüllt sein, oder es muss ein unwägbarer Stoff (Aether) durch die Poren der festen Umschliessungsröhre ausgetreten sein. Im letzteren Falle muss mindestens die gleichmässige Raumerfüllung preisgegeben und eine ungleichmässige durch wägbare und unwägbare Flüssigkeitsteilchen angenommen werden.

Verdichtung wäre dann gleich Aetheraustritt zur Weltgrenze hin, Verdünnung gleich Aethereintritt von der Weltgrenze her. Der Aether selbst würde dann immer noch einer Verdichtung unfähig sein und einer Verdünnung nur, sofern sich wägbare Flüssigkeitsteilchen in ihn einschieben. Die wägbaren Stoffteilchen dürften dann also keinenfalls als Verdichtungsprodukte des Aethers angesehen werden, sondern müssten unabhängig von diesem und neben ihm bestehen, und da sich überall Aether zwischen sie einschiebt, würden sie unter sich unstetig und nur durch Aether zur Stetigkeit verbunden sein. Es wäre also damit bereits der Uebergang von der reinen Stetigkeits- und Flüssigkeitshypothese zu einer Verknüpfung derselben mit der Korpuskulartheorie gemacht. Nur das unwägbare Zwischenmedium wäre noch eine stetige und vollkommene Flüssigkeit, die wägbaren Körperbestandteilchen aber wären als getrennte Korpuskeln oder Körperchen anerkannt, deren Aggregatzustand nicht mehr gasförmig, sondern nur noch fest oder höchstens tropfbar flüssig sein kann. Das Ausweichen bis an die Weltgrenzen und das Nachrücken von den Weltgrenzen her würde sich dann eigentlich nur noch auf die stetige Flüssigkeit des Aethers beschränken, während für die wägbare Materie eine unstetige Korpuskulartheorie in Geltung träte.

Nun kann aber nach der elektromagnetischen Wellentheorie auch der Aether keine stetige und gleichmässige Flüssigkeit mehr sein, weil eine solche nicht polarisierbar gedacht werden kann. Die Polarisation setzt voraus, dass Teilchen vorhanden sind, die sich nach verschiedenen Richtungen des Raumes hin ungleichmässig verhalten, und dass diese Teilchen durch Impulse zu Drehschwingungen ihrer Polarisationsaxe um ihren Schwerpunkt genötigt werden. Der Aether muss also notwendig aus Molekülen bestehen, die nicht einfach, sondern zusammengesetzt sind, und diese polar differenzierten Moleküle müssen reibungslos drehbar sein. Damit hört die Möglichkeit stetiger Raumerfüllung auch durch die Aethermoleküle selbst auf, welche die Erscheinungen der Imponderabilien mit Ausnahme der Gravitation erklären sollen und können. Soll nun doch noch an einer stetigen Raumerfüllung festgehalten werden, so muss zur Ausfüllung der Lücken zwischen den drehbaren Aethermolekülen ein zweites Zwischenmedium angenommen werden, ebenso wie der Aether selbst als Zwischenmedium zwischen den wägbaren Körpermolekülen zur Ausfüllung ihrer Lücken dienen sollte. Dieses zweite Zwischenmedium hätte dann weiter gar keinen Erklärungswert, sondern diente nur dem einen Zweck, die Stetigkeitshypothese aufrecht zu erhalten, die unmittelbar weder auf die wägbare Materie noch auf den Aether anwendbar ist. Eine solche Hypothese aber, die zu nichts nütze ist, als eine vorgefasste Meinung den Induktionsergebnissen zum Trotz aufrecht zu erhalten, hat keine Daseinsberechtigung; sie war deshalb auch von der Physik zu Gunsten der Atomistik schon so gut wie aufgegeben.*) —

Von neuem aufgelebt ist sie erst, seitdem W. Thomson (Lord Kelvin) im Jahre 1867, gestützt auf eine mathematische Abhandlung von Helmholtz v. J. 1858 mit seiner Hypothese der Wirbelatome hervorgetreten ist, die bei verschiedenen namhaften Physikern Anklang gefunden hat. Die von der stetigen Grundflüssigkeit oder dem gleichmässigen Zwischenmedium sich unterscheidenden Aether- und Körper-Atome wären demnach nichts weiter als Wirbelringe der Grundflüssigkeit selbst. Wie die physikalische

*) J. G. Vogts Versuch, dem kontinuierlichen Bewusstsein einen kontinuierlichen Stoff gegenüberzustellen und die Atome als pulsierende Verdichtungscentra in stetigem Zusammenhang mit einem elastischen Zwischenstoff zu deuten, scheitert trotz alles Aufwands mathematischer Behandlung daran, dass er die grundstürzenden Widersprüche des Verdichtungsbegriffes bei stetiger Raumerfüllung nicht erkennt und deshalb auch zu ihrer Beseitigung oder Ueberwindung keine Hand rührt. (Vgl. J. G. Vogt, „Das Wesen der Elektrizität und des Magnetismus etc.“, Leipzig, 1891, Band I, S. 24, 142—151.)

Durchbildung der Stetigkeitshypothese, so weist auch die Wirbelhypothese auf Descartes zurück, nur dass Descartes Wirbel nannte, was man jetzt nur Cirkulationen oder Kreisströmungen nennt. Die Schwierigkeiten, die der fortschreitenden Bewegung anhaften, werden scheinbar vermieden, wenn die Bewegung innerhalb der Gestalt der bewegten Masse verläuft und verharrt; denn dann haben keine Nachbarteilchen nötig, erst für die bewegten Teilchen Platz zu machen.

Bei einer Kreisströmung nimmt die Winkelgeschwindigkeit der Bewegung im quadratischen Verhältnis der Entfernung von der Umdrehungsaxe ab, so dass auch die fortschreitende Geschwindigkeit der Teilchen mit der Entfernung von der Axe abnimmt; bei dem Wirbel dagegen ist die Winkelgeschwindigkeit in jeder Entfernung von der Axe dieselbe, so dass die fortschreitende Geschwindigkeit der Teilchen mit der Entfernung von der Axe zunimmt. In einem Wirbelfaden ist die Wirbelintensität oder das Produkt aus seinem Querschnitt und seiner Drehungsgeschwindigkeit überall und jederzeit konstant. In einer vollkommenen, idealen Flüssigkeit kann ein Wirbel weder entstehen, noch ein entstandener vergehen; er kann keine Teilchen in sich aufnehmen noch auch welche aus sich abgeben, besteht also immer aus denselben Teilchen; er kann keine Enden haben, ausser wo die Flüssigkeit Grenzen hat.

Ein in sich geschlossener Wirbelfaden ist ein Wirbelring, der die mannigfachsten Gestalten haben und annehmen kann. Zwei Wirbelringe können sich nicht schneiden; sind aber zwei Wirbelringe einmal miteinander verkettet, so können sie auch nicht wieder voneinander getrennt werden. Ein einzelner Wirbelring muss in der Grundflüssigkeit senkrecht zu seiner Ebene in der Richtung fortschreiten, in welcher die inneren Teilchen des Ringes wirbeln; kommt er an eine Wand, so erweitert er sich und zerstreut sich. Seine fortschreitende Bewegung ist um so schneller, je grösser sein Querschnittradius im Vergleich zu seinem Ringradius ist. Zwei parallele Wirbelringe von gleichsinniger Wirbelung schreiten in gleicher Richtung fort, wobei der vordere sich erweitert und seine Fortschreitung verlangsamt, der hintere sich verengert und seine Fortschreitung beschleunigt. Die Folge davon ist, dass der hintere durch den vorderen hindurchwandert und selbst zum vorderen wird; dann erweitert und verlangsamt er sich, während der überholte sich verengert und beschleunigt und wieder durch ihn hindurchwandert u. s. f. Zwei parallele Wirbelringe von entgegengesetzt gerichteter Wirbelung bewegen sich aufeinander zu, erweitern sich dabei und zerstreuen sich in die Mittelebene zwischen ihnen.*) Man sieht daran zugleich, dass die Wirbelbewegung doch auch wieder zu fortschreitenden Bewegungen führt und sich keineswegs auf den Raum beschränkt, den die Gesamtheit der wirbelnden Teilchen einmal einnimmt.

Die Wirbelringe einer vollkommenen Flüssigkeit sind nur möglich, wenn sie mit der Flüssigkeit zusammen geschaffen worden sind, und sind unvergänglich, solange die Flüssigkeitsschöpfung nicht vom Schöpfer zurückgenommen oder wieder aufgehoben wird. Ebenso müssen Verkettungen von Wirbelringen miteinander zugleich mit der Flüssigkeit mitgeschaffen sein und haben mit ihr gleiche Dauer. Die Wirbelringe sind beständig in Bezug auf die in ihnen wirbelnden Flüssigkeitsteilchen, und die Wirbelungsintensität ist doch in ihren Abmessungen und Geschwindigkeiten wandelbar. Wenn sie die Uratome wären, so könnten die beständigen Wirbelringverkettungen die unzerlegbaren Atome der chemischen Elemente darstellen. Ein Wirbelring ist durch seine Wirbelrichtung mit zwei Polen behaftet, kann also in dieser Hinsicht ebensogut zu elektromagnetischen Polarisationserscheinungen eine Erklärung bieten, wie eine feste Verbindung zweier punktueller Centralkräfte mit entgegengesetztem Vorzeichen. —

So viel Bestechendes diese Hypothese auch hat, so ist sie doch bei näherer Betrachtung nicht annehmbar. Wir kennen keine Erscheinungen an den Atomen, die dem fortwährenden abwechselnden Durcheinanderschlüpfen gleichsinnig wirbelnder und der unendlichen Zerstreuung ungleichsinnig wirbelnder Wirbelringe entsprächen, und diese beiden Vorgänge müssten doch die allergewöhnlichsten sein. Die durchschnittlich bestehende qualitative Konstanz der Atome würde bei so wandelbaren Gebilden schwer zu verstehen sein; vielmehr müsste eine Menge sonderbarer Erscheinungen als Folge dieser Wandelbarkeit vermutet werden, von denen wir nichts erfahren. Ueberhaupt ist zu einer genaueren Durcharbeitung der physikalischen Erklärungen auf Grund dieser Hypothese noch kein Versuch gemacht; sie ist bis jetzt nicht mehr als ein geistreicher

---

*) Auerbach, „Kanon der Physik", S. 145—150, 371—372.

Einfall. Dass sie die Gravitation nicht erklären könnte, wird auch von ihren Verteidigern zugestanden.

Ob der Aether, dessen Reibung für molare mechanische Vorgänge als unmerklich angenommen werden muss, in dem Sinne eine ideale Flüssigkeit genannt werden darf, dass seine Reibung auch für solche Wirbelvorgänge allerkleinster Ausdehnung und unbestimmt langer Dauer verschwindend bleibt, das dürfte selbst vom physikalischen Standpunkt bezweifelt werden. Man begreift bei der atomistischen Hypothese, dass die äussere und innere Reibung um so mehr verschwindet, je dünner ein Medium ist, d. h. je grösser die mittleren Abstände seiner Moleküle voneinander sind; aber man begreift bei der Stetigkeitshypothese nicht, wie die Reibung zwischen Teilchen, die sich mit ihren ganzen Flächen berühren und bei einander vorbei schieben, verschwindend klein werden kann. Die Beispiele von Wirbelringen, die uns in der Erfahrung gegeben sind, bestehen übrigens keineswegs aus stetigen Flüssigkeiten, sondern gerade im Gegenteil aus feinsten festen Teilchen (z. B. Tabakrauch, Salmiakstaub). Es ist deshalb zwar keineswegs die Möglichkeit ausgeschlossen, dass kleinste Wirbelringe eine gewisse, uns bisher unbekannte Rolle in der Konstitution der Materie spielen, aber nicht, dass ihre Dauer der des Weltbestandes gleich ist. Selbst wenn ersteres der Fall ist, so bleibt doch noch immer die Frage offen, ob solche ephemere Wirbelringe aus einer stetigen Flüssigkeit oder aus einer unstetigen Wolke von sehr viel kleineren diskreten Teilchen bestehen, die durch Abstossungskräfte vor jeder Berührung miteinander gesichert sind.

Hiernach kann auch die Hypothese der Wirbelatome der Stetigkeitshypothese keine brauchbare Stütze bieten. Am wenigsten kann sie die schwerwiegenden Bedenken aus der Welt schaffen, denen jede Stetigkeitshypothese dadurch ausgesetzt ist, dass sie auf Nahwirkung der Teilchen unter Berührung angewiesen ist und unendliche Geteiltheit der Materie nicht entbehren kann. Die Bedenken gegen die Berührung und eigentliche Nahwirkung sind schon oben erörtert; es bleibt hier nur noch übrig zu zeigen, dass gerade die Stetigkeitshypothese es ist, und nicht die Unstetigkeitshypothese, die sich dem Vorwurf einer vollendeten Unendlichkeit in der unendlichen Geteiltheit der Materie aussetzt. —

Wenn ein Teilchen der stetigen Grundflüssigkeit seinen Platz verändern soll, so muss es sich bei anderen Teilchen vorbeischieben. Solange man dem sich bewegenden Teilchen und seinen seitlichen Nachbarteilchen noch eine Grösse, sei es endlicher, sei es unendlich kleiner Ordnung, zuerkennt, muss man ihnen auch eine Gestalt zuerkennen. Man kann diese Gestalt so wählen, dass in der Ruhelage keine Lücke entsteht, sondern die Flächen regulärer Körper sich aneinander legen. Aber es ist mathematisch unmöglich, dass bei einer Bewegung eines solchen eingekeilten regulären Vielflachs nicht Lücken entstehen, während es sich bei den Nachbarn vorbeidrängen muss und bevor es in eine neue geschlossene Ruhelage kommt. Bestimmt man dagegen die Teilchen kugelförmig, um die Widerstände der vorspringenden Kanten und Ecken bei der Bewegung auf ein Mindestmass herabzusetzen, so hat man schon in der Ruhelage Lücken zwischen den Teilchen, die sich dann allerdings bei der Bewegung nicht mehr vergrössern. Diese Lücken, sei es bloss bei der Bewegung, sei es bei Ruhe und Bewegung zugleich, machen die behauptete Stetigkeit illusorisch, da ja doch der Ruhezustand nur ein unwirklicher Grenzfall in der Natur ist. Greift man, wie Descartes, nach einer Ausfüllung der Lücken durch feinere Teilchen, nach Art des Häcksels zwischen den Eiern in einer Eierkiste oder des Bärlappsamens zwischen den Pillen in einer Pillenschachtel, so verschiebt man die Schwierigkeit nur, anstatt sie zu lösen; denn für diese feineren Teilchen gilt die gleiche Erwägung, d. h. sie müssen ebenfalls, um die Lücken und den Bewegungswiderstand zusammengenommen auf ein Mindestmass herabzusetzen, wiederum kugelförmig gedacht werden und brauchen dann noch feinere Teilchen, um ihre Lücken untereinander zu füllen und so fort. So gerät man in einen schlechthin unendlichen Progressus, indem man die Lücken durch immer feinere Teilchen in Gedanken ausfüllen muss. Solange die Füllsel noch irgend welcher, wenn auch unendlich kleinen, Grössenordnung angehören, solange haben sie noch Gestalt, und solange lassen sie zwischen ihren Gestalten Lücken. Die Stetigkeit kann erst erreicht werden bei Füllseln, die *keine Gestalt* mehr haben; solche hätten aber auch *keine Grösse* mehr, könnten also auch nicht mehr die kleinste Lücke füllen.

Es ist für diese Betrachtung unerheblich, ob die Füllsel der verschiedenen Grössenordnungen als gesonderte Teilchen nebeneinander bestehen und sich von aussen her durch die vorhandenen Lücken hindurch zu jenen Lücken hinschieben, zu deren Ausfüllung sie gerade gebraucht werden, oder ob sie durch Teilung und Teilchenverschiebung aus denjenigen grösseren Flüssigkeitsteilchen hervorgehen, zu deren Lückenfüllung sie dienen sollen. Im ersteren Falle gelten die materiellen Teilchen aller Grössenordnungen als solche von unveränderlicher, im letzteren Falle als solche von veränderlicher Gestalt. Die Gestaltveränderung eines Teilchens kann nämlich nur dadurch erfolgen, dass Teile desselben von einer Stelle desselben abgetrennt und nach einer anderen Stelle hin verschoben werden. Für diese zu verschiebenden Teilchen zweiter Grössenordnung gilt aber dieselbe Erwägung; um bei ihrer Bewegung keine Lücken zu lassen, müssen sie in jedem Augenblick ihre Gestalt verändern, indem sie Teilchen dritter Ordnung von sich abspalten und verschieben. Für diese gilt dann wieder das Nämliche und so fort ins Unendliche. Das Volumen jedes Flüssigkeitsteilchens muss auch bei angenommener Gestaltveränderung als konstant gelten, da, wie oben gezeigt, eine Verdünnung oder Verdichtung nur durch Austritt oder Eintritt kleinerer Teilchen denkbar ist.

Wie man die Sache auch betrachten mag, immer steht man bei Voraussetzung einer stetigen stofflichen Raumausfüllung vor der Alternative: entweder der Ruhezustand ist der einzig mögliche, oder Bewegung erfolgt dadurch, dass die Materie, sei es im Voraus ins Unendliche geteilt ist, sei es im Bedarfsfall sich selbst ins Unendliche teilt. Die letztere Seite der Alternative leidet aber an dem Widerspruch der vollendeten Unendlichkeit der Teilung, weil keine unendlich kleine Grössenordnung der Teilchen die letzte sein darf, und die Negation ihrer Grösse auch die Möglichkeit aufhebt, durch sie Lücken zu füllen. Somit bleibt die erste Seite der Alternative als die allein in sich widerspruchslose übrig; aber sie steht im Widerspruch mit der Erfahrungsthatsache der gegebenen Bewegung. Indem die Stetigkeitshypothese nur die Wahl hat, mit sich selbst oder mit der Erfahrung im Widerspruch zu stehen, d. h. logisch oder physisch unmöglich zu sein, scheidet sie aus, und auch die Hypothese der Wirbelatome im Sinne von stetigen Flüssigkeitswirbeln wird damit hinfällig. Wir wenden uns daher nunmehr den Ansichten zu, die von der sinnlichen Anschauung des festen Aggregatzustandes ausgehen und noch jetzt von der Mehrzahl der Physiker geteilt werden.

2. Die Korpuskulartheorie.

Die festen Körper füllen nicht stetig den Raum aus, sondern haben zunächst Lücken oder Poren in sich wie ein Schwamm. Sie sind zum Teil für Flüssigkeiten unter starkem Druck durchlässig, zum Teil tritt Flüssigkeit schon ohne Drucksteigerung durch sie hindurch (Endosmose). Den Gasen gestatten sie um so leichter den Durchtritt, je dünner die Gase sind; Wasserstoff z. B. ist nicht ganz leicht für längere Dauer abzuschliessen. Dabei bleibt aber die Frage offen, ob das die Poren einschliessende Gerüst der festen Körper den von ihm eingenommenen Raum wirklich stetig erfüllt, und man sich neben den groben Poren nur immer feinere zu denken hat. Noch Le Sage huldigte dieser Ansicht (Kastenatome), welche die Druck- und Zugvermittelung in gleichsam sinnfälliger Weise durch feste Wände, Blätter, Stangen zu erklären sucht.

Der stetige Uebergang des festen in den flüssigen und gasförmigen Zustand und umgekehrt machte es schwierig, diese Auffassung festzuhalten, und drängte dazu hin, die Druck- und Zugvermittelung durch molekulare Fernkräfte zu erklären, wie sie bei der Adhäsion und Kohäsion auch der Flüssigkeiten wirken. Sobald die festen Verbindungen als Gerüst des festen Körpers durch Kräfte ersetzt und damit entbehrlich geworden waren, stand nichts mehr im Wege, auch die festen Körper als eine Art Staub mit grösseren oder kleineren Lücken aufzufassen, etwa wie kosmische Nebel sich in Sternhaufen auflösen. Diese Auffassung gewährte den Vorteil, Verdünnung als blosse Vermehrung und Verminderung der im gleichen Volumen enthaltenen Teilchen zu deuten.

Die sinnliche Anschauung, dass ein Stoff den Raum, den er einnimmt, auch stofflich erfüllt, in dem Sinne, dass er ihn nicht mit einem anderen teilen kann und für einen zweiten Stoff keinen Raum mehr lässt, diese Anschauung ist von absolut starren Körpern und unzusammendrückbaren tropfbaren Flüssigkeiten abstrahiert; sie wird aber schon durch die Erkenntnis erschüttert, dass es keine absolut starre Körper und keine schlechthin unzusammendrückbaren Flüssigkeiten giebt. Sie wird völlig ins Wanken gebracht durch die Betrachtung der Gase und Dämpfe, deren jedes sich gegen alle übrigen in demselben Raum befindlichen so verhält, als ob der Raum leer und die übrigen Gase und Dämpfe nicht vorhanden wären. Sie erhält den letzten Stoss dadurch, dass selbst in Flüssigkeiten die Ionen gelöster Stoffe sich so bewegen, als ob gar keine Flüssigkeit vorhanden und der von ihr eingenommene Raum völlig leer wäre. Diese Erkenntnisse müssen darauf hinweisen, dass die materielle Raumerfüllung bei festen und flüssigen Körpern etwas ganz anderes ist als substantielle stoffliche Ausfüllung des Raumes, dass sie vielmehr eine Folge von Abstossungskräften der Teilchen untereinander und gegen die Körper ist, die denselben Raum einzunehmen versuchen. Denkt man sich einen Raum stofflich erfüllt, so liegt in dieser Vorstellung nichts, was logisch nötigen könnte, den Begriff der Undurchdringlichkeit damit zu verbinden; nur die sinnliche Erfahrung, dass feste und flüssige Körper den eroberten Raum verteidigen, hat zur Gewöhnung an diese Vorstellungsverknüpfung geführt und sie so fest eingeprägt, dass sie zu einem schwer zu überwindenden sinnlichen Vorurteil geworden ist. Es ist nichts im Begriffe des Stoffes, was hindern könnte, dass beliebig viele Stoffe gleichzeitig denselben Raum einnehmen; Undurchdringlichkeit ist erst etwas zum Begriffe des Stoffes Hinzukommendes, das aus Widerstandsentfaltung, d. h. aus Kraftäusserung entspringt. Der Stoff an sich ist kraftlos und die Kräfte zum Widerstande müssen ebensogut wie irgend welche anderen Kräfte erst zu ihm hinzukommen, ihm erteilt werden. Mit dieser Einsicht hört jedes Interesse der Physik an der Existenz des Stoffes auf und geht auf die Kräfte über, die der Undurchdringlichkeit zu Grunde liegen. Das sinnliche Vorurteil lässt sich aber so schnell nicht überwinden, es weicht nur etappenweise zurück. Die Physik schränkt zunächst den Stoff zwar auf kleine Teilchen des materiell erfüllten Raumes ein, lässt aber noch den ganzen Raum durch die mit diesen kleinsten Stoffteilchen verbundenen Kräfte materiell erfüllt sein.

Schon die mechanische Gastheorie hatte mit dem Gedanken vertraut gemacht, dass die Durchmesser der Gasmoleküle ausserordentlich klein seien im Vergleich zu den mittleren Abständen der Moleküle und selbst im Vergleich zu den Wirkungssphären ihrer Elastizität. Die Thatsachen der Durchsichtigkeit und der Durchlässigkeit für Wärmestrahlung oder elektrische Wellen führte zu der Annahme, dass alle Körper von Aether durchsetzt seien und dass die Körperteilchen die Bewegung der eingeengten Aetherteilchen nur mässig behindern. Die Unmöglichkeit, Aether einzuschliessen oder zu verdünnen, zeigte die Durchgängigkeit aller Körper für Aether und führte zu der Annahme, dass in ihm die Teilchen noch sehr viel grössere Abstände haben müssen als im verdünntesten Gase, weil er soviel dünner als dieses ist. Die Vorstellung, dass die Körperteilchen Hüllen sie umkreisender Aetherteilchen um sich herum haben, rückte die Analogie zwischen der Konstitution der Materie und derjenigen des Himmelsgebäudes näher und gewöhnte an den Gedanken, dass die Grösse der materiellen Teilchen zu ihren Abständen von ihrer Aetherhülle sich ähnlich wie die der Sonne zu den Radien der Planetenbahnen, und zu ihren Abständen voneinander sich ähnlich wie die Grössen der Fixsterne zu ihren Abständen voneinander verhalten könnten. Wie die Teile des Makrokosmos ohne feste Verbindungen durch Fernkräfte auf molare Entfernungen zusammengehalten werden, so die Teilchen der Körper durch Fernkräfte auf molekulare Entfernungen.

Bei alledem blieb die Voraussetzung als selbstverständlich bestehen, dass die Teilchen Grösse, Gestalt, Masse und Undurchdringlichkeit haben und dass sie den beschränkten Raum, den sie einnehmen, durch ihr blosses Dasein auch wirklich stetig und stofflich erfüllen. Sie wurden also als kleine Körperchen oder corpuscula aufgefasst, die genau das im Kleinen sein sollen, als was das durch sie aufgelöste Bild der sinnlichen Anschauung die festen Körper im Grossen ausgegeben hatte. Deshalb wird diese Lehre als Korpuskulartheorie bezeichnet. Sie genügte vorläufig für die Erklärungsbedürfnisse der Physik und Chemie. Man versuchte zunächst aus den hypothetischen Gestalten dieser Korpuskeln und ihren hypothetischen Gruppierungen die Krystallformen abzuleiten (Ampère 1814); diese Versuche wurden jedoch später aufgegeben, weil der Polymorphismus der Krystalle und nach den neuesten, von Richards u. A. m. freilich widersprochenen Untersuchungen von Schröns auch ihre abweichenden Jugendformen in statu nascente zu der Annahme nötigten, dass ein Krystallelement schon aus einer ungeheueren Menge von Korpuskeln oder Molekülen des betreffenden Stoffes zusammengesetzt sei. —

Die Chemie führte zur Bestimmung der Aequivalentgewichte der Verbindungen und des Gewichtsverhältnisses gasiger Elemente bei gleichen Druck- und Temperaturverhältnissen. Die Vergleichung beider Ergebnisse leitete zu der Annahme, dass gleiche Volumina von Gasen unter gleichen Verhältnissen gleichviel Moleküle enthalten, dass aber diese Moleküle teils einatomig, teils mehratomig sind. Ebenso führte die Untersuchung verdünnter Lösungen zu dem Ergebnis, dass sie bei gleichem osmotischem Druck und gleicher Temperatur alle die gleiche Zahl gelöster Moleküle in der Volumeinheit enthalten, und zwar dieselbe Zahl wie das entsprechende Gas bei gleicher Temperatur und gleichen Druckverhältnissen. Die Verbindungsgewichte oder Aequivalenzgewichte der Körper durch die chemische Valenz oder Wertigkeit geteilt, liefern die Atomgewichte; beides sind nur Verhältniszahlen in Bezug auf eine willkürlich gewählte Einheit (Gewicht des Wasserstoffs oder Sauerstoffs). Die Wertigkeit schwankt von 1 bis 6; in ziemlich verwickelten Beziehungen zu ihr steht die Zahl der Atome, die in einem Moleküle enthalten sind. Im gasförmigen Zustande ist z. B. das Moleküle von Quecksilber, Kadmium und Zink einatomig, das der meisten chemischen Elemente zweiatomig, das von Phosphor und Arsenik vieratomig, das von Schwefel über 600° C. zweiatomig, unter 600° sechsatomig, das von Jod unter 600° zweiatomig, über 1500° einatomig, das von gewöhnlichem Sauerstoff zweiatomig, das von Ozon dreiatomig. Bei höheren Temperaturen zeigen also manche Elemente (wie Jod) eine Dissoziation mit Volumenvergrösserung, bei niederen Temperaturen andere (wie Schwefel) eine Polymerisation mit Volumverminderung. Im festen Zustande ist eine hochgradige Polymerisation anzunehmen.

Die festen Gewichtsverhältnisse der chemischen Elemente bei ihren Verbindungen lassen sich auch ohne Zuhilfenahme der Korpuskulartheorie deuten; für die Mehratomigkeit der Moleküle und die Volumveränderungen bei Dissoziations- und Polymerisations-Vorgängen dagegen dürfte eine andere Deutung als auf diesem Wege aussichtslos sein. Die mehratomigen Moleküle müssen aus der entsprechenden Zahl kleinerer Korpuskeln zusammengesetzt sein, die sich bei zweiatomigen linear aneinanderreihen, bei dreiatomigen flächenhaft, bei vieratomigen bereits körperlich gruppieren. Da Aetherschwingungen eine Dissoziation herbeiführen können, müssen die Atome des Moleküles durch Aetherhüllen auseinander gehalten werden, die dem Einfluss strahlender Energie unmittelbar zugänglich sind.

Die Moleküle sind die kleinsten Teile, die ohne Aenderung ihrer chemischen Beschaffenheit selbständig bestehen können; die Atome sind die kleinsten Teile, die in Verbindung mit ihresgleichen oder mit den Atomen anderer chemischer Elemente verbunden bestehen können, ohne ihre eigentümliche chemische Beschaffenheit einzubüssen. Das Wort „Atom“ ist hier nur gewählt, um die Unteilbarkeit ohne Zerstörung der chemischen Beschaffenheit auszudrücken, ähnlich wie „Individuum“ die Unteilbarkeit ohne Zerstörung der organischen Einheit besagt. „Atom“ hat allerdings noch die Nebenbedeutung, dass wir zur Zeit keine Naturkräfte kennen und über keine Naturkräfte verfügen, die im stande wären, die Atome der chemischen Elemente zu zerlegen und ihre etwaigen Bestandteile zu isolieren; es lässt aber die Fragen völlig offen, ob solche Naturkräfte existieren oder nicht, und ob, wenn sie existieren, sie nicht doch später unserer Erkenntnis zugänglich und unserer Verwendung dienstbar gemacht werden können. Von einem Widerspruch in diesem Atombegriff kann also hier noch keine Rede sein; das Atom gilt als ideell teilbares Korpuskel und hat Grösse, Gestalt, Festigkeit u. s. w. gleich diesem.

Die Atomgewichte der chemischen Elemente zeigen ein „periodisches System“, d. h. sie lassen sich in Gruppen zerlegen, innerhalb deren Atomgewichtsunterschiede von etwa 16 und 46 typisch wiederkehren. Die Elemente benachbarter Gruppen, insbesondere solche, die ein annähernd gleiches Atomgewicht haben, zeigen gewisse Aehnlichkeiten in ihrem chemischen Verhalten. Die Beobachtung dieser Analogien führte zur Berichtigung einiger Atomgewichte, z. B. von Molybdän und Uran, und zu der Vermutung, dass vorhandene Lücken des bisherigen Systems noch durch einige uns unbekannte chemische Elemente ausgefüllt werden müssten. Diese Vermutung hat in einigen Fällen, z. B. bei Gallium und Skandium, nachträglich ihre Bestätigung gefunden. Immerhin entbehren die aufgefundenen Beziehungen bis jetzt der Schärfe und zeigen Ausnahmen, die noch unter keine Regeln gebracht werden konnten. Trotzdem ist die Ueberzeugung allgemein, dass dem periodischen System ein richtiges noch nicht genau erkanntes Prinzip zu Grunde liegt. —

Dies deutet offenbar darauf hin, dass die chemischen Elemente Zusammensetzungen aus einfacheren Elementen sein dürften, die wir nur noch nicht kennen. Auch die zunehmende Vereinfachung der Spektrallinien bei Gasen von sehr hoher Temperatur weist auf eine mit der Temperatur fortschreitende Dissoziation hin, die aber bei sinkender Temperatur wieder rückgängig gemacht wird und darum unseren technischen Hilfsmitteln noch keine Fixierung und Isolierung der Bestandteile gestattet. Auch mancherlei andere Anzeichen sprechen für die Hypothese, dass die chemischen Elementaratome Zusammensetzungen aus einfacheren Körperatomen mit zwischengelagerten Aethermolekülen sind, und dass schliesslich alle wägbare Materie auf eine einzige Art körperlicher Uratome als ihr Urelement zurückführt. Wären die Atomgewichte ohne Ausnahme ganze Zahlen, d. h. Vielfache des Wasserstoffs, so läge es nahe, in dem Wasserstoffatom zugleich das körperliche Uratom zu suchen. Wir wissen nicht, ob die Abweichungen der Atomgewichte von ganzen Zahlen bei einzelnen Elementen (z. B. Chlor) durch eigentümliche Aenderungen der Gravitation in gewissen Atomgruppierungen oder durch sonstige Gründe bedingt sind, oder ob nicht vielmehr, was viel wahrscheinlicher ist, auch schon das Wasserstoffatom ein Komplex von einer sehr grossen Zahl von Uratomen ist.

Wie dem auch sein mag, jedenfalls wird von der Korpuskulartheorie auch das Uratom noch als ein von einer Aetherhülle umgebenes Korpuskel gedacht. Von seiner Aetherhülle gehen die Abstossungswirkungen auf molekulare Entfernungen aus, die den Schein der stofflichen Undurchdringlichkeit erwecken, von ihm selbst die Anziehungswirkungen auf molekulare und molare Entfernungen, die den Schein der festen Verbindungen erregen, beziehungsweise sich als Molekularkräfte und Gravitation darstellen.

Nun erst taucht die Frage auf, an der die Korpuskulartheorie scheitert und zur eigentlichen Atomistik hingedrängt wird, nämlich wie die Kraft mit der Masse des Korpuskels verbunden und wie sie auf seine Teilchen verteilt ist. —

Die Physik kann, wie oben gezeigt, keine anderen Kräfte als Potentialkräfte, Normalkräfte oder Centralkräfte für ihre Erklärungen brauchen. Ist nun die Kraft nur an einen Punkt der Masse des Korpuskels gebunden (etwa an den Schwerpunkt), dann ist nicht mehr der Stoff des Korpuskels, sondern der betreffende mathematische Punkt in ihm Träger und Ausgangspunkt der Kraftäusserung. Es bleibt dann unverständlich, wie dieser mathematische Punkt mit dem Korpuskel unlöslich verbunden ist, d. h. wodurch der mathematische Ausgangspunkt der Kraftäusserung im stande ist, im Falle seiner Bewegung das Korpuskel mitzunehmen, oder wodurch das Korpuskel im stande ist, im Falle seiner Bewegung den imaginären Ausgangspunkt der Kraftäusserung mitzunehmen. Es bleibt ebenso unverständlich, wodurch es bedingt ist, dass der Ausgangspunkt der Kraftäusserungen gerade an diese und keine andere Stelle des Korpuskels gebunden ist, und welche Bedeutung dem Stoff des Korpuskels samt seiner Grösse und Gestalt noch verbleibt, wenn es nicht einmal die ist, Träger der Kraft zu sein. Denn der Punkt im ausgedehnten Korpuskel, an den die Kraft gebunden sein soll, ist ausdehnungslos wie jeder mathematische Punkt; das Ausdehnungslose aber, das durch sein Dasein keinen Raum mehr füllt, entbehrt eben damit des entscheidenden Merkmals der Stofflichkeit.

Denkt man sich hingegen die Kraft auf alle Punkte des Korpuskels gleichmässig verteilt und die Centralkraft des Schwerpunktes nur als die Resultante aller dieser Komponenten, dann entsteht die weitere Frage, ob die Teilchen des stofflichen Korpuskels, an denen die Teilchen der Kraft haften sollen, noch Grösse und Gestalt irgend welcher Grössenordnung haben sollen oder nicht. Im ersteren Falle bleibt das Problem ungelöst und wird nur auf Teilchen einer kleineren Grössenordnung verschoben, von wo es wieder auf Teilchen einer noch kleineren Grössenordnung zurückgeschoben werden muss, und sofort ins Unendliche. Im letzteren Falle hat man nur die unendliche Vervielfältigung des Haftens der Kraft am mathematischen Punkte statt am raumerfüllenden Stoffe vor sich, ausserdem aber die unlösbare Aufgabe, aus unendlich vielen mathematischen Punkten durch Nebeneinanderlagerung die stetige Raumerfüllung des Korpuskels aufzubauen.

Man steht also vor der Alternative: entweder das Uratom ist ein unteilbarer, weil ausdehnungsloser mathematischer Punkt, oder man gerät in den Widerspruch einer vollendeten unendlichen Geteiltheit des Stoffes zum Zweck der gleichmässigen und stetigen Verteilung der Kraft auf ihn. Der letztere Weg scheitert an derselben Unmöglichkeit wie die Stetigkeitshypothese, die von der sinnlichen Anschauung des Flüssigen ausgeht; jetzt scheitert die Sache an der Unmöglichkeit gleichmässiger und stetiger Kraftverteilung auf ein stetig-stoffliches Korpuskel, wie vorher an der Unmöglichkeit der Bewegung im stetig erfüllten Raum. Es bleibt der Korpuskulartheorie nur noch die erstere Seite der Alternative offen, d. h. sie muss in eigentliche Atomistik umschlagen. —

Der Grundfehler der Stetigkeitshypothese und der Korpuskulartheorie lag darin, dass beide die zu erklärende Beschaffenheit der Materie, ihre scheinbar stetige Erfüllung des Raumes im flüssigen oder festen Aggregatzustande, in die Urbestandteile zurückverlegten, aus denen die Materie konstituiert sein sollte. Es ist aber klar, dass damit auf jede Erklärung verzichtet ist, wenn man den zu erklärenden Zustand in den Elementarbestandteilen wiederum voraussetzt, die ihn erklären sollen. Ein solcher Erklärungsversuch dreht sich im Kreise. Man muss vielmehr von der Vermutung ausgehen, dass die Urbestandteile der Materie keinerlei Aehnlichkeit mit dem flüssigen oder festen Aggregatzustand haben können, der durch eine bestimmte Gruppierung und dynamische Beziehung derselben als resultierendes Phänomen hervorgebracht wird.

Die Erfahrung lehrt uns, dass dieses phänomenale Gesamtresultat sich um so deutlicher unserer Sinneswahrnehmung aufdrängt, je dichter die Urbestandteile gruppiert sind, und je stärker ihre dynamischen Beziehungen untereinander sind. Die materielle Raumerfüllung wird uns am auffälligsten bei festen und tropfbar flüssigen Körpern; aber dass der Raum, in dem wir uns bewegen, auch bei völliger Windstille mit atmosphärischer Luft erfüllt ist, das ist für jedes Kind ein Gegenstand der Verwunderung, wenn es zum erstenmal darauf aufmerksam gemacht wird. Die gasige Raumerfüllung entzieht sich unserer Wahrnehmung in um so höherem Grade, je dünner sie ist. Noch immer zweifeln viele an einer Atmosphäre unseres Planetensystems, und ihre Verteidiger können nicht sagen, wie weit sie sich erstreckt. Wenn es einen vierten Aggregatzustand, den der „strahlenden Materie“ giebt, so ist er jedenfalls nicht unmittelbar wahrzunehmen, sondern nur hypothetisch zu erschliessen, und das Gleiche gilt vom Aether, der den Weltraum erfüllt.

Die kleinsten Gegenstände werden uns durch den Gesichtssinn vermittelt unter Anwendung optischer Hilfsmittel; aber die Wahrnehmbarkeit des Kleinen hat ihre Grenze da, wo die Lichtbeugung das Bild seiner Teilchenanordnung verzerrt und entstellt und hört ganz auf, wo es sich um eine Gliederung in Abstände handelt, die merklich hinter der Länge einer Lichtwelle zurückbleiben. Keine künftige Verbesserung der Mikroskope kann uns deshalb die molekulare und atomistische Anordnung der Materie wahrnehmbar machen, weil es sich dabei um Grössen handelt, für die die Elle einer Lichtwelle viel zu grob ist. Die Physik berechnet die Grösse eines Wasserstoffmoleküles auf ein Tausendstel der Länge einer Lichtwelle, die Grösse eines Elektrons auf ein Zweitausendstel der Grösse eines Wasserstoffatoms oder ein Zweimilliontel der Länge einer Lichtwelle. Da liegt doch wahrlich der Gedanke nahe, dass bei diesen Dingen alle die gewohnheitsmässigen Vorstellungen und sinnlichen Vorurteile unpassend werden und versagen müssen, die wir aus der sinnlichen Wahrnehmung fester und flüssiger Massen geschöpft haben. Wir müssen uns mit dem Gedanken vertraut machen, dass die letzten Bestandteile der Materie nicht bloss für uns, wegen der Unvollkommenheit unserer Sinne, sondern ihrer Natur nach unwahrnehmbar sind und sein müssen für alle Sinnesorgane, die für die Wahrnehmung komplizierter Summationsphänomene aus diesen Bestandteilen eingerichtet sind, und dass ihnen deshalb keinenfalls Eigenschaften angedichtet werden dürfen, die aus den Wahrnehmungen solcher Sinnesorgane abstrahiert sind, wie Festigkeit oder Flüssigkeit oder stoffliche Raumerfüllung durch ihr ruhendes unthätiges Dasein. Wenn, wie oben gezeigt, alle Berechnungen über die Grösse von Molekülen auf unzulässigen Schlussfolgerungen von der merklichen Wirkungssphäre eines Moleküles auf seinem Durchmesser beruhen, dann entfällt jede Möglichkeit, die Grösse der Moleküle zu berechnen. Wären aber auch die Schlüsse auf die Moleküledurchmesser richtig, so würden diese doch immer nur etwas über die Abstände der Atome im Moleküle aussagen, aber noch immer keinen Rückschluss gestatten auf die Grösse der die Moleküle konstituierenden Uratome selbst. Die Grösse dieser könnte gleich Null sein, auch wenn die der Moleküle als endlich zu bestimmen wäre.

3. Die Atomistik.

Die Tendenz der Korpuskulartheorie zum Umschlag in echte Atomistik hat sich in der Physik schon ziemlich früh geltend gemacht. Während noch Gassendi an einer endlichen Grösse und Gestalt der Korpuskeln festhielt, erklärte schon Galilei die Atome für unendlich klein. Aber Galilei verharrte seinerseits noch in der Vorstellung, dass die Aneinanderlagerung der unendlich kleinen Atome einen endlichen Raum erfüllen müsse, und brauchte zu dem Zweck eine unendliche Zahl von Atomen für jeden endlichen Körper. Erst der Mathematiker Boscovich that den entscheidenden Schritt, indem er die unendlich kleinen Atome in ausdehnungslose und darum schlechthin unteilbare mathematische Punkte umwandelte, die sich nicht berühren können, ohne in Einen Punkt zusammenzufallen, und die deshalb in einem endlichen Raum bei endlichen Abständen nur in endlicher Zahl vorhanden sein können und den Raum nur durch ihre Kraftäusserungen erfüllen. Als einfache, gleichem Gesetz unterworfene Punkte, die sich nur durch ihren jeweiligen Ort unterscheiden, sind sie alle gleichartig. Die Wahrnehmbarkeit der Materie entspringt nicht, wie die Cartesianer annehmen, aus ihrer Ausgedehntheit, die das Eindringen nicht hindern würde, sondern aus ihrer Undurchdringlichkeit, die nur ein Ergebnis ihrer abstossenden Kräfte ist. Alles Wirkliche ist endlich, nur im Möglichen Unendlichkeit. Es giebt veränderliche räumliche und zeitliche Daseinsweisen (z. B. Abstände); ihre beiden Gattungen sind der Raum und die Zeit, wie sie an sich sind.*)

Die hervorragendsten Denker unter den Mathematikern und Physikern haben sich Boscovich angeschlossen, z. B. Ampère, Cauchy, Tyndall, Fechner, Hertz. Die Physik im allgemeinen scheut es, sich mit solchen letzten Fragen zu befassen; soviel wenigstens darf aber jetzt von allen, die überhaupt Atome annehmen, als zugestanden gelten, dass die Uratome keine endliche Grösse und Gestalt haben, sich aber in endlichen Abständen voneinander befinden. Dagegen hat die überaus künstliche Konstruktion des Kraftäusserungsgesetzes, durch welche Boscovich es möglich machen wollte, mit einer einzigen Art von Uratomen auszukommen, bei keinem Nachfolger Beifall gefunden. Seine Atome entfalten nämlich auf molare Entfernungen Anziehung, die bis ins Unendliche abnimmt, auf allerkleinste Entfernungen Abstossung, die bis ins Unendliche zunimmt, dazwischen auf molekulare Entfernungen in wiederholentlichem Wechsel Anziehung und Abstossung, um

*) P. R. J. Boscovich, Soc. Jes., mathes. profess. in Collegio Romano: „Philosophiae naturalis theoria redacta ad unicam legem virum in natura existentium“. Viennae, 1759, speziell No. 7, 8, 81, 87, 89, 91, 153, 154, 157, Supplem. No. 48, 50, 53.

die Erscheinungen der verschiedenen Molekularkräfte zu erklären. Dieser Zusammenkoppelung negativer und positiver Kraftäusserungen gegenüber erscheint es sehr viel einfacher, beide an zwei Gattungen von Uratomen zu verteilen, deren jede einem ganz einfachen Gesetz ohne Vorzeichenwechsel untersteht, und die in ihrer mannigfachen Gruppierung die verschiedenen Erscheinungen mit dem Uebergewicht des einen oder des anderen Vorzeichens hervorbringen. Die Uratome mit positivem Vorzeichen würden dann hauptsächlich bei der Konstitution der Aethermoleküle unentbehrlich sein, wenngleich sie auch dort schon mit entgegengesetzten Uratomen verbunden sein müssen, teils um ein Zusammenhalten der Atome im Aethermoleküle, teils um dessen Polarität zu ermöglichen. —

Während das Atom als ausgedehntes Korpuskel mathematisch und ideell selbstverständlich teilbar und nur p h y s i s c h, nur vorläufig nach dem Stande unseres Wissens und Könnens, u n t e i l b a r war, ist das Atom als ausdehnungsloser Punkt nicht nur physisch sondern auch mathematisch und i d e e l l u n t e i l b a r. Kein Vertreter der Korpuskulartheorie hat je die ideelle Unteilbarkeit, kein Vertreter der Atomistik im eigentlichen Sinne je die Ausgedehntheit des Atoms behauptet. Der Widerspruch, den die philosophischen Kritiker der Atomistik*) ihr unterstellt haben, beruht lediglich auf einer Verwechselung und Vermengung beider verschiedenen Standpunkte, die streng auseinandergehalten werden müssen. Berechtigt wäre der Vorwurf dieses Widerspruchs zwischen behaupteter Unteilbarkeit und Ausgedehntheit nur da, wo die Atomistik Neigung zeigen sollte, die absolute Ausdehnungslosigkeit des Atoms als mathematischen Punktes mit einer unendlich kleinen Ausdehnung zu verwechseln und damit unvermerkt in die Korpuskulartheorie zurückzufallen. Denn welcher Grössenordnung ein Korpuskel angehört, ist für die Frage seiner ideellen Teilbarkeit ganz gleichgültig; solange es überhaupt irgend welche Grösse hat, ist es teilbar, also nicht Atom sondern Korpuskel und bleibt in den oben dargelegten Widersprüchen stecken, an denen die Korpuskulartheorie scheitert. —

Die eigentliche Atomistik scheitert nicht an der Unteilbarkeit des Atoms, sondern daran, dass ein ausdehnungsloser Punkt auch

---

*) Vgl. z. B. Schellings S. W., Abt. I, Bd. II, S. 200 fg.; Schopenhauer, Parerga, 2. Aufl., Bd. II, S. 117 fg.

unstofflich sein muss, also keine Masse im Sinne der Stofflichkeit hat, folglich auch aus einer Addition solcher stoffloser Nichtmassen keine Gesamtmasse als Summe zu gewinnen ist. Solange die Vorstellung besteht, dass das Beharrungsvermögen oder die Trägheit an der stofflichen Masse haftet, die den Raum durch ihr blosses Dasein erfüllt, ist es unmöglich, dass ein ausdehnungsloser mathematischer Punkt Beharrungsvermögen habe. Fechner hat sich viele Mühe gegeben, gerade diese Seite der Theorie von Boscovich zu rechtfertigen, d. h. die trägen Atompunkte zu verteidigen; es ist ihm aber gänzlich misslungen, da seine Behauptung, dass ausdehnungslose Punkte doch stofflich sein können, völlig unerweislich und unannehmbar ist.*)

Da nun das Beharrungsvermögen für die Physik schlechthin unentbehrlich ist, so bleibt nur die Wahl, entweder zur Korpuskulartheorie oder zur Stetigkeitshypothese zurückzukehren und bei einer dieser ungeachtet ihrer Widersprüche stehen zu bleiben, oder aber anzuerkennen, dass das Beharrungsvermögen nicht an den Stoff gebunden ist, sondern von etwas ganz anderem abhängen und an etwas ganz anderem haften muss. Das Beharrungsvermögen ist etwas durchaus Reelles, der Punkt aber ist etwas rein Ideelles, Fiktives, Imaginäres, das wohl charakteristisch für die Beziehung eines Reellen zum Weltraum sein, aber nicht selbst die Stelle eines Reellen ersetzen kann. Da die Masse wesentlich durch das Beharrungsvermögen bestimmt ist, so deutet dies darauf hin, dass der Begriff der Masse selbst etwas Abgeleitetes ist, was von demjenigen abhängt, woraus das Beharrungsvermögen entspringt. Damit weist die Atomistik, die den Begriff des Stoffes als etwas die Physik nichts Angehendes von sich abgestreift hat, auf eine höhere Auffassung hin, in welcher an Stelle der falschen Scheinrealität des Stoffes eine echte Realität tritt, auf den Dynamismus als das System atomistischer Centralkräfte.**) —

Die Atome als ausdehnungslose Punkte können nicht das Konstituens der Masse sein, solange nicht an dem einzelnen Atom dasjenige Moment der Realität aufgewiesen ist, durch das es sich als absolute Masseneinheit erweist. Gelingt dies aber, dann ist die bestimmte Massengrösse als Summe einer bestimmten Zahl abso-

*) Vgl. meine „Ges. Studien und Aufsätze“ S. 541—545.

**) Vgl. P. du Bois-Reymond, „Ueber die Grundlagen des Erkennens in den exakten Wissenschaften“, Tübingen, 1890, Kap. III, S. 23—29.

luter Masseneinheiten, d. h. als Atomzahl begriffen, und der Extensitätsfaktor wird zur numerischen Menge. Aber weder eine endliche noch eine unendliche Zahl von Atomen vermag ein Beharrungsvermögen von irgend welcher Grösse zu liefern, solange nicht anzugeben ist, was dem einzelnen Atom ein Beharrungsvermögen verschaffen soll, da doch die Stofflichkeit es ihm nicht verschaffen kann. Schon oben (S. 83—86, 88—90) sahen wir, dass die bestimmte Grösse des Beharrungsvermögens ein begriffliches Korrelat der Kraftäusserung in der Einheit von Wirkung und Gegenwirkung ist; es gilt nur die Vorstellung abzustreifen, als ob die Stofflichkeit der materiellen Urbestandteile irgend etwas mit dem Beharrungsvermögen zu thun habe. Das Reale weist auf das Dynamische hin.

Wer einmal dazu gelangt ist, das Beharrungsvermögen anders zu erklären als durch die dazu völlig untaugliche Trägheit eines passiven Stoffes, wer das Beharrungsvermögen in einem Dynamischen oder einer dynamischen Beziehung sucht, der hat keinerlei Rechtsgrund und Interesse mehr daran, die Hypothese eines existierenden Stoffes aufrecht zu erhalten und sich dadurch in die aufgezeigten Widersprüche zu verwickeln. Wir kennen nur Wirkungen, die wir auf Thätigkeiten beziehen, mag man nun diese Thätigkeiten energetisch oder dynamisch fassen. Ob eine Substanz oder ein Subjekt hinter diesen Thätigkeiten steckt oder nicht, ob im bejahenden Falle der Substanzen eine oder mehrere sind und welcher Art sie sind, das alles sind Fragen, die die Physik als solche nichts angehen. Den Ansprüchen der Physik ist genügt, wenn das Atom als individualisierte, in ihren Aeusserungen auf einen beweglichen Ausgangspunkt bezogene Kraft verstanden wird, d. h. als Inbegriff aller durch die Konfiguration gesetzmässig bestimmten individuellen Kraftäusserungen. Wenn es neben der Kraft noch Stoff hätte, so würde uns das gar nichts angehen, denn seine Thätigkeiten, die allein uns interessieren und unsere Wahrnehmung konstituieren, können doch nur als von der Kraft ausgehende, aber nicht als von dem mit ihr verknüpften passiven Stoffe ausgehende vorgestellt werden.

Die Behauptung, dass die Kraft nicht individualisiert und lokalisiert werden könne, ohne an stoffliche Atome gebunden zu sein, überschreitet nicht nur die Grenzen der Physik, sondern ist auch philosophisch völlig unhaltbar. Das, wodurch die Kraft individualisiert und lokalisiert ist, kann niemals etwas anderes sein, als dasjenige, wodurch ihre Aeusserung oder Wirksamkeit überhaupt bestimmt ist, nämlich das Gesetz samt den von ihm eingeschlossenen räumlichen Beziehungen; der Stoff könnte dazu selbst dann nichts beitragen, wenn die feste Verbindung eines Kraftteiles mit einem Stoffteil begreiflich und möglich wäre.*)

---

*) Vgl. hierzu J. G. Vogt, „Das Wesen der Elektrizität und des Magnetismus auf Grund eines einheitlichen Substanzbegriffes", Leipzig, 1891, Bd. I, S. 13, 22, 27, 30, 112, 141—142.

X. Das bewegliche Reale.

1. Die Systeme der Grundbegriffe.

Diejenigen voneinander unabhängigen Begriffe, die die Grundlage für die Messung und Berechnung der physikalischen Erscheinungen nach mechanischen Voraussetzungen bilden, heissen Grundbegriffe oder Fundamentalbegriffe, und ihre Einheiten sind die letzten Masseinheiten der Physik. Das System der zusammengehörigen Grundbegriffe, das ein Physiker für unentbehrlich, aber auch für ausreichend hält, heisst sein Fundamentalsystem. Es giebt vier-, drei-, zwei- und eingliederige Fundamentalsysteme. Im allgemeinen hält man jetzt die viergliederigen Fundamentalsysteme für überbestimmt, die zwei- und eingliederigen für unterbestimmt und nur für gewisse vereinfachte Fälle ausreichend. So behauptet z. B. Kirchhoff, dass drei voneinander unabhängige Vorstellungen erforderlich, aber auch ausreichend seien zur Entwickelung der Mechanik, und die meisten modernen Physiker pflichten ihm darin bei.

Ueber zwei von diesen Grundbegriffen sind alle einig, nämlich räumliche Länge und zeitliche Dauer, die beiden Komponenten der Bewegung. Mit ihnen kommt die Phoronomie aus, von ihnen kann aber auch sie schon keinen missen. Wir pflegen in unserem Denken die Bewegung aus einer zeitlichen und räumlichen Bestimmung zusammenzusetzen, weil wir einerseits die zeitliche Veränderung unräumlicher Empfindungen erfahren, andererseits ruhende räumliche Verhältnisse wahrzunehmen glauben, deren Aenderung zeitweilig zu gering ist, um von uns bemerkt zu werden. In der Natur giebt es weder Veränderung, die nicht zugleich räumlich bestimmt, also Bewegung wäre, noch auch absolute Ruhe. Es giebt nur Bewegung, und die räumliche und zeitliche Bestimmtheit derselben sind nur Produkte einer Analyse und Abstraktion. In der That haben wir weder ein direktes Zeitmass, noch können wir unsere Raummasse ohne Bewegung, d. h. ohne Zeitverlauf zum Messen anwenden. Wir messen den Zeitverlauf einer ungleichförmigen Bewegung nur durch den einer gleichförmigen oder als gleichmässig vorausgesetzten Bewegung, d. h. Bewegung durch Bewegung, und wir messen ruhende Raumverhältnisse durch Bewegung des Masses an dem zu Messenden oder des zu Messenden am Masse. Ruhende Raumverhältnisse sind übrigens selbst nur ein aus dem Fluss der Bewegung herausgerissener, isolierter und fixierter Augenblick. So gehören Raumbestimmung und Zeitbestimmung zusammen als die reell untrennbaren und nur durch das abstrakte Denken zu unterscheidenden Momente der Bewegung. Sie genügen, um nicht nur die Bewegung selbst, sondern auch ihre Differentialquotienten nach der Zeit (Geschwindigkeit, Beschleunigung) exakt zu bestimmen. —

Was nun zu diesen beiden Grundbegriffen als dritter, beziehungsweise im viergliederigen System als dritter und vierter hinzukommt, das muss dasjenige sein, was die Mechanik von der Phoronomie unterscheidet, das Moment der Realität, welches neben der Bewegung das Bewegte oder Bewegliche darstellt. Hier gehen nun die Ansichten auseinander. Die einen sehen es in der Energie, die anderen in der Masse und wieder andere in der Kraftäusserung. Dies giebt drei Fundamentalsysteme: 1. das Energie-Raum-Zeit-System, 2. das Masse-Raum-Zeit-System, 3. das Kraftäusserung-Raum-Zeit-System. Das erste liefert die e n e r g e t i s c h e, das zweite die h y l o k i n e t i s c h e, das dritte die d y n a m i s t i s c h e Weltanschauung.

Fasst man mit den Energetikern die Energie als den ursprünglichen Begriff auf, so sind Masse und Kraftäusserung abgeleitete Begriffe, nämlich Masse das Verhältnis der Energie zum halben Geschwindigkeitsquadrat, und Kraftäusserung das Verhältnis zu der Raumstrecke, die durchlaufen werden muss, um dieses Quantum Energie zu entfalten, beziehungsweise zu vernichten.*) Fasst

*) E = Energie, v = Geschwindigkeit, p = Kraftäusserung, l = räumliche Länge, t = Zeitdauer. $m = \frac{E}{\frac{1}{2} v^2} = \frac{E}{\frac{1}{2}\frac{dl^2}{dt^2}} = \frac{2\,E\,dt^2}{dl^2}$; $p = \frac{E}{l}$.

man mit den Hylokinetikern die Masse als den ursprünglichen Begriff auf, so sind Kraftäusserung und Energie abgeleitete Begriffe, nämlich Kraftäusserung das Produkt aus Masse und Beschleunigung und Energie das Produkt aus Masse und halbem Geschwindigkeitsquadrat.*) Fasst man endlich mit den Dynamisten die Kraftäusserung als den ursprünglichen Begriff auf, so sind Masse und Energie abgeleitete Begriffe, nämlich die Masse das Verhältnis der Kraftäusserung zur Beschleunigung und Energie das Produkt aus der Kraftäusserung und der Strecke, während deren Durchlaufen sie wirkt.**)

Jedes dieser dreigliederigen Systeme liefert der Rechnung die erforderlichen und zureichenden Grundlagen; vom Standpunkte der mathematischen Physik betrachtet wird immer dasjenige den äusseren praktischen Vorzug verdienen, das die Rechnung am bequemsten macht. So benutzt z. B. Hertz in der Mechanik die Masse, in der Elektrodynamik die Kraftäusserung als Ausgangspunkt, von dem er den anderen Begriff ableitet. Die Entscheidung über den inneren, theoretischen Vorzug des einen oder anderen Grundsystems muss aus Erwägungen geschöpft werden, die zwar ins Bereich der Physik gehören, aber über das bloss Rechnungsmässige hinausgehen, nämlich aus der Konstitution der Materie und des Aethers. —

Wenn Newton Masse und Kraftäusserung nebeneinander festhielt, so that er physikalisch betrachtet etwas Ueberflüssiges, und wurde dazu nicht durch physikalische, sondern durch metaphysische und religiöse Beweggründe bestimmt. Er verstand einerseits noch nicht, die Masse in ein System von Kraftäusserungen aufzulösen, weil die Atomistik noch nicht weit genug vorgeschritten war, und es widerstrebte ihm andererseits, die Kraftäusserung als einen von der Masse abgeleiteten Begriff hinzunehmen, weil er das richtige Gefühl hatte, dass dadurch die Physik in ein materialistisches Fahrwasser getrieben werde. Er hielt zwar Ausdehnung, Undurchdringlichkeit, Beweglichkeit und Trägheit für die der Materie als stofflicher Masse zukommenden Eigenschaften, die Kraft aber für ein von ihr verschiedenes immaterielles Prinzip, das

---

*) $\gamma =$ Beschleunigung. $p = m\gamma = m \cdot \frac{d^2 l}{d t^2}$; $E = \frac{1}{2} m v^2 = \frac{1}{2} m \cdot \frac{d l^2}{d t^2}$.

**) $m = \frac{p}{\gamma} = \frac{p \cdot d t^2}{d^2 l}$; $E = pl$.

nur durch den Willen Gottes mit ihr vereinigt ist. Seine Schüler Cotes und Bentley führten unter seiner stillschweigenden Billigung die Immaterialität der Kraft weiter aus und benutzten sie zur Stütze des Theismus gegen den von der reinen Hylokinetik her drohenden Materialismus und Atheismus.*) Wenn neuere Popularphilosophen den Materialismus auf die koordinierte Zweiheit von Kraft und Stoff zu stützen versucht haben, so haben sie damit nur bewiesen, dass sie noch nicht über Newtons viergliederiges, überbestimmtes Fundamentalsystem hinausgelangt sind, und seine Motive und die weit besseren Aussichten des Materialismus auf Grundlage des dreigliederigen Masseraumzeitsystems ebensowenig verstanden haben wie den inzwischen erfolgten Fortgang der Atomistik zum stofflosen Dynamismus. —

Unter die Zahl drei mit den Grundbegriffen herunterzugehen, ist nur möglich, wenn man entweder von der Mechanik auf die Phoronomie zurückgeht, also auf das bewegliche Reale verzichtet, oder wenn man konservative, oder für konservativ gehaltene Prozesse betrachtet, in deren jeweiligen räumlichen Bestimmungen die zeitlichen innerhalb einer Umlaufsdauer schon mit bestimmt sind, z. B. bei der Berechnung der Masse eines Centralkörpers aus der grossen Bahnaxe und Umlaufszeit eines Trabanten.**) Unzulässig aber ist es, das zweigliederige System allgemein hinzustellen, und durch Gleichsetzung der Dimensionsformeln der abstrakt einseitigen Kraftäusserung und der konkreten gegenseitigen Kraftäusserung eine Formel gewinnen zu wollen, aus der man nach Belieben einen der drei Grundbegriffe eliminieren, d. h. zu einem aus den beiden anderen abgeleiteten herabsetzen kann. Dieses von Gauss eingeschlagene Verfahren setzt das Konkrete, das allein in der Natur vorkommt, die Gegenwirkung, mit einer von ihr künstlich abgezogenen Abstraktion gleich, in welcher der in das Abstraktum nicht mit eingegangene Rest des Konkreten fehlt. Dies ist aber ein begrifflich unzulässiges Vorgehen; denn das Abstraktum ist immer verschieden von dem Konkretum, von dem es abstrahiert ist.

Mathematisch drückt sich dies darin aus, dass die Dimension der konstanten Beschleunigung in beiden Formeln als reine Zahl

---

*) Lasswitz, „Geschichte der Atomistik", Bd. II, S. 574—577.

**) M = Masse des Centralkörpers; a = grosse Axe der Trabantenbahn, t = Umlaufszeit. $M = \frac{4\pi^2 a^3}{t^2}$. Dimensionsformel $[M] = l^3 t^{-2}$.

behandelt worden ist, während sie in beiden reelle und zwar verschiedene Dimensionswerte hat. Setzt man diese ein, so ergiebt sich eine identische Gleichung, aus der sich keine der in ihr vorkommenden Grössen bestimmen lässt; ignoriert man aber die Verschiedenheit des Dimensionswertes der Beschleunigungskonstante von der reinen Zahl, wie Gauss thut, so begeht man denselben Fehler, als wenn man die blosse Beschleunigung mit der Kraftäusserung der Masseneinheit oder das Beschleunigungspotential mit dem Einheitspotential der Kraftäusserung gleichsetzt.*) — Die zweigliederigen und eingliederigen Systeme haben keine praktische Verwendung gefunden, weil sie zu solcher im allgemeinen gar nicht befähigt sind. Die nachfolgenden Erörterungen werden sich also wesentlich darauf beschränken dürfen, die dreigliederigen Systeme nach ihrem physikalischen Erklärungswerte zu vergleichen. Wir beginnen dabei mit dem jüngsten, der Energetik, das noch die geringste Zahl von Anhängern zählt, und gehen dann zu dem geschichtlich gewordenen, am meisten gebrauchten, der Hylokinetik, über, um mit dem Dynamismus zu schliessen.

2. Die Energetik.

Was unsere Sinne wahrnehmen, sind lediglich Aenderungen ihrer Eigenenergie, die durch Unterschiede ihrer Eigenenergie von der Energie der Umgebung verursacht sind, und sie stehen darin an Empfindlichkeit etwa einer sehr feinen Wage gleich, d. h. die Energieschwelle von Wage, Auge und Ohr beträgt etwa ein Hundertmilliontel Erg. Abgesehen von Aufspeicherung und

*) Die einseitige Kraftäusserung K ist $= gm$, die gegenseitige $W = \gamma \frac{m m_{,}}{r^2}$ (vgl. oben S. 89—90). Wenn nun ausser γ auch $m_{,}$ und r konstant sind oder dafür gelten, so ist $\gamma \frac{m_{,}}{r^2}$ konstant $= g$. Nun ist aber $[\gamma] = l t^{-2}$ und demgemäss $[g] = [\gamma] \frac{m}{r^2} = l t^{-2} . m . l^{-2} = m l^{-1} t^{-2}$. Also ist $[K] = [g] . m = m l^{-1} t^{-2} . m = m^2 l^{-1} t^{-2}$ und $[W] = [\gamma] . m^2 l^{-2} = l t^{-2} . m^2 l^{-2} = m^2 l^{-1} t^{-2}$. Demnach giebt $[K] = [W]$ die identische Gleichung $m^2 l^{-1} t^{-2} = m^2 l^{-1} t^{-2}$. Setzt man dagegen fehlerhaft $[\gamma] = 1$ und $[g] = l t^{-2}$, so ergiebt $[K] = [W]$ die Gleichung $m l t^{-2} = m^2 l^{-2}$, aus der folgt $[m] = l^3 t^{-2}$; $[t] = m^{-\frac{1}{2}} l^{\frac{3}{2}}$, wonach m und t als von l abgeleitete Begriffe erscheinen.

Uebertragung der zu messenden Energie sind die meisten physikalischen Apparate nicht empfindlicher als unsere höheren Sinne, sondern höchstens ebenso empfindlich, zum grossen Teil aber auch weit weniger empfindlich. Nur gewisse elektrische Instrumente zeigen eine höhere Empfindlichkeit als Auge und Ohr, z. B. das Paschensche Galvanometer eine zehntausendmal höhere. Auch die oberen Grenzen für die Wahrnehmungsfähigkeit sind nicht eben eng bemessen; so z. B. ist bis zu zehntausend Erg Schallstärke pro Sekunde und Quadratcentimeter noch hörbar. Beim Stoss nehmen wir den Unterschied der kinetischen Energie, die der eigene Körper hat, von derjenigen wahr, die der stossende Körper hat, bei der Wärmeempfindung den Zufluss oder Abfluss thermischer Energie zum oder aus dem eigenen Körper, der durch die Berührung mit einem anderen Körper bedingt ist. Wenn wir glauben, etwas anderes wahrzunehmen, als Aenderungen der Eigenenergie unserer Sinne, so befinden wir uns in einer Selbsttäuschung, oder verwechseln unwillkürliche und unvermerkte Schlüsse aus den wahrgenommenen Energieunterschieden mit unmittelbaren Wahrnehmungen. Schon der Glaube, dass die Aenderungen in der Eigenenergie unserer Sinne durch Unterschiede ihrer Eigenenergie von der der Umgebung bewirkt seien, ist eine hypothetische Schlussfolgerung.

Insbesondere irren wir, wenn wir die Masse unmittelbar wahrzunehmen uns einbilden. Wir schliessen aus den Energieunterschieden, die Gesichts- und Tastsinn uns kundgeben, zunächst auf Volumen, Gewichtsdruck, Stosseswucht, Geschwindigkeit u. s. w., und von diesen aus schliessen wir dann weiter auf die Masse, die uns in einem Körper entgegentritt. Wir erfahren aber niemals unmittelbar, was diese Masse sei, und wenn wir zu dem Schlusse weitergehen, dass sie aus einem den Raum durch sein blosses Dasein erfüllenden Stoffe bestehe, so ist das eine blosse Hypothese, die der Prüfung und Rechtfertigung bedarf. Wenn wir aber glauben, dass die Stofflichkeit der Masse keine Hypothese, sondern eine durch unmittelbare Wahrnehmung beglaubigte Thatsache sei, so sind wir das Opfer eines sinnlichen Vorurteiles, indem wir die sinnliche Illusion der scheinbar stetigen Erfüllung des subjektiv idealen Wahrnehmungsraumes durch die Empfindungen der räumlichen Sinne naiv realistisch in den objektiv realen Daseinsraum hinausprojizieren. Die Stofflichkeit der Masse ist nicht nur eine

Hypothese, sie ist noch dazu eine falsche Hypothese. Wenn der erkenntnistheoretische Idealismus der letzten 120 Jahre auch mancherlei Irrtümer in Umlauf gebracht und in vielen Köpfen Verwirrung angerichtet hat, ein Verdienst wenigstens wird ihm unbenommen bleiben, nämlich die Gewöhnung an den Gedanken, dass der Stoff ein blosses Wahnbild der sinnlichen Einbildungskraft ist, aber ausserhalb ihrer und unabhängig von ihr keine Existenz haben kann. —

Die Physik lehrt die quantitative Unveränderlichkeit der Masse; die Masse ist der einzige unter allen Umständen konstante Extensitätsfaktor der Energie, während alle sonstigen Extensitätsfaktoren anderer Energieformen als der mechanischen nur unter Umständen konstant sind, nämlich für so lange, als gleiche Gruppierungen gleicher Mengen von Körper- und Aetheratomen der Energie als Träger zu Grunde liegen. Solange nun die Masse als Ergebnis des Stoffes betrachtet wird, folgt daraus die quantitative Unveränderlichkeit des Stoffes. Der Stoff gilt dann genetisch als die letzte unveränderliche Grösse, über die wir nicht hinauskönnen. Die Energetik behauptet im Gegensatz hierzu, dass die Energie die letzte Invariable sei. Da sie die Masse nur als einen von der Energie abgeleiteten Begriff betrachtet, so führt sie auch die Unveränderlichkeit der Masse auf die Unveränderlichkeit der Energie zurück und nicht umgekehrt. Nennt man die letzte Unveränderliche „Substanz", so entthront die Energetik den Stoff als Substanz und setzt die Energie an seine Stelle. Der Stoff ist ein Gedankending, nur die Energie ist eine Realität; was wir aber Materie nennen ist „nichts als eine räumlich zusammengeordnete Gruppe verschiedener Energien, und alles, was wir von ihr aussagen wollen, sagen wir nur von diesen Energien aus".*)

Kann nun aber wirklich die unveränderliche Energie eine letzte, ursprüngliche Unveränderliche sein? Jedenfalls ist die Energie nichts Einfaches, sondern sie besteht aus Faktoren und Summanden. Sie bleibt sich nicht qualitativ gleich, sondern wechselt unaufhörlich ihre Gestalt. Wenn jeder ihrer Faktoren konstant ist, wie dies für die Gesamtenergie des Weltalls entschieden anzunehmen ist, dann sollte man weit eher in diesen Faktoren

*) Ostwald, „Die Ueberwindung des wissenschaftlichen Materialismus", Leipzig 1895, S. 26—28. Derselbe, „Vorlesungen über Naturphilosophie", Leipzig 1902, S. 145—153, 263.

die letzten Unveränderlichen suchen, als in ihrem Produkt. Wenn die Energie eine unveränderliche einheitliche Grösse ist, wie kommt es dann, dass sie sich in lauter wesentlich verschiedene Erscheinungsformen spaltet? Wie können diese Gestalten, wenn sie wesentlich verschieden sind, doch ineinander umschlagen? Falls eine dieser Formen, z. B. die mechanische, die Grundform der Energie ist, von der die anderen nur abgeleitet sind, dann muss man sie auch als alleinige ursprüngliche Invariable hinstellen und die anderen von ihr ableiten, wie die mechanische Energetik dies thut. Wenn aber keine dieser Formen Grundform der Energie ist, sondern diese nur der Proteus, der sich in alle wandelt, was ist dann diese Energie, die sich mit keiner ihrer Erscheinungsformen deckt, und in der Gesamtheit derselben doch nicht ihr Wesen offenbart, sondern nur ihre Verkleidungen? Ist sie dann mehr als eine völlig unverständliche, jeder Beschreibung spottende hypothetische Entität? Wenn dagegen eine Energieform die Grundform ist, von der alle anderen nur statistische Summationsergebnisse zur Darstellung bringen, dann kann dies nur diejenige Energieform sein, in welcher der Unterschied der Energiesumme nach den drei Axen des Raumes deutlich hervortritt, d. h. die mechanische Energie. Da bei dieser aber gerade ganz unzweifelhaft die kinetische Energie das Produkt der potentiellen Energie ist, so stellen sich unter diesem Gesichtspunkt alle Energieformen als Umwandlungen der mechanischen potentiellen Energie dar, deren integrale Erscheinungsform für uns nur je nach den gegebenen Konstellationen eine verschiedene wird.*) Da endlich die mechanische potentielle Energie wiederum nichts ist als ein integrales Ergebnis der gesetzmässigen Kraftäusserung in bestimmter Konfiguration der Atome, so weist ersichtlich alle Energie auf Kraft, Gesetz und Konfiguration oder Atomanordnung zurück.

Die Vertreter der qualitativen Energetik leugnen den Unterschied der aktuellen und potentiellen Energie in allen anderen Erscheinungsformen ausser der mechanischen. Sie leugnen, dass kinetische und konfigurative Energie sich in anderem Sinne unterscheiden als die übrigen Erscheinungsformen; sie setzen also an Stelle der beiden Modalitäten eine Erscheinungsform mehr. Gerade

*) Vgl. J. G. Vogt, „Das Wesen der Elektrizität und des Magnetismus", Leipzig 1891, Bd. I, S. 357.

die kinetische und die konfigurative Energie sind zwei so gänzlich verschiedene Formen, dass man in ihnen nicht wohl dieselbe Substanz sehen kann. Die Abhängigkeit der kinetischen Energie von der Geschwindigkeit der bewegten Körper ist in allen Fällen die gleiche und bekannt; die Abhängigkeit der potentiellen Energie von der Lage der Körper kann nicht allgemein angegeben werden, bildet vielmehr die besondere Natur und charakteristische Eigentümlichkeit der gerade betrachteten Massen und muss aus früheren Erfahrungen ermittelt werden. Die potentielle Energie kann auch negativ sein, was die Substanz niemals sein kann; die kinetische Energie dagegen ist immer positiv, weil sowohl die Masse als das Geschwindigkeitsquadrat immer positiv sind.*) Wenn die Energie die letzte Invariable ist, was bedeutet dann die Abnahme ihrer Wirkungsfähigkeit beim Uebergang aus einer Erscheinungsform in die andere? In der mechanistischen Energetik wird die Entwertung der Energie für den Prozess durch die Zurückziehung der Intensitätsunterschiede aus molaren in molekulare Entfernungen begreiflich; aber in der qualitativen Energetik bleibt sie völlig unbegreiflich. Was ist eine völlig wirkungsunfähig gewordene Energie aus dem Gesichtspunkt der qualitativen Energetik anders als eine abgestorbene, tote Energie? Was hat es dann noch für einen Sinn zu behaupten, dass sie ihrer Quantität nach unverändert geblieben sei, wenn die konstante Quantität zu Anfang ganz und gar Wirksamkeit war, zu Ende aber ganz und gar Wirkungslosigkeit?

In der Mechanik ist die Energie nach jeder der drei Axen, d. h. nach jeder der drei räumlichen Dimensionen unveränderlich; in allen anderen Erscheinungsformen sind solche verschiedene Dimensionen nicht an ihr zu unterscheiden. Die mechanistische Auffassung der Energie erklärt dies daraus, dass in der Mechanik die Energie nach verschiedenen Richtungen für die Wahrnehmung deutlich auseinandertritt, in den übrigen Erscheinungsformen aber für die Wahrnehmung nur das Endergebnis der Molekularenergien zu Tage tritt, die zwar auch sich in den verschiedensten Richtungen entfalten, aber nicht nach diesen hin verfolgt werden können, noch auch verfolgt zu werden brauchen, weil nur ihr gesamtes Endergebnis interessiert. Schon beim Gasdruck oder der Volumenenergie kümmert man sich nicht mehr um die Richtungen der

*) Vgl. Hertz, „Prinzipien der Mechanik", Leipzig 1894, S. 23—27.

Molekularbewegungen, weil ihr Endergebnis doch ein nach allen Richtungen gleicher Druck ist; bei der Wärme denkt man nicht einmal mehr an die Gleichgültigkeit der einzelnen Energierichtungen, aus denen die thermische Energie als Endergebnis hervorgeht. Wäre aber die Energie etwas wesentlich Qualitatives, wie käme sie dann dazu, sich gerade in der einen Gestalt der mechanischen Energie und nur in ihr in drei Dimenionen zu gliedern und in jeder derselben ihre Konstanz zu behaupten.

Wenn die Energie ein letztes Ursprüngliches ist und die Materie nur aus Energiegruppen besteht, wie ist es dann zu verstehen, dass Bewegung von Materie etwas anderes ist als Energiewanderung, und dass in dem einen Falle die Energie wandern kann, während die Materie an ihrem Orte bleibt oder sich in entgegengesetzter Richtung wie die Energie bewegt, und in einem anderen Falle die Energie nur durch Bewegung der Materie als etwas an der Materie haftendes den Ort verändert? Das ist nur begreiflich, wenn die Materie aus Gruppen von Energie f a k t o r e n, aber nicht aus Gruppen von Energie selbst konstituiert ist. Wir verstehen, dass die Kraftäusserung, die nach Ausgangspunkt und Zielpunkt etwas räumlich Bestimmtes ist, scharfe und klare Grenzen schafft, welche uns als Grenzen von materiellen Körpern erscheinen. Aber wir verstehen nicht, wie die Energie, wenn sie nicht ein Produkt aus solchen Kraftäusserungen ist, räumlich fixiert sein und Grenzen setzen kann, die uns als materielle Körpergrenzen erscheinen. Denn Energien verschiedenster Art können gleichzeitig denselben Raum erfüllen, und da sie alle positiv sind, so können sie sich gar nicht gegenseitig begrenzen. Wäre die Energie das letzte Prinzip, so wäre die Erscheinung der Materie und begrenzter Körper unmöglich. Wenn die Energie das letzte Ursprüngliche ist, so müssen die Veränderungen der Natur aus einem der Integralprinzipien, etwa dem Hamiltonschen, abgeleitet werden, ohne sich mit den Differentialgleichungen zu befassen. Hertz macht aber gegen das Hamiltonsche und jedes andere an seiner Stelle verwendbare Minimumprinzip den Einwand geltend, dass es so kompliziert sei, dass wir es kaum für den gedanklichen Ausdruck eines e i n f a c h e n Naturgesetzes halten können. Auch behauptet er, dass es andere Ergebnisse als die Natur liefert, bei seiner Anwendung auf Zusammenhänge, die mathematisch nur durch Differentialgleichungen, nicht durch endliche Gleichungen zwischen den Koordinaten ausgedrückt werden können, z. B. auf reibungsloses Rollen, das wenigstens annäherungsweise in der Natur vorkommt.*)

Die qualitative Energetik muss die atomistische Konstitution der Materie verwerfen, weil nicht abzusehen ist, wie die Energieformen, aus deren Ineinandersein die Materie bestehen soll, atomistisch gegliedert sein könnten, ohne die Möglichkeit des Umschlags ineinander einzubüssen.

Die Leugnung der molekularen und Atom-Mechanik zu Gunsten der qualitativen Energetik hebt die Einheit der unorganischen Natur und die Möglichkeit auf, sich die innere Energie der Körper als eine in sich gegliederte und bestimmte zu denken. Die Leugnung des Aethers vernichtet die formelle Gleichartigkeit der Energie in allen ihren Erscheinungsformen, weil sie in der strahlenden Energie eine Energieform statuiert, die im Gegensatz zu allen anderen keinen Extensitätsfaktor hat. Die qualitative Energetik muss also auf alle die Erklärungsmittel verzichten, die die Physik bisher aus der Atomistik und der Aetherhypothese geschöpft hat. Sie muss die oben (S. 74—79, 114—122) erörterten Uebergänge zwischen rhythmischer Uebertragung mechanischer Energie, Schallwellen und Aetherwellen ignorieren. Sie hat nur die Wahl, entweder andere, gleichwertige oder bessere Erklärungen an die Stelle der bisher angenommenen zu setzen oder dem Erklärungsbedürfnis des menschlichen Verstandes gewaltsam Schweigen zu gebieten. Bisher hat sie zu dem ersteren keinen Versuch gemacht; letzteres aber durch Berufung auf ihre Freiheit von Hypothesen zu rechtfertigen, scheint schon darum nicht stichhaltig, weil die einheitliche Energie als Produkt von Faktoren und als Proteus, der die wesentlich verschiedenen Gestalten annimmt, selbst eine Hypothese im eminenten Sinne des Wortes und noch dazu eine höchst bedenkliche, mit vielen Schwierigkeiten und Unbegreiflichkeiten behaftete Hypothese ist. —

Die Bedenken, welche sich dagegen richten, die Energie mit Ostwald als letzte Unveränderliche, als Substanz, aufzufassen, sind so schwerwiegend, dass andere Anhänger der Energetik (z. B. Helm), es vorziehen, sie als blosse Beziehung aufzufassen. Soviel ist unzweifelhaft richtig: die Energie als Produkt ist eine Be-

---

*) Hertz a. a. O. S. 27—29, 23—25.

ziehung zwischen ihren Faktoren, die Energie als Summe eine Beziehung zwischen ihren Summanden, die Energie als aktuelle eine Beziehung zwischen dem Bewegten und seiner Bewegung, die Energie als potentielle eine räumliche Beziehung zwischen diesem Beweglichen und allem übrigen Beweglichen in der Welt. Alles Sein ist „in Beziehungen Stehen", und wenn die Energie die eigentlichste Offenbarung des Seins ist, so muss auch sie ein in Beziehungen Stehen sein. Aber erstens setzt jede Beziehung in letzter Instanz ein Bezogenes voraus, das nicht mehr Beziehung ist, sondern nur in Beziehungen eingeht; zweitens ist die Energie keine einfache Beziehung, sondern eine sehr komplizierte Beziehung von Faktoren und Summanden, die selbst wieder Beziehungen sind, und drittens muss sie, um etwas Reales zu sein, mehr als bloss ideelle, rein formale Beziehung sein, d. h. sie muss reale Beziehung sein und es muss das Reale in ihren Faktoren nachgewiesen werden, das die rein ideellen phoronomischen Beziehungen realisiert.

Ohne Zweifel giebt es Beziehungen zwischen Beziehungen, und die Erkenntnis schreitet fort, indem sie gegebene Beziehungen in Beziehungen zwischen einfacheren Beziehungen auflöst. Aber irgendwo müssen irgend welche Beziehungen letzte Relationselemente sein, und diesen muss etwas Bezogenes zu Grunde liegen, was nicht mehr selbst wieder blosse Beziehung ist, wenn dieser Prozess sich nicht ins Unendliche verlieren soll. Die Beziehung als solche, und mag sie in ihrer Gesetzmässigkeit noch so konstant sein, kann niemals Substanz heissen oder ihre Stelle vertreten, wie Mach annimmt.*) Ob wir im stande sind, das letzte Bezogene zu erkennen, ist eine Frage für sich; jedenfalls müssen wir ein solches hinter allen Beziehungen voraussetzen, wenn die Beziehungen nicht leere, rein ideelle, realitätslose Gedankenformen bleiben sollen. Das letzte Ursprüngliche kann nur in dem Bezogenen gesucht werden, aber nicht in irgend welcher Beziehung, am wenigsten in einer solchen, die uns, wie die Energie, von der ganzen Natur am unmittelbarsten gegeben ist, und die wir selber genötigt sind, in einfachere Beziehungen aufzulösen. Die Physik als solche hat es ohne Zweifel mit diesem letzten Bezogenen, das nicht mehr Beziehung ist, nicht zu thun; sie überschreitet ihre Grenze, wenn sie sich mit ihm befasst, weil es zur metaphysischen Sphäre des

---

*) **Mach**, „Die Prinzipien der Wärmelehre", 2. Aufl., 1900, S. 431.

Wesens und nicht zu der physischen Sphäre der Erscheinung gehört. Sie überschreitet aber ganz ebensogut ihre Grenze, wenn sie sich negativ, als wenn sie sich positiv mit ihm befasst, d. h. wenn sie sich für befugt hält, es zu leugnen und alles für Relationen ohne relatum zu erklären.

Die Energie ist Beziehung, aber sie ist keinenfalls die letzte und einfachste Beziehung, die nicht mehr in eine Beziehung von Beziehungen aufzulösen ist. Es ist Aufgabe der Physik, sich nicht eher bei einer Beziehung als einer letzten zu beruhigen, bis sie alle Mittel erschöpft hat, sie in einfachere Beziehungen aufzulösen. Dies ist nun bei der Energie gar nicht mehr nötig, denn die Erkenntnis der Energie ist geschichtlich viel später gewonnen worden als die Erkenntnis der Beziehungen, aus denen sie sich zusammensetzt. Dass die Energie sich als Invariable erweist, ist richtig; aber unter dem Gesichtspunkt, dass die Energie selbst eine aus mannigfachen Beziehungen zusammengesetzte Beziehung ist, kann ihre Unveränderlichkeit nicht als ein letztes ursprüngliches Naturgesetz aufgefasst werden, sondern nur als eine mittelbare Folge aus dem Verhältnis ihrer Faktoren und Summanden zu einander, die aus der Natur der Beziehungen, in welchen diese bestehen, deduktiv erwiesen werden kann. Wenn z. B. sowohl der Extensitätsfaktor als auch der Intensitätsfaktor der gesamten Weltenergie jederzeit konstant bleiben, so muss auch die Energie als ihr Produkt konstant bleiben, und wenn die Aenderung in der Grösse jedes Summanden der Energie sich wegen der Aequivalenz und Umsatzfähigkeit aller nur auf Kosten oder zu Gunsten der Grösse der übrigen vollziehen kann, so muss auch die Energie als ihre Summe konstant bleiben.

Aus rein formellen, bloss ideellen Beziehungen kann keine reale Natur bestehen; sie genügen, um die Phoronomie, aber nicht um die Physik zu gewinnen. Die Bezogenen der einfachsten phoronomischen Beziehungen sind räumliche und zeitliche Vorstellungselemente, ihre Beziehungen sind logisch gesetzmässige Synthesen dieser raumzeitlichen ideellen Daten. Die Physik und Mechanik braucht aber reale Beziehungen als ihre Grundlage, aus denen ihre verwickelteren Beziehungen sich dann als ebenfalls reale aufbauen. Es muss also zu den ideellen Bezogenen und ihrer formellen Verknüpfung noch ein realisierendes Prinzip oder Realprinzip hinzukommen, um aus den ideellen Beziehungen reelle zu machen. Dieses realisierende Moment kann aber nicht erst bei dem letzten Produkt oder der Endsumme der Beziehungen hinzukommen, sondern muss schon in jeder einfachsten Beziehung mitwirken, um sie zu einer realen zu machen. In der Realität der konstanten Weltenergie offenbart sich nur die Realität der elementarsten Beziehungen, aus deren unermesslicher Vielheit und Mannigfaltigkeit die konstante Weltenergie das Endergebnis ist. Die Energie umfasst sowohl den ideellen, phoronomischen Inhalt der elementaren Beziehungen als auch ihr Realisationselement, sie kann deshalb nicht wohl dazu dienen, das Realprinzip, das zu den phoronomischen Beziehungen hinzukommt, zu repräsentieren. Es muss vielmehr untersucht werden, wodurch die Elementarbeziehungen, aus denen die Energie sich zusammensetzt, aus bloss phoronomischen Beziehungen zu realen werden, um dahinter zu kommen, was das realisierende Moment ist. Als einfachste und elementarste Beziehung von realem Charakter bietet sich aber die *Kraftäusserung* dar; an ihr werden wir also zu sondern haben, was das bloss *Phoronomische* ist, und welches Moment das Phoronomische von ihr zur *Realität* erhebt. Dieses Moment kann nun *nicht mehr* das Energetische sein, sondern nur noch entweder das *Hylische* (Stoffliche) oder das *Dynamische*.

3. Die Hylokinetik.

Nimmt man die Masse als ursprünglichen dritten Grundbegriff, so vermeidet man alle Quotienten zur Bestimmung der abgeleiteten Begriffe und behält nur Produkte übrig. Die Faktoren erscheinen aber nicht mit Unrecht dem Produkt gegenüber als das Einfachere und Ursprünglichere. Allerdings hat sich diese Auffassung aus dem sinnlichen Vorurteil heraus entwickelt, dass man die Masse als etwas Gegebenes durch unmittelbare Wahrnehmung kenne; aber wenn auch dieses Vorurteil aufzugeben ist, so könnte darum doch die geschichtlich aus ihm entstandene Auffassungsweise richtig sein. Sie zeichnet sich durch besondere Durchsichtigkeit und Einfachheit der Voraussetzungen aus.

Alles ist Bewegung von Massen. Was als Kraftäusserung und Energie erscheint, sind nur Produkte aus Masse und Beschleunigung, Masse und halbem Geschwindigkeitsquadrat. Alle Erscheinungsformen der Energie sind nur Summationsphänomene der kinetischen Energie der Moleküle und Atome. Dasselbe gilt insbesondere für die potentielle Energie als Energie der Lage. Die blosse ruhende Lage kann nicht Energie sein, sondern nur einer solchen die geeignete Gelegenheit zur Uebertragung und Sichtbarwerdung bieten. Es muss entweder eine Fernkraft hinzukommen, welche die Situation zur Entfaltung kinetischer Energie ausnützt, oder es muss eine Summe von unsichtbaren molekularen Stössen oder Drucken hinzukommen, die sich in sichtbare molare Bewegung umsetzt. Die Hylokinetik nun schliesst die Fernkraft aus und damit auch die potentielle Energie als eine der kinetischen koordinierte Energieform. Sie lässt nur Nahwirkung im strengsten Sinne zu und sieht in der potentiellen Energie der Lage nichts als ein Summationsphänomen aus kinetischen Molekularenergien. Der klassische Urheber und Vertreter dieses Standpunktes ist Huyghens.

Die Hylokinetik muss eine ganz verschiedene Ausbildung und Durchführung erhalten, je nachdem die bewegten Massen im Sinne der Stetigkeitshypothese, der Korpuskulartheorie oder der Atomistik gedacht werden. Die Nahwirkung wird bei der Stetigkeitshypothese hauptsächlich zum Druck der einander drängenden und verschiebenden Flüssigkeitsteilchen, bei der Korpuskulartheorie und Atomistik dagegen vorzugsweise zum Stoss der herumliegenden festen Teilchen oder Punkte. Dass die Gravitation noch nicht in Nahwirkungen aufgelöst ist, wird freilich störend empfunden; aber die Hoffnung, dass, was bis heute nicht gelungen ist, schon morgen gelingen könne, hilft darüber hinweg. —

Geht man von atomistischer Grundlage aus, so ist es freilich nicht leicht, die molekularen Fernkräfte als Bindemittel der Atome im festen und tropfbar flüssigen Zustand zu beseitigen; aber es wird versucht durch die Voraussetzung, dass die elastischen Kräfte angenähert starrer Verbindungen durch unwahrnehmbare Bewegungen verborgener Atomgruppen zu erklären sind, und dass die letzten Atomgruppen absolut starre Verbindungen, Systeme von ausdehnungslosen Massenpunkten sind, die gegeneinander schlechthin unverrückbar sind. Die Konstanz der Abstände zwischen den Atomen eines solchen starren Punktsystems darf nicht mehr auf Kräften beruhen, sondern auf gesetzmässiger Festsetzung; die Hypothese, dass es hinter den relativ starren gröberen

Verbindungen solche absolut starre Verbindungen giebt, wird wie eine Thatsache behandelt, in deren gesetzmässigen Bestand man sich zu fügen hat. Die Fernwirkung der Atome untereinander ist also nur ausgeschieden um den Preis der Annahme einer gesetzmässigen Fixierung derselben gegeneinander in unveränderlichen Abständen. Mit anderen Worten: das postulierte Gesetz tritt an die Stelle der perhorreszierten Kräfte und soll die Permanenz des Wunders begreiflich machen.

Auf dieser Grundlage erbaut sich die Hertzsche „Mechanik“ (daselbst S. 40—41); sie ist bis jetzt wohl diejenige, die am konsequentesten die Hylokinetik in exakter Weise durchzuführen versucht hat. Hertz selbst schreibt seinem Lösungsversuch nur eine hypothetische Bedeutung zu (S. XXIV, 42—45). Er giebt keine Beispiele, wie er sich die hypothetischen Zwischenglieder unwahrnehmbarer Punktsysteme und ihrer Bewegungen denkt, wie die elastischen Kräfte aus ihnen erklärt werden sollen, und wie das abstrakte Gesetz es anfangen soll, unwahrnehmbare leere Abstände zwischen Atomen ohne Fernwirkung aufeinander konstant zu erhalten. Helmholtz betrachtet deshalb diese grundlegenden Voraussetzungen seines Schülers in der der Hertzschen Mechanik beigegebenen Vorrede mit recht skeptischen Blicken (S. XXI).

Indessen selbst wenn man diese Voraussetzungen zugestehen wollte, bleiben doch die oben erörterten Bedenken übrig, die sich an die Unmöglichkeit der Nahwirkung überhaupt, an die Unmöglichkeit des unelastischen wie des elastischen Stosses ohne molekulare Fernkräfte und an das Festhalten des stofflichen Massenbegriffes trotz der Zerlegung der Korpuskeln in ein System ausdehnungsloser, punktueller Atome knüpfen. Wenn Nahwirkung durch Berührung ein in sich widerspruchsvoller Begriff ist, so ist auch die Hylokinetik von diesem Widerspruch infiziert, weil zwei starre Punktsysteme ohne Fernkräfte aufeinander nur bei Berührung wirken können. Wenn der unelastische und der elastische Stoss ohne molekulare Fernkräfte unverständlich sind, so ist auch die Hylokinetik in ihren Grundlagen unverständlich. Selbst Clausius, der die kinetische Erklärung des Gasdruckes zur allgemeinen Anerkennung gebracht hat, bekämpft nachdrücklich ihre Erweiterung auf die kinetische Erklärung der Kräfte im allgemeinen. Er behauptet, dass ohne Anziehungskräfte ein stabiler Zustand in der Natur gar nicht möglich wäre, weil jede stationäre Bewegung, um andauern zu können, gewisse Kräfte nötig hat, die ihr das Gleichgewicht halten.*) Nach Vogt muss in einem Kreisprozess die potentielle und die aktuelle Energie einander gleich sein.**) Was Clausius Gleichgewicht zwischen Kraft und Bewegung nennt, stellt sich also bei Vogt als Gleichheit der potentiellen und der aktuellen Energie im konservativen Kreisprozess dar. In molaren Prozessen gilt dies nicht, weil sie keine konservativen Kreisprozesse, d. h. keine perpetua mobilia sein können; es gilt nur für die Molekularmechanik, die das perpetuum mobile verwirklicht. Die Summe der potentiellen Energie muss hier der Summe der aktuellen Energie gleich sein, um ihr das Gleichgewicht halten zu können; die potentielle Energie aber entspringt aus den gesetzmässigen Kraftäusserungen, zu denen die Kräfte durch ihre Lage oder Konfiguration Gelegenheit erhalten. —

Die punktuelle Atomistik ist das Ende, zu dem die Kritik der Stetigkeitshypothese und der Korpuskulartheorie hinführt, weshalb es allein auf ihrer Grundlage möglich ist, die Hylokinetik mathematisch durchzuführen; die Atomistik löst aber gerade die Stofflichkeit der Masse auf, von der sie ausging. Denn jedes Atom hat als ausdehnungsloses die Stoffmenge Null in sich, folglich, wenn die Masse am Stoff haftet, auch die Masse Null; aus der Addition von noch so vielen Nullen lässt sich aber keine Grösse gewinnen. Sollen sich n Atome zu der Masse n summieren, so muss jedes von ihnen die Masse 1, aber nicht die Masse 0 haben; damit ist erwiesen, dass die Masse des Atoms auf etwas anderem beruhen muss, als auf dem Stoff, den es in sich schliesst. Hätte jedes Atom die Masse 1, so wäre die Zahl der gleichen Atome mit der Masse des Körpers gleich zu setzen; die Atomzahl träte an Stelle des Extensitätsfaktors, wenn das Atom als solches etwas Reales wäre. Die Hylokinetik aber, die nichts anderes Reales kennt oder gelten lässt als den Stoff, kann das punktuelle Einzelatom nicht vor der Verflüchtigung seiner Realität in Nichts schützen und deshalb auch der Atomzahl nicht die Bedeutung des Extensitätsfaktors retten.

Punkte ohne Ausdehnung sind beweglich, aber nichts Reelles, sondern nur etwas Imaginäres, Fiktives; ein System blosser mathe-

*) Clausius, „Die mechanische Wärmetheorie“, Bd. III, S. 263—264.

**) J. J. Vogt, „Das Wesen der Elektrizität und des Magnetismus auf Grund eines einheitlichen Substanzbegriffes“, Leipzig 1891. Bd. I, S. 126.

matischer Punkte kann nur zur Phoronomie, nicht zur Mechanik führen, weil ihm eben das Reale fehlt, wodurch die Mechanik sich von der Phoronomie unterscheidet. Das Pseudoreale, mit dem die stetige Materie und das Korpuskel behaftet war, hat die atomistische Kinetik glücklich abgestreift, aber das wahre Reale hat sie noch nicht an seine Stelle gesetzt. Um nicht ganz realitätslos zu sein, klammert sie sich dann doch wieder an den glücklich abgestreiften Stoff, setzt das ausdehnungs l o s e, punktuelle, stoff- l o s e Atom mit einem ausgedehnten, u n e n d l i c h k l e i n e n s t o f f l i c h e n A t o m gleich und verwickelt sich dadurch in den oben dargelegten Widerspruch des unendlichen Progressus der Stoffteilbarkeit im Atom. —

Verschmäht sie aber diesen Ausweg, so greift sie nach einem anderen, der noch schlimmer ist, nämlich zur Realisierung und H y p o s t a s i e r u n g d e s G e s e t z e s. Diesem Irrtum ist z. B. Fechner verfallen, der zwar die Kräfte als „mythische Wesen“ verwirft, sich aber nicht scheut, dem noch mythischeren Wesen des Gesetzes die Kraft, die er dem Atom verweigert, in Gestalt einer „Gesetzes-Kraft“ beizulegen, und diese an Stelle der „Atomkraft“ zur Ursache der Bewegung zu erheben.*) Er übersieht dabei, dass das Gesetz nur ein subjektives Vorstellungsgebilde des menschlichen Denkens ist, eine Abstraktion, die wir von der Gleichmässigkeit des Geschehens abgezogen haben, dass die Gleichmässigkeit der Fälle immer nur eine annähernde ist, dass die Natur sich nicht ein- für allemal im voraus, sondern von Fall zu Fall determiniert, und dass die Gleichmässigkeit der Determination unter gleichen Umständen nur aus der Sichselbstgleichheit der Natur stammt.**) Von allen Entitäten, die durch Hypostasierung einer Abstraktion gewonnen sind, dürfte die des Gesetzes als einer realen, den Dingen vorausgehenden, über ihnen schwebenden und sie leitenden Macht wohl die fiktivste sein.

Wenn die Zuflucht zu ihr für Fechner besonders nahe lag, so war es, weil er erkenntnistheoretischer Idealist war, d. h. kein Naturgeschehen zugab, als dasjenige, welches sich als subjektiv ideale Erscheinung in einem Bewusstein für dieses Bewusstsein abspielt. Das System imaginärer bewegter Atompunkte, an dem nichts reell ist als die Gesetze ihrer Ortsveränderung, findet des-

---

*) Fechner, „Atomenlehre“, 1. Aufl., S. 107 fg., 120 fg.

**) Vgl. meine „Kategorienlehre“, S. 422—423.

halb auch hauptsächlich in den Kreisen solcher Naturforscher Anklang, die dem erkenntnistheoretischen Idealismus huldigen. Es ist aber dabei übersehen, dass Atome unwahrnehmbar sind, dass die bloss gedachten Atome unmöglich das genetische Prius der wahrgenommenen Erscheinungen sein können, aus denen sie erst durch analytische Reflexion gewonnen sind, und dass unsere Gedankenatome oder begrifflichen Atomvorstellungen thatsächlich und erfahrungsmässig niemals den physikalischen Gesetzen unterworfen sind, denen sie angeblich unterworfen sein sollen.

Der Versuch, die Atomistik, deren Widersprüche im Gebiete der objektiv realen Natur nicht zu verschleiern sind, durch Hinüberspielen in das subjektiv ideale Gebiet einer anschaulich vorgestellten oder gar bloss begrifflich gedachten Natur zu retten*), scheitert ebenfalls an den erkenntnistheoretischen Widersprüchen, die sich bei diesem Versuch ergeben. Damit ist der Hylokinetik jeder Boden entzogen. Der Stoff als objektiv realer ist eine berechtigungslose Projektion einer sinnlichen Illusion in das Jenseits des Bewusstseins, wo sie keine Stätte hat; der Stoff als subjektiv idealer hat mit den physikalischen Gesetzen ebensowenig zu thun wie mit den physikalischen Kräften, weil er einem ganz anderen Gebiete der Erscheinungswelt angehört als diese beiden. Die Hylokinetik ist nur so weit richtig, als sie Kinetik ist, aber falsch, sofern sie Hylokinetik ist, d. h. das bewegliche Reale in einer stofflichen Masse, sei es ausserhalb des Bewusstseins, sei es innerhalb desselben, sucht.

4. Der Dynamismus.

Der Dynamismus geht von der Kraftäusserung aus, wie die Energetik von der Energie und die Hylokinetik von der stofflichen Masse. Er stimmt mit der Energetik darin überein, dass die Materie aus nichtstofflichen Urbestandteilen aufgebaut ist, mit der atomistischen Hylokinetik darin, dass diese Urbestandteile punk-

*) Vgl. Lasswitz, „Ueber Wirbelatome und stetige Raumerfullung“ in der Vierteljahrsschrift für wiss. Phil., III. Jahrg, 1879, S. 289. Derselbe, „Gesch. der Atomistik“, Bd. II, S. 394—395. Derselbe, „Atomistik und Kritizismus“, Braunschweig 1878.

tuell und beweglich sind und dass der Extensitätsfaktor der kinetischen und potentiellen Energie ihrer Zahl proportional ist. Aber er weicht von der Energetik darin ab, dass er die Materie nicht aus Gruppen von Urbestandteilen aufgebaut denkt, die bestimmte Energien *sind*, sondern aus solchen, die bestimmte Energien *haben* (Atomenergie, Molekularenergie u. s. w.). Von der Hylokinetik weicht der Dynamismus wiederum darin ab, dass er die Uratome, deren Zahl die Masse bestimmt, zwar nach ihrem Ort im Raume auf bestimmte Punkte (Kraftcentra) bezieht, aber nicht ihre Realität in diesen Punkten enthalten und konzentriert denkt.

Alle Erscheinungen der unorganischen Natur müssen auf Kräfte mit Potential zurückgeführt werden, die in der geradlinigen Verbindung zwischen Ausgangspunkt und Angriffspunkt wirken, und bei denen Wirkung und Gegenwirkung einander gleich ist, auf Kräfte, deren sämtliche gleichzeitige Kraftäusserungsrichtungen sich in einem Punkt (dem Kraftcentrum) schneiden, d. h. auf Centralkräfte. Nur immaterielle *Centralkräfte* können *materiierende* Kräfte sein, d. h. die Erscheinung der materiellen Raumerfüllung hervorrufen, während immaterielle Kräfte *ohne* Potential *nichtmateriierende* Kräfte sein müssten und kein Materialitätsphänomen zu stande bringen könnten. Die Wirkung der Centralkräfte ist umgekehrt proportional der zweiten oder einer höheren Potenz der Entfernung; wenn die Entfernung Null werden könnte, so wäre die Wirkung unmöglich, da die Division durch Null unmöglich ist. Nahwirkung im strengen Sinne ist unmöglich; wenn es Wirkung im Sinne von Kraftäusserung überhaupt geben soll, so kann es nur *Fernwirkung* sein. *Jede Kraft ist Fernkraft, oder sie ist nicht.*

Eine Kraftäusserung, die nicht auf einen Ausgangspunkt bezogen ist, ist ebenso unmöglich wie eine solche, die nicht auf einen Zielpunkt oder Angriffspunkt bezogen ist. Nur durch den Abstand dieser beiden Punkte voneinander ist die Entfernung zu bestimmen, von der die Intensität der Kraftäusserung abhängt, nur durch die gerade Verbindungslinie beider Punkte die Richtung, in der die Kraftäusserung wirkt. Ein *nicht atomistisch* gegliederter Dynamismus ist *physikalisch unmöglich*; er hat nur als unklares Phantasiegebilde in den Köpfen der Philosophen gespukt, die von den Erfordernissen der modernen theoretischen

Physik nichts wussten. Die Atomistik ist ebenso logisch unentbehrlich für den Dynamismus, wie sie von der reinen Energetik perhorresziert werden muss. Nur wer über den Unterschied der Begriffe Energie und Kraftäusserung noch im Unklaren ist, nur der kann bei dem Worte Dynamismus an eine antiatomistische Energetik denken. —

Wirken kann das Atom im gesamten Raum bis ins Unendliche ausser in seinem Ausgangspunkt, dem jeweiligen Ort seines Kraftcentrums. Dies ist der einzige Punkt des ganzen Raumes, in dem es schlechthin wirkungsunfähig ist. Nennt man diesen Ort den „Sitz" des Atoms, so hat es in seinem Sitz nur ein imaginäres oder fiktives Sein, aber kein Dasein, weder aktuelles noch potentielles. Aktuell wird seine Wirksamkeit nur nach den Richtungen, die auf andere Atome treffen, nicht in solchen, die den leeren Raum durchlaufen. Seine jeweilige Wirklichkeit oder aktuelle Realität ist die Summe aller seiner gleichzeitigen Kraftäusserungen, deren Richtungen auf andere Atome treffen, und die von diesen Gegenwirkungen empfangen; seine jeweilige Wirkungsfähigkeit oder potentielle Realität erstreckt sich dagegen auf alle Richtungen des Raumes. Das System aller gleichzeitigen aktuellen und potentiellen Kraftäusserungen mit gleichem Durchschnittspunkt ist das, was man gewöhnlich eine „Centralkraft" nennt, was man aber besser (mit Redtenbacher) eine „Dynamide" nennen sollte. Denn dieses System von Kraftäusserungen ist räumlich, und demgemäss auch beweglich, es ist das gesuchte „bewegliche Reale". Die Kraft als hypothetische Ursache der zusammengehörigen Kraftäusserungen ist dagegen jedenfalls unräumlich zu denken, und darum kann auch von ihrer Beweglichkeit keine Rede sein. Sie ist jedenfalls nicht das „bewegliche Reale", sie ist es schon darum nicht, weil sie nicht beweglich ist, und ganz unabhängig davon, ob man sie, die zweifellos „Realprinzip" im Sinne des „realisierenden Prinzips" ist, schon selbst als „Reales" bezeichnen, oder sie als metaphysische Wesenheit einer über und jenseits der phänomenalen Realität und des Daseins liegenden Sphäre des Ueberseins zuweisen will.

Die Dynamide ist das einzige Reale in der unorganischen Natur. Sie ist das Unteilbare, weil sie unstofflich ist und ihr ausdehnungsloser Ausgangspunkt unteilbar ist. Sie ist demnach das wahre Atom im reellen und doch unstofflichen Sinne des Wortes.

Da die potentielle Realität jeder Dynamide den ganzen Raum erfüllt, so sind alle Dynamiden ineinander, obschon ihre homologen Punkte sich nicht decken. Die Fernwirkung verliert damit alles Auffallende, weil die Entfernung zweier Dynamiden nur zwischen ihren homologen Punkten gemessen wird, sie in toto aber ineinander fallen und denselben Raum einnehmen. Die Schnittpunkte der Wirkungsrichtungen werden zur Bestimmung der Entfernung nur deshalb bevorzugt, weil sie die am meisten in die Augen stechenden und am leichtesten erkennbaren und präzisierbaren homologen Punkte der Dynamiden sind, nicht weil sie an und für sich etwas vor anderen homologen Punkten voraus hätten. Die Realität der Dynamiden bekundet sich in dem Widerspiel ihrer Wirkung und Gegenwirkung. Das Mass ihrer Realität ist das Mass der Beschleunigung, welches zwei Dynamiden oder Uratome einander in der Entfernung 1 in der Zeiteinheit erteilen. Dieses Mass ist eine der Urkonstanten der Natureinrichtung und zugleich das Mass des Beharrungsvermögens einer Dynamide. In ihm tritt das Realisierende zu Tage, welches die phoronomische ideelle Beziehung verwirklicht oder ins Dasein setzt, oder welches macht, dass das Dynamische mehr ist als das Phoronomische. Es ist für alle Arten von Uratomen dasselbe, allerdings auf eine Entfernung 1, deren Einheitsmass wir bisher nicht kennen. Unterschiede bestehen nur im Vorzeichen, durch das sich die Dynamiden in zwei grosse Gruppen, anziehende und abstossende, unterscheiden. Der Unterschied im Wirkungsgesetz in Bezug auf die Entfernungspotenz kann als ein primärer für die anziehenden und abstossenden Dynamiden bestehen, er kann aber auch, wie oben (S. 130) angedeutet, erst sekundär für Moleküle aus polar entgegengesetzten Dynamiden entstehen.

Die Dynamiden finden den Raum und die Zeit nicht etwa als leere Formen vor, sondern sie setzen beide, indem sie sie dynamisch erfüllen, und erfüllen sie dynamisch, indem sie sie produzieren. Damit fallen die Bedenken hinweg, die von erkenntnistheoretischem Standpunkt gegen den leeren Raum zwischen den Atomen der Hylokinetik mit Recht zu erheben sind. Dynamisch erfüllt ist der ganze Weltraum, materiell erfüllt dagegen heissen nur die Räume, in denen die Dynamiden dicht genug gruppiert sind, um durch ihre Abstossungswirkungen auf molekulare Entfernung an den Grenzen dieser dichten Gruppierung die Phänomene des Widerstandes gegen Eindringen und der Lichtreflexion hervorzubringen. — Die Erscheinungen der Natur sind Beziehungen, darin hat der Relativismus recht, aber sie sind reale Beziehungen im Unterschiede von den bloss idealen oder rein formalen Beziehungen der Phoronomie, sie sind Beziehungen von Realen aufeinander. Auch die potentielle Energie oder das Potential erhält damit eine Bedeutung, die ihm als blosses Ergebnis der Lage oder Konfiguration nicht zukommen kann, nämlich die Bedeutung, die Gelegenheit der Konfiguration durch gesetzmässige Entfaltung der Beschleunigungstendenz auf das Reale, d. h. des dynamischen nisus oder conatus ausnutzen zu können. — Die Behauptung, dass damit eine nicht mehr rein intellektuelle Bestimmung in die Natur hineingetragen werde, ist nur solange ein Vorwurf, als es für a priori feststehend gilt, dass die Natur keine andere als intellektuelle Bestimmungen enthalten kann und darf. Dies ist aber wieder nur für solange gültig, wie die Natur als ein reines Produkt des Intellektes angesehen wird, d. h. als eine subjektiv ideale Erscheinung im menschlichen Bewusstsein. Wenn diese Voraussetzung unhaltbar ist, wenn die Natur vielmehr etwas vom menschlichen Intellekt Unabhängiges und für sich Existierendes ist, so ist es a priori höchst unwahrscheinlich, dass nur intellektuelle Bestimmungen in ihr zu finden sein sollten. Insbesondere ist es a priori gewiss, dass, wenn sie Realität hat, diese Realität nicht von einer intellektuellen Bestimmung herrühren kann, weil der Intellekt seiner Natur nach unfähig ist, Realität zu setzen oder zu verleihen. Da das Bewegliche in der Natur etwas Reales sein muss, um sich von der phoronomischen Idealität und Formalität zu unterscheiden, so muss auch die charakteristische Bestimmung für dieses Reale in etwas Nichtintellektuellem gesucht werden, und dazu eignet sich von den drei verfügbaren Begriffen der des Dynamischen nicht nur am besten, sondern ganz allein.

Die Physik kann sich mit diesen dynamischen Grundlagen begnügen; sie genauer durchzuarbeiten, kann sie der Naturphilosophie und Metaphysik überlassen.*) Vom physikalischen Standpunkt ist anzuerkennen, dass der atomistische Dynamismus allen Ansprüchen genügt, alle wirklichen Vorzüge der Energetik und atomistischen Hylokinetik in sich konserviert, ihre Schwierigkeiten

---

*) Vgl. meine „Kategorienlehre“ S. 143—173.

und Widersprüche von sich abgestreift hat und aus der einzig möglichen Wirkung, der Fernwirkung, alles Paradoxe beseitigt.

Das Gesetz zeigt die ideelle Bestimmtheit an, zu welcher die Natur den Inhalt ihrer dynamischen Funktionen von Fall zu Fall determiniert; die Kraftäusserung aber ist die dynamische Thätigkeit, welche diesen gesetzmässig bestimmten ideellen Inhalt realisiert. Die Gesamtheit der Weltgesetze erschöpft die „Welt als Idee", den Weltgedanken; die Gesamtheit der dynamischen Thätigkeit oder Kraftäusserungen erhebt den blossen Weltgedanken zur „Welt als That"*) und macht damit erst die Welt zu einer „Thatsache". So sind gesetzmässige Bestimmtheit und Kraftäusserung die beiden Seiten des Weltdaseins und Weltgeschehens; nur die erstere stellt dem Erkennen immer neue Aufgaben, während die letztere immer sich selbst gleich ist und allen Inhalt samt atomistischer Gliederung nur von der ersteren empfängt. Die Physik hat es deshalb immer nur mit der gesetzmässigen Bestimmtheit zu thun, während sie die dynamische Realisierung derselben ausdrücklich oder stillschweigend voraussetzt. Es wäre ganz verkehrt, ihr daraus einen Vorwurf zu machen; wohl aber ist es als ein Irrtum zurückzuweisen, wenn die Physik die stillschweigend vorausgesetzte Realisationsmacht der dynamischen Funktion leugnet und die gesetzmässige ideelle Bestimmtheit für das Ganze hält. Denn damit zerstört sie den Unterschied des Ideellen und Reellen, des Phoronomischen und Mechanischen, der formellen und der wirklichen Beziehung.

*) Vgl. Reinke, „Die Welt als That", 2. Aufl., Berlin 1901.

XI. Der methodologische und erkenntnistheoretische Standpunkt der modernen Physik.

Die theoretische Physik ähnelt sowohl in ihren Zielen wie in ihrer Methode der älteren spekulativen Naturphilosophie; denn sie will gleich dieser die Natur auf deduktivem Wege konstruieren, indem sie von allgemeinsten Grundbegriffen und Grundsätzen ausgeht, die Induktion aus der Erfahrung nur als Hilfsmittel zur Erlangung dieser Ausgangspunkte gelten lässt, und die besonderen Erfahrungen der Experimentalphysik nur zur Bestätigung des deduktiv Abgeleiteten benutzt. Der Unterschied zwischen beiden liegt nur erstens darin, dass die theoretische Physik ausschliesslich die mathematische Deduktion benutzt und dadurch zugleich zu einer „exakten", d. h. quantitativ bestimmten Formulierung ihrer Ergebnisse gelangt, die der spekulativen Naturphilosophie gänzlich fehlte, und zweitens darin, dass die allgemeinsten Grundbegriffe und Grundsätze heute viel besser fundierte Induktionen darstellen, als sie den Denkern vor einem Jahrhundert zu Gebote standen. Im übrigen hat sie die Schellingsche Grundeinteilung der unorganischen Naturphilosophie in eine Physik der wägbaren Materie und des Aethers (Schelling sagt: Lichtwesens) mehr und mehr bestätigt, die Gravitation und den Aether aber noch immer als die beiden letzten Urhypothesen stehen lassen, hinter welche zurückzugehen bisher nicht gelungen ist.

Die theoretische Physik ist auch darin der spekulativen Naturphilosophie ähnlich, dass sie ihre Lehren für gewiss hält und ihren hypothetischen Charakter verkennt. Die Kirchhoffsche Forderung, dass die Physik sich auf Beschreibung der Erscheinungen beschränken und jedem Erklärungsversuch entsagen solle, war bei Kirchhoff selbst nur ein gelegentliches Aperçu, das er in einer Unterhaltung mit Neumann energisch zu vertreten unterliess;*) genauer erläutert und verteidigt ist diese Forderung erst von Mach.**) Thatsächlich kommt aber diese Forderung, die Physik auf Beschreibung zu beschränken, einem psychologisch unmöglichen Verzicht auf die dringendsten Bedürfnisse des menschlichen Geistes gleich, und liefert selbst in dieser Beschränkung keineswegs die erhoffte Gewissheit. Das Ziel erschien aber so verlockend, dass man sich über seine Unerreichbarkeit gern einer schmeichelnden Täuschung hingab, und das Pochen auf eine „hypothesenfreie exakte Naturwissenschaft" droht in demselben Sinne zu einer geistigen Epidemie unserer Zeit zu werden wie der Glaube an die spekulative Konstruktion der Natur eine solche vor hundert Jahren darstellte.

Thatsächlich bedient sich aber die moderne Physik auf Schritt und Tritt der Hypothesen, auch dann, wenn sie es zu leugnen sucht. Und zwar sind ihre Hypothesen vierfacher Art: 1. solche der Abstraktion oder Begriffsbildung, 2. solche der Gesetzesinduktion, 3. solche der Ursacheninduktion und 4. erkenntnistheoretische Hypothesen über die Existenz und nähere Beschaffenheit einer realen Natur. —

Keine Beschreibung kommt über die beobachteten Einzelfälle hinaus; eine vermeintliche Beschreibung, die mehrere Einzelfälle umspannt, kann es nicht geben, weil niemals zwei Einzelfälle einander gleich sind. Die allgemeine Beschreibung kann also nur das Gleiche aus mehreren Einzelfällen herausholen und muss die ungleichen Reste fallen lassen. Sie muss sich also in Abstraktionen bewegen, die in Bezug auf den Umfang Erweiterungen, in Bezug auf den Inhalt sämtlicher Einzelfälle aber Verengerungen sind.

Nun kann man aber nach ganz verschiedenen Richtungen gemeinsame Merkmale der Einzelfälle herausgreifen; da jede Beschreibung auf absolute Vollständigkeit verzichten muss, ist man genötigt, seine Wahl zu treffen. Ob aber die getroffene Wahl glück-

*) Mach, „Die Prinzipien der Wärmelehre", 2. Aufl., S. 404—405.

**) Ebenda, S. 396—405, 423—439, 445—462.

lich ist oder nicht, ob die so abstrahierten Begriffe wesentliche oder unwesentliche Merkmale der Natur wiedergeben, ob sie zu einem natürlichen oder künstlichen System führen, das hängt von den Gesichtspunkten ab, unter denen man die Abstraktion vollzogen hat. Der Glaube, die bestmögliche Wahl getroffen zu haben und dem natürlichen System durch Heraushebung der wesentlichsten Merkmale möglichst nahe gekommen zu sein, macht das hypothetische Element der Begriffsbildung aus. Je näher man den Einzelfällen oder Einzelobjekten bleibt, d. h. je niedriger die Abstraktionsstufe ist, desto geringer ist das Hypothetische der Begriffsbildung; es steigert sich aber um so mehr, zu je höheren Abstraktionsstufen man aufsteigt. Im höchsten Grade hypothetisch sind daher die höchsten und letzten Grundbegriffe der Physik wie Energie, Potential, Entropie, Masse, Stoff, Kraft, Naturgesetz, und das Hypothetische dieser Begriffe überträgt sich auf alle Beschreibungen, Betrachtungen und Rechnungen, in die sie eingeführt werden.

Jede physikalische Richtung erkennt den hypothetischen Charakter in den abstraktesten Begriffen ihrer Gegner an, während sie sich über den ihrer eigenen zu täuschen pflegt. Mit Recht hält Ostwald es für denkbar, dass die jetzt gangbaren höchsten Begriffe, an die wir uns gewöhnt haben, durch ganz andere ersetzt werden könnten, die ganz andere Seiten der gegebenen Erscheinungswelt in den Vordergrund zögen und damit dasselbe oder auch mehr leisteten.*) Die Wahrscheinlichkeit eines solchen Ersatzes ist allerdings für Zeitlichkeit und Räumlichkeit äusserst gering, für Energie, Potential und namentlich für Entropie schon merklich grösser; für einen stetigen Stoff und für stoffliche Moleküle und Atome ist sie schon jetzt überwältigend gross. Es ist aber von grundsätzlicher Wichtigkeit, sich den hypothetischen Charakter auch unserer bestbeglaubigten Grundbegriffe stets vor Augen zu halten und niemals zu vergessen.

Beschreibung im eigentlichen Sinne kann nur die *direkte* Beschreibung heissen, die sich auch schon in lauter hypothetischen Abstraktionsbegriffen bewegt, wenn sie mehr als singulär sein will. Die Vertreter einer bloss beschreibenden Physik wissen aber sehr wohl, dass mit der direkten Beschreibung nicht weit zu kommen ist, und sie erweitern deshalb ihre beschreibende Physik durch die

*) Ostwald, „Vorlesungen über Naturphilosophie", S. 308.

Zuhilfenahme der indirekten Beschreibung. Mach definiert die indirekte Beschreibung als den Vergleich des zu Beschreibenden mit etwas besser Bekanntem.*) Dies kommt aber nicht über die Analogie hinaus, deren heuristischer Wert zwar bedeutend ist, die jedoch eine äusserst schwache Wahrscheinlichkeit liefert, eine Wahrscheinlichkeit, die weit hinter der einer induktiv begründeten Hypothese zurückbleibt und daher niemals allein ausreicht, um eine Hypothese zu begründen. Eine Naturwissenschaft, die sich mit solcher indirekter Beschreibung begnügen wollte, stände tief unter einer hypothetischen Naturwissenschaft und hätte keinen Rechtsgrund, sich an Stelle der letzteren zu empfehlen. —

Hypothesen im eigentlichen und engeren Sinne des Wortes können nur durch Induktion begründet werden. Die Induktion zerfällt in Gesetzesinduktion und Ursacheninduktion**), und demgemäss lassen sich auch die Hypothesen in Gesetzeshypothesen und Ursachenhypothesen oder in hypothetische Gesetze und hypothetische Ursachen einteilen. Das Gesetz stellt sich zunächst als empirische Regel dar, die die beobachtete Verknüpfung der Veränderungen in den beobachteten Fällen zusammenfasst. Nun ist aber die Zahl der Beobachtungen begrenzt, und doch erhält die Regel erst dadurch ihren Wert, dass sie auch auf nicht beobachtete Fälle angewendet wird. Solche Anwendung bedingt aber Interpolationen oder Extrapolationen, d. h. Einschaltung nicht beobachteter Zwischenstufen oder Erweiterung über die beobachteten Grenzfälle hinaus. Nur durch solche Interpolationen und Extrapolationen ist es möglich, die empirische Regel, die aus einer beschränkten Anzahl diskreter Einzelfälle geschöpft ist, auf die unendliche Zahl möglicher Fälle auszudehnen, die eine stetige Reihe bilden und sie so zur Herstellungsregel für alle möglichen Einzelbeschreibungen zu erweitern.***) So gewiss jede Interpolation und Extrapolation ein hypothetisches Element in der Wissenschaft ist, so gewiss ist auch die systematische Zusammenfassung aller möglichen Interpolationen und Extrapolationen in einen Kanon zur Herstellung jedes einzelnen Falles etwas Hypothetisches. Die Ableitung eines bestimmten Einzelfalles aus solcher Herstellungs-

*) Mach, „Prinz. der Wärmelehre“, S. 398.

**) Vgl. über den Unterschied beider meine „Kategorienlehre“, S. 306 bis 307.

***) Mach, a. a. O. S. 439, 458, 462.

regel wird aber nur zu Unrecht noch unter den Begriff der Beschreibung subsumiert; denn thatsächlich ist sie eine Deduktion. Diese Deduktion mag formell gewiss sein; inhaltlich hängt ihre Richtigkeit von der Richtigkeit der allgemeinen Regel ab; da diese nur den wahrscheinlichen Charakter einer Hypothese hat, so nimmt auch das aus ihr Deduzierte an dieser Wahrscheinlichkeit und diesem hypothetischen Charakter teil. Die häufig vorkommende Verschiedenheit in der mathematischen Formulierung der empirischen Regeln oder der empirischen Gesetze durch verschiedene Forscher zeigt, wie sehr auf diesem Gebiete die tastende Phantasie wirksam ist; oft fällt es dem gewiegten Fachmann schwer, zwischen verschiedenen Vorschlägen die Wahl zu treffen, da er nicht wissen kann, ob überhaupt eine der bisher versuchten Formulierungen zutreffend ist, und ob nicht vielleicht erst die Zukunft die richtige bringen wird.

Je allgemeiner die Gesetze werden, d. h. je grösser die Zahl der beobachteten Fälle wird und je weiter deren Grenzen werden, desto mehr entfernen sie sich von den Schranken empirischer Regeln und wachsen zu wirklichen und eigentlichen Naturgesetzen empor. In demselben Masse aber, wie ihnen Extrapolationen erspart werden, nimmt die Zahl der Interpolationen zu, deren Geltung doch auch nur hypothetisch ist. Dabei hört auch die Nötigung zu Extrapolationen nie ganz auf, so z. B. wenn man die Geltung der gleichen physikalischen Gesetze auf anderen Weltkörpern oder die Geltung unseres Gravitationsgesetzes ausserhalb unseres Planetensystems, oder die Geltung der energetischen Hauptsätze für die Welt als geschlossenes Gebilde annimmt. Je allgemeiner die Naturgesetze werden, desto mehr abstrahieren sie auch von der konkreten Fülle der Erscheinungen, einen desto dürftigeren Ausschnitt aus dem Reichtum der mannigfaltigen Wirklichkeit umfassen sie, desto mehr handeln sie von Begriffen höchster Abstraktionsstufe und nehmen an ihrem hypothetischen Charakter teil. Je weiter ihr Geltungsbereich wird, desto mehr wird ihr Inhalt verengt im Vergleich zu dem, was die Natur als Wirkliches uns darbietet. Ihre Wahrscheinlichkeit wächst zwar durch Verbreiterung ihrer Erfahrungsgrundlage, erreicht aber niemals die Eins, d. h. die Gewissheit, sondern sie bleiben auch als allgemeinste Naturgesetze induktiv gewonnene Hypothesen, und alles deduktiv von ihnen Abgeleitete nimmt an ihrem hypothetischen Charakter teil.

Empirisch beobachtete Fälle können unmittelbar nur Integralgesetze liefern. Um aber gewisse Aufgaben vermittest der so gewonnenen Integralgesetze deduktiv zu lösen, ist es oft unerlässlich, zu Differentialgesetzen überzugehen, weil oft nicht die erforderlichen Daten zur Anwendung von Integralgesetzen bekannt sind. Da zeigt sich dann abermals der hypothetische Charakter der Naturgesetze, weil einem durch Induktion gefundenen Integralgesetze meist eine Mehrheit von Differentialgesetzen entspricht, unter denen meist nur nach Einfachheitsrücksichten eine Wahl getroffen werden kann.

Ostwald bietet ein sehr einfaches Rezept dar, um zwischen Naturgesetz und Hypothese zu unterscheiden. Wenn alle in einer Formel vorkommenden Grössen messbar sind, so drückt sie ein Gesetz, wenn nicht, eine Hypothese aus.*) Nun können wir aber thatsächlich nur räumliche Strecken direkt messen und Flächen und Volumina aus ihnen deduktiv berechnen. Schon die Zeit messen wir nur indirekt durch die Strecken, die eine als gleichförmig vorausgesetzte Bewegung zurücklegt. Ebenso messen wir alle anderen Grössen nur indirekt durch Schlussfolgerungen auf Grund von Hypothesen, z. B. die Temperatur durch die Ausdehnung eines erwärmten Körpers unter der Voraussetzung, dass diese Ausdehnung bei permanenten Gasen gleichmässig sei, das Wärmequantum durch Temperaturbestimmungen an Körpern von bekanntem Gewicht, das Gewicht durch Vergleichung mit einem Normalgewicht vermittelst der Beobachtung gleicher Ausschläge der Wagebalkenzunge nach beiden Seiten, die elektrischen Masseinheiten durch die Ausschläge der Magnetnadel u. s. w. Bei allen Extensitätsfaktoren können wir die Grösse nur indirekt erschliessen, ebenso bei den Konstanten der Formeln, die aus Messungen der veränderlichen Grössen in bestimmten Fällen rechnungsmässig erschlossen worden. Alles indirekt Gemessene ist aber hypothetisch, weil in den Voraussetzungen, auf denen der Rückschluss beruht, ein Irrtum stecken kann, und weil die Begriffe des indirekt Gemessenen hypothetisch sind, zu denen man von dem direkt Gemessenen überspringt.

*) Ostwald, „Vorlesungen über Naturphilosophie", S. 214.

Ostwald hat nur darum solche Abneigung gegen Hypothesen, weil er die mechanistischen Hypothesen zur Erklärung der übrigen Energieformen als Störungen seiner qualitativen Energetik nicht leiden mag, und erblickt in ihnen das Gegenteil des erweiternden Abstraktionsverfahrens, d. h. eine Verengerung. Dies scheint nicht haltbar, wenn man erwägt, dass auch das Abstraktionsverfahren inhaltlich ebenso Verengerung, wie dem Umfang nach Erweiterung ist, und dass dasselbe für die erweiternde Ausdehnung der Mechanik des Atoms über alle Gebiete des unorganischen Geschehens gilt. Gerade die nicht wahrnehmbaren Ursachen, die sich der Anschauung entziehen, können wir nur in Gestalt abstrakter Begriffe denken; also sind alle Ursachenhypothesen auf abstrakte Begriffe angewiesen, und sie stecken als Grössenbenennungen in allen Formeln darin, die Ostwald als Naturgesetze bezeichnet. Diese Gesetze würden ganz anders lauten, wenn die hypothetischen Begriffe in ihnen andere wären, wovon ja Ostwald die Möglichkeit zugiebt.*) Aber selbst wenn es Naturgesetze gäbe, in deren mathematischer Formulierung nur lauter direkt messbare Grössen vorkämen, so würde ein solches Gesetz doch noch eine blosse Hypothese sein, wie oben gezeigt ist. Es geht nicht an, den Begriff der Hypothese, der sich auf jedes Induktionsergebnis gleichmässig bezieht, auf die Ursacheninduktion zu beschränken und der Gesetzesinduktion vorzubehalten. Das Wort Hypothese besagt ja nur, dass das Supponierte oder Angenommene bloss durch Induktion erschlossen aber nicht durch unmittelbare Wahrnehmung konstatiert ist, dass es also nur Wahrscheinlichkeit, keine Gewissheit hat. —

Dass es eine wirkliche Natur giebt, und dass die von der Physik aufgestellten Gesetze in dieser wirklichen Natur Geltung haben, ist selbst nur eine Hypothese. Denn die wirkliche Natur ist ja nichts als die induktiv erschlossene hypothetische Ursache unserer subjektiv idealen Bewusstseinserscheinungen, für deren Gebiet die physikalischen Gesetze jedenfalls nicht gelten, in welchem vielmehr andersartige psychologische Gesetze an ihre Stelle treten. Nichthypothetisch sind ausschliesslich die Gesetze der Phoronomie oder reinen Bewegungslehre, die ebenso gewiss, aber auch ebenso rein formal und realitätslos sind, wie die der Mathematik und Logik. Alles was die Formeln der Mechanik und Energetik von denen der

*) Ostwald, „Vorlesungen über Naturphilosophie“, S. 308.

Phoronomie oder reinen Bewegungslehre unterscheidet, ist rein hypothetischer Natur, gleichviel worin man den Unterschied suchen mag. Das bewegliche Reale in der Natur ist uns niemals durch Erfahrung gegeben, sondern erst das Denken zwingt uns die Hypothese auf, dass unseren Erfahrungen ein solches als Bedingung ihrer Verständlichkeit und Erklärbarkeit vorausgesetzt werden muss.

Lässt man nun die Hypothese gelten, dass es eine wirkliche (d. h. in ihrem Bestande von dem Vorgestelltwerden durch irgend ein Bewusstseinssubjekt unabhängige) Natur giebt, so ist es eine neu hinzutretende Hypothese, dass es in dieser Natur Bewegung oder etwas ihr Aehnliches gebe. In unserem Bewusstsein erfahren wir freilich Bewegungen, die sich zwischen den Teilen unserer Anschauungen vollziehen; auch wissen wir, dass wir ausser stande sind, uns Bewegungen im Widerspruch mit den apriorischen Gesetzen der Phoronomie anschaulich vorzustellen. Aber wir wissen auch ebenso gewiss, dass die in unserem Wahrnehmungsinhalt sich thatsächlich abspielenden Bewegungen von lauter subjektiven Bedingungen (z. B. Offenhalten der Sinne, Körperstellung u. s. w.) abhängig sind, was von denen der Natur, wenn es solche giebt, nicht angenommen werden kann. Wir wissen ferner, dass die Bewegungen unseres Anschauungsinhalts kraftlos und wirkungslos sind, diejenigen der Natur dagegen, wenn es solche giebt, kräftig und wirksam sein müssen. Erstere sind rein phoronomisch; soll es mechanische, dynamische oder energetische Bewegungen geben, so können es nur hypothetische ausserhalb unseres Bewusstseins sein. So wenig die Vorstellungsobjekte in unserem Bewusstsein sich stossen, drücken oder reiben, so wenig kann es für sie Gesetze des Stosses, des Druckes und der Reibung geben. Alle mehr als phoronomischen Naturgesetze können sich nur auf eine Natur jenseits unseres Bewusstseins beziehen, von welcher aber die Erscheinungen in unserem Bewusstsein mitbedingt sind. Gäbe es in dieser Natur weder zeitliche Veränderung, noch räumliche Bewegung, noch etwas ihnen Analoges und Korrespondierendes, so wären alle von uns aufgestellten Naturgesetze gegenstandslose Phantasiespiele ohne jeden Erkenntniswert. Dass es aber etwas Derartiges in der Natur giebt, ist eine reine Hypothese, und zwar eine, die jeder Bestätigung durch etwaige spätere Erfahrung schlechthin unfähig ist.*)

So beruht die gesamte Physik nicht nur in Bezug auf die Gültigkeit ihrer Begriffe und Gesetze, sondern auch in Bezug auf die Ursachen der Erscheinungen, das Bewegliche und seine Bewegung auf lauter Hypothesen, denen man zwar eine geringere oder grössere, teilweise sogar der Gewissheit nahe kommende Wahrscheinlichkeit, aber niemals Gewissheit zuschreiben darf. Diese Sachlage wird jedoch von einem Teile der Vertreter der theoretischen Physik verkannt, die von der Gewissheit und absoluten Sicherheit ihrer Wissenschaft genau ebenso überzeugt sind, wie es dereinst die spekulativen Naturphilosophen waren. —

Um sich diese Selbsttäuschung zu ermöglichen, greifen sie merkwürdigerweise sogar zu demselben Mittel, wie diese es gethan hatten, nämlich zum erkenntnistheoretischen Idealismus. Schellings Geist war umfassend genug, um sich im reiferen Alter von dieser Selbsttäuschung seiner Jugend loszuringen und beim späteren Rückblick auf die eigene Naturphilosophie ihr eine realistische Umdeutung zu geben.**) Er hatte die Entschuldigung, dass er den Fichteschen Idealismus als Grundlage vorfand und ihn nur durch die ihm fehlende Naturphilosophie zu ergänzen suchte, die nun natürlich zunächst auf gleichem Boden mit ihm stehen musste. Die moderne Physik hingegen war auf realistischem Boden erwachsen und liess sich nur durch die neukantische und agnostische Zeitströmung verleiten, ihre Ergebnisse im idealistischen Sinne umzudeuten.

Die wenigsten von den Physikern, die eine solche Mode mitmachten, mochten sich der Tragweite und Konsequenzen einer solchen Umdeutung voll bewusst sein. Sie bemerkten auch nicht, dass die Physik samt ihren Gesetzen gerade nur soweit noch einen Sinn behielt, als sie ihrem Idealismus zum Trotz realistische Grundgedanken festhielten, nämlich die Existenz von Dingen an sich, die reellen zeitlichen Veränderungen derselben, die reelle

*) Vgl. meine Schrift: „Das Grundproblem der Erkenntnistheorie", S. 104—127; „Kritische Grundlegung des transcendentalen Realismus", 3. Aufl., S. 81—90, 107—116; „Kategorienlehre", S. 127—142.

**) Vgl. meine Schrift: „Schellings philosophisches System", S. 145—146.

Kausalität, (d. h. die Abhängigkeit dieser Veränderung voneinander und von den menschlichen Handlungen, so wie Abhängigkeit der menschlichen Wahrnehmungen von den Veränderungen der Dinge an sich) und ein Beziehungssystem der Dinge an sich untereinander von dreifacher Mannigfaltigkeit, das also nur durch drei unabhängig Variable bestimmt werden kann oder „dreidimensional" ist im rein mathematischen (analytischen), noch nicht räumlichen Sinne des Wortes Dimension. Nur unter diesen realistischen Voraussetzungen (transcendenter Gültigkeit von Kausalität, Zeitlichkeit und dreidimensionalem, dem Raum entsprechenden Beziehungssystem oder intelligibler Räumlichkeit), also nur unter Gleichsetzung derjenigen „Natur", von deren Gesetzen die Physik redet, mit einem kausalen zeitlichen und mindestens raumähnlichen (topoïden) Reiche der Dinge an sich, kann von Naturgesetzen im Unterschied von psychologischen Gesetzen die Rede sein. Nur wenn die Naturgesetze sich in einem von unserem Denken unabhängigen Gebiete abspielen, nur dann können sie zur Erklärung dafür dienen, dass die denknotwendigen Folgen unserer Bilder stets wieder die Bilder sind von naturnotwendigen Folgen des Unbekannten, das sie unserem Bewusstsein abbilden oder symbolisieren.*) —

Nur ganz vereinzelt findet man unter den Physikern Anhänger des „erkenntnistheoretischen Monismus" oder der „immanenten Philosophie" (z. B. Mach, Helm). Dieser Standpunkt beruht auf der Nichtunterscheidung des naiven Realismus und absoluten Illusionismus und der daraus hervorgehenden Identifikation beider.**) Seine Irrtümlichkeit wird dadurch praktisch unschädlich, dass er bloss in rein erkenntnistheoretischen Erwägungen seine illusionistische Seite hervorkehrt, in physikalischen Betrachtungen aber sich ganz naivrealistisch geberdet, d. h. er verhält sich in letzteren ganz ebenso wie diejenige Physik, die noch von aller Erkenntniskritik unberührt geblieben

---

*) Vgl. Planck, „Vorlesungen über Thermodynamik", S. 96; Hertz, „Die Prinzipien der Mechanik" (Ges. Werke, Bd. III), S. 1—2.

**) Ueber den Unterschied beider vgl. „Das Grundproblem der Erkenntnistheorie", S. 1—16, 57—76; „Krit. Grundlegung des transcendentalen Realismus", 3. Aufl., S. 45—49; ferner: „Zeitschrift für Philos. u. phil. Krit.", Bd. 108, c. „Der erkenntnistheoretische Monismus", S. 66—73.

ist, nur dass er sich streng auf die Gesetze der Veränderung und Bewegung beschränkt und das Veränderliche oder Bewegliche im agnostischen Sinne beiseite schiebt. Es ist zu hoffen, dass auch in der modernen Physik die idealistischen und agnostischen Irrwege bald wieder als solche erkannt werden dürften, sobald die herrschende Universitätsphilosophie sich von ihnen abwendet und der deutsche Zeitgeist der Anglomonie den Rücken kehrt. —

Sobald dies geschieht, d. h. sobald das ganze Gebiet der Physik als ein ausserbewusstes, nur indirekt erkennbares und insofern hypothetisches anerkannt wird, wird auch die theoretische Physik den Anspruch auf eine mehr als bloss wahrscheinliche Erkenntnis fallen lassen, ebenso wie die deutsche Philosophie seit Lotze und Fechner im Gegensatz zu aller früheren bis einschliesslich der spekulativen Epoche sich teils ausdrücklich, teils stillschweigend und thatsächlich von diesem Anspruch bereits losgesagt hat. Dann liegt aber auch für die Physik kein Grund mehr vor, die verschiedenen Hypothesen mit einem verschiedenen Masse anderer Art als dem eines verschiedenen Wahrscheinlichkeitsgrades zu messen, und sich solcher Hypothesen gleichsam zu schämen, die nicht aus der Gesetzesinduktion sondern aus der Ursacheninduktion entsprungen sind. Lässt man einmal die Hypothesen gelten, dass etwas Bewegliches und seine Bewegung reell und unabhängig vom menschlichen Wissen existieren, dann kann man auch ebenso gut die Hypothesen über die nähere Beschaffenheit dieses Beweglichen wie die über die Gesetze seiner Bewegung weiter durcharbeiten, d. h. sich darauf einlassen, über die Beschaffenheit des Aethers und die Konstitution der Materie Nachforschungen anzustellen, ohne aus der physikalischen Denkweise herauszufallen. Man kann beispielsweise ferner die Hypothese aufstellen, dass das Beziehungssystem der Dinge an sich nicht bloss dreidimensional im mathematisch a n a l y - t i s c h e n, sondern auch im s t e r e o m e t r i s c h e n Sinne des Wortes sei, dass die drei Koordinatenaxen nicht bloss symbolische, sondern realistische Bedeutung und Wahrheit haben, dass das dreidimensionale Beziehungssystem der Dinge an sich, nicht bloss raumähnlich oder topoïd, sondern geradezu r ä u m l i c h sei, und dass die Bewegung in der Natur r ä u m l i c h e B e w e g u n g sei. Wer die Entstehung der Raumanschauung durch Anpassung des subjektiven Denkens an die Wirklichkeit zu erklären, z. B. die

Raumanschauung des Wurmes aus dem Unterschied seiner drei räumlichen Axen, oder die des Menschen aus der Stellung der drei halbzirkelförmigen Kanäle, oder die jedes Lebewesens aus der räumlichen Verteilung der Endorgane seiner Empfindungsnerven oder die Bewegungsanschauung aus wirklichen Bewegungen des Leibes und seiner Teile abzuleiten sucht, der hat damit bereits die transcendente Realität der Räumlichkeit und Bewegung anerkannt, gleichviel ob er sich dessen bewusst sein mag oder nicht. —

In der That hat die Mehrzahl der modernen Physiker niemals aufgehört, das Recht der Hypothesen anzuerkennen, in denen sie sich thatsächlich bewegte; die vorstehenden Bemerkungen waren nur gegen solche Physiker gerichtet, die gleich Newton den Grundsatz proklamieren: „hypotheses non fingo" und auf alle Physiker, die sich noch mit Hypothesen abgeben, als auf Rückständige mit unwissenschaftlichem Verfahren herabblicken. Dass sie selbst sich dabei in lauter Hypothesen bewegen, bemerken sie ebensowenig, wie Newton es von sich bemerkt hat. Die Unwissenschaftlichkeit und der Mangel an Selbstkritik ist jedoch nicht darin zu suchen, dass man die benutzten Hypothesen als solche erkennt und nach ihrem hypothetischen Werte einschätzt, sondern darin, dass man ihren hypothetischen Charakter *verkennt*, ihnen irrtümlich absolute Gewissheit beilegt, und alle *solchen* Hypothesen ganz *verschmäht*, bei denen man diese Selbsttäuschung *nicht aufrecht erhalten kann*. Nicht das macht die Wissenschaftlichkeit der physikalischen Forschung aus, ob sie sich mit Hypothesen von höherem oder geringerem Wahrscheinlichkeitswert beschäftigt, sondern dass sie diesen Wahrscheinlichkeitswert, gleichviel ob er gross oder klein ist, *richtig einschätzt*. Eine Forschung ist wissenschaftlich, die sich mit Hypothesen von geringem Wahrscheinlichkeitswerte befasst, sofern sie sich nur über diese Thatsache völlig klar ist; formell unwissenschaftlich dagegen ist eine Forschung, die sich auf Hypothesen vom höchsten Wahrscheinlichkeitswerte beschränkt, aber sich in die Täuschung wiegt, absolut gewisse Erkenntnis zu bieten. Wer zugiebt, dass die Physik auf lauter Hypothesen fusst, der hat damit schon zugegeben, dass sie keine Gewissheit, sondern nur Wahrscheinlichkeit bieten kann. Wer einräumt, dass sie keine Gewissheit, sondern nur Wahrscheinlichkeit zu bieten hat, der hat damit schon eingeräumt, dass sie sich in lauter Behauptungen hypothetischen Charakters bewegt.*)

Die moderne Physik ist dadurch sowohl der Physik der Alten als auch der spekulativen Naturphilosophie formell überlegen, dass sie kausale Zusammenhänge oder funktionelle Abhängigkeiten, die auch jenen bekannt waren, quantitativ bestimmen gelernt hat, und eben wegen dieses Vorzuges rühmt sie sich, exakte Naturwissenschaft zu sein. Sie ist aber noch gar nicht exakt in Bezug auf die Bestimmung des Wahrscheinlichkeitsgrades ihrer Gesetzesinduktionen und Ursacheninduktionen, sondern begnügt sich da noch ebenso mit rohen, gefühlsmässigen, überschläglichen Schätzungen, wie jene beiden es in Bezug auf die Zusammenhänge der Erscheinungen selbst thaten. Nur dadurch wird es möglich, dass auch Physiker sich jener Verwechselung von hoher Wahrscheinlichkeit mit absoluter Gewissheit schuldig machen, die in der Philosophie bis vor kurzem in unantastbarer Herrschaft stand und im praktischen Leben wie in den religiösen Ueberzeugungen noch heute überall an der Tagesordnung ist. Die Aufgabe einer künftigen Physik wird es sein, das Prinzip der quantitativen Exaktheit auch auf die Berechnung der Wahrscheinlichkeitskoëffizienten der Gesetzes- und Ursacheninduktionen zu übertragen und zugleich bei jeder Hypothese zu bestimmen, wie gross der wahrscheinliche Fehler des für sie berechneten Wahrscheinlichkeitskoëffizienten ist. Eine solche Physik würde sich von der heutigen genau so unterscheiden, wie diese von einer, bei der noch gar keine Mathematik zur Anwendung kam. Wäre diese ideale Aufgabe gelöst, so würde jede Möglichkeit aufhören,

*) Letzteres wird z. B. von Ostwald verkannt, der von der Hypothesenscheu noch nicht loskann, während er doch den Anspruch auf Gewissheit bereits als irrtümlich durchschaut („Vorlesungen über Naturphilosophie", S. VIII u. 10—12). Eine Gesetzesinduktion von noch nicht besonders grosser Wahrscheinlichkeit wegen noch nicht genügend umfassender Erfahrungsgrundlage nennt er Protothese, d. h. vorläufige Hypothese (S. 399—400). Er verkennt aber dabei, dass es gar keine andern Hypothesen als vorläufige, oder Protothesen giebt, weil keine Erfahrungsgrundlage absolut zureichend ist, dass jede Hypothese nur vorläufige Geltung hat, bis sich Ersatz durch eine bessere findet, und dass dies in ganz gleichem Maasse für hypothetische Abstraktionen, Gesetze und Ursachen gilt.

Hypothesen von hoher Wahrscheinlichkeit mit gewisser Erkenntnis zu verwechseln und Hypothesen von geringerer Wahrscheinlichkeit als unter der Würde der Wissenschaft belegen beiseite zu schieben.

Je eher die Physik sich auf ihren bloss hypothetischen Charakter besinnt, desto besser wird es für ihr wissenschaftliches Ansehen in der öffentlichen Meinung sein. Wie die Naturwissenschaften in ihren Begriffsgrundlagen und methodologischen Tendenzen in der Regel der Nachklang einer früher herrschenden philosophischen Richtung gewesen sind, so auch in der zweiten Hälfte des 19. Jahrhunderts, wo sie den Anspruch auf unbedingte Gewissheit von der entthronten spekulativen Philosophie übernommen haben. Lange hat der Zeitgeist sich gläubig diesem Anspruch unterworfen; aber der Skeptizismus, der so lange im Bunde mit den Naturwissenschaften sich nur gegen die Philosophie gerichtet hatte, beginnt jetzt auch an diesem Anspruch der letzteren zu rütteln. Der Rückschlag ist stets um so schärfer, je höher vorher die Ansprüche geschraubt waren und je grösser die Ueberschätzung von seiten des Publikums war. Die Naturwissenschaften, deren Hypothesen das Publikum des letzten halben Jahrhunderts wie die unfehlbaren Dogmen einer neuen Offenbarung hinnahm, könnten zeitweilig einer ebenso ungerechtfertigten Unterschätzung wie im letzten Menschenalter die Philosophie verfallen, wenn sie sich nicht rechtzeitig auf den hypothetischen Charakter ihrer Ergebnisse besinnen. —

Dass die unbedingte Gewissheit der Ergebnisse durch den freiwilligen Verzicht auf Erklärung und die Beschränkung auf Beschreibung nicht erkauft werden kann, haben wir gesehen. Dass aber dieser Verzicht auch wissenschaftlich unzulässig ist, bleibt noch zu erörtern. Mach fühlt sehr wohl, dass beschreiben etwas anderes ist als erklären im Sinne von Angeben der Ursache; soll der Mensch bewogen werden, seinen Erklärungstrieb zu unterdrücken, so muss man ihm begreiflich machen, dass dieser Trieb einer Illusion nachjagt, und dass es gar keine Ursachen giebt, also auf Hume zurückgehen. Als Ersatz dafür wird einerseits die funktionelle mathematische Abhängigkeit, andererseits der erfahrungsmässige Parallelismus zwischen der logischen Verknüpfung von Gedankengrössen und dem thatsächlichen Zusammenvorkommen physikalischer Vorgänge dargeboten. Nur die erstere soll logische Notwendigkeit haben, letztere aber keinerlei physikalische Notwendigkeit, sondern nur Beziehung des Thatsächlichen zu Thatsächlichem, die keine Erklärung mehr zulässig macht, sondern durch die Beschreibung erschöpft wird. An Stelle von Geist, Stoff und Bewegung (nebst Energie) wird die Gleichung das Substantielle.*) In der Beseitigung der Kausalität stimmt Helm mit Mach überein; die „monistische Weltanschauung" scheint ihm erst da erreicht, wo der Unterschied zwischen Ursache und Wirkung aufgehoben ist und bloss eine wechselseitige funktionelle Abhängigkeit übrig bleibt, wie z. B. bei der Beziehung zwischen der Lage und Entfernung zweier elektrischer Ströme und ihrer Stärke.**)

Wenn in der Beziehung des Thatsächlichen in der Physik aufeinander und der mathematischen Beziehung der Gedankengrössen aufeinander ein erfahrungsmässiger Parallelismus besteht, so können nur entweder beide Beziehungen notwendig, oder beide nicht notwendig, bloss faktisch sein. Ob die Notwendigkeit des Physischen eine (unbewusst) logische, oder die des Gedachten der blosse Gedankenreflex einer physischen Notwendigkeit mit Denkzwang, oder beide Notwendigkeiten Ausfluss einer dritten, parallelistischen Gesetzmässigkeit sind, darüber lässt sich streiten. Dass aber die Notwendigkeit bloss subjektiv sein, im physikalischen Geschehen blosse Faktizität ohne Notwendigkeit walten, und doch vermittelst des Parallelismus beider die physikalischen Vorgänge mit Sicherheit logisch voraus zu bestimmen sein sollen, das ist ein offenbarer Widerspruch. Jedes Experiment lässt uns in keinem Zweifel darüber, ob wir im besonderen Falle die Lage oder Entfernung zweier elektrischer Ströme oder ihre Stärke verändern, ob also dieses oder jenes Ursache des anderen ist. Die Nichtumkehrbarkeit des Weltlaufes zeigt deutlich den Unterschied der einseitigen kausalen und der wechselseitigen funktionellen Abhängigkeit.***) Die Minimum- und Maximum-Prinzipien einschliesslich

---

*) Mach, a. a. O. S. 432—437, 457, 400—401, 431.

**) Helm, „Die Energetik nach ihrer gesch. Entwickelung", S. 362—366, 205—206, 219.

***) Vgl. mein Buch: „Die moderne Psychologie", VII, „Der psychophysische Parallelismus", speziell das „Ergebnis", S. 397—422 und 333, 335, 342—343, 374, 375, 378, 399, 430, 439.

des zweiten Hauptsatzes der Energielehre spiegeln diese Nichtumkehrbarkeit wider.

Das physikalische Geschehen ist also eine nicht umkehrbare Beziehung von einer Notwendigkeit, die durch logische Thätigkeiten im voraus repräsentativ bestimmt und berechnet werden kann, und es ist im Gegensatz zu den bloss idealen Beziehungen des Denkens ein stetiger Fluss realer Beziehungen, aus dem das Einzelne nur durch die Abstraktion isoliert werden kann. In diesem Sinne ist es Kausalität, also nicht als idealistische Denkform, sondern als realistische Geschehensform.*) In diesem Sinne ist die Anerkennung der Kausalität für die Physik unentbehrlich, und weil sie dies ist, hat auch der kausale Erklärungstrieb sein gutes Recht und kann und darf nicht unterdrückt werden.

Giebt man nun zu, dass die Mathematik nicht an die Kausalität heranreicht, so erhellt, dass und warum die theoretische Physik sich täuscht, wenn sie alles vermittelst mathematischer Deduktion erreichen zu können glaubt. Die Kausalität liegt ausserhalb des Reiches der Mathematik, die nicht einmal das Werden und Wachsen einer variablen Funktion, sondern immer nur ihren Grössenwert an einer bestimmten, aus dem Fluss der Veränderung herausgerissenen und gedanklich fixierten Stelle bestimmen kann. Das reale Erkennen beruht auf erklärendem Denken, während die Mathematik niemals über vergleichendes Denken hinauskommt. So wenig sie etwas erklären kann, ebensowenig vermag sie etwas zu entdecken oder zu erfinden; sie kann immer nur aus gegebenen Bedingungen die unbekannten Grössen herausschälen, und verdeckte Beziehungen bloss legen, indem sie die im Ansatz gegebenen Wechselbeziehungen der Grössen untereinander entfaltet und in zweckmässiger Weise umformt. Sie kann nur den Ansatz entwickeln; machen muss ihn der Naturforscher ohne Hilfe der Mathematik, und im Ansatz muss schon alles drinstecken, was die Mathematik braucht, um ihre Umformungen zu vollenden, d. h. alles kausale Erkennen und Erklären.**) —

Wir haben also an folgendem festzuhalten: die Mathematik ist ein äusserst wertvolles Werkzeug und Hilfsmittel der Physik,

---

*) Vgl. meine Kategorienlehre", S. 363—430.

**) Vgl. J. G. Vogt, „Das Wesen der Elektrizitat und des Magnetismus etc." Leipzig 1891, Bd. I, S. 15—21.

aber für sich allein kein Mittel physikalischer und überhaupt realer Erkenntnis. Die Physik kann niemals die Gewissheit erreichen, die jeder Realwissenschaft versagt ist und nur in rein formalen Wissenschaften zu finden ist. Sie muss sich mit grösserer oder geringerer Wahrscheinlichkeit ihrer Ergebnisse begnügen. Diese blosse Wahrscheinlichkeit lässt schon den bloss hypothetischen Charakter ihrer Ergebnisse erkennen. Hypothetisch sind sowohl ihre Begriffe und Gesetze als auch ihre Ursachen und die Existenz und Beschaffenheit derjenigen Natur, von welcher allein sie handelt. Die Hypothesen haben sehr verschiedene Wahrscheinlichkeit je nach der Abstraktionsstufe ihrer Begriffe und der Induktionsstufe ihrer Schlüsse. Mit der Entfernung von der unmittelbaren Erfahrung und direkten Messbarkeit nimmt die Wahrscheinlichkeit der Hypothesen im allgemeinen ab, sofern nicht diese Abnahme durch wechselnde Breite der empirischen Induktionsgrundlage ausgeglichen und überwogen wird. Die Hypotheseophobie ist eine ebensolche Kinderkrankheit der Physik, wie der Glaube an absolute Gewissheit ihrer Lehren.

Namen-Register.

Sachregister.